高等职业教育教材

机 械 制 图

(非机械类专业少学时)

第 4 版

金大鹰　主编

机械工业出版社

本书是在高职非机械类专业少学时《机械制图》第3版的基础上，为适应学生就业岗位群职业能力的要求，按现行制图国家标准修订而成的。

本书与第3版相比，突出了看图能力的培养，更换了较难的图例，增加了看图示例。全书按60学时编写，内容包括：制图的基本知识、正投影基础、立体的表面交线、组合体、机件的表达方法、常用零件的特殊表示法、零件图和装配图。

本书适用于高职、高专及成人高校非机械类各专业少学时的制图教学，也可作为国家制图员资格认证实训和工人制图培训教材。

图书在版编目（CIP）数据

机械制图：非机械类专业少学时／金大鹰主编. —4版. —北京：机械工业出版社，2019.7（2024.6重印）
高等职业教育教材
ISBN 978-7-111-63330-3

Ⅰ. ①机… Ⅱ. ①金… Ⅲ. ①机械制图-高等职业教育-教材 Ⅳ. ①TH126

中国版本图书馆CIP数据核字（2019）第155221号

机械工业出版社（北京市百万庄大街22号　邮政编码100037）
策划编辑：张　萍　责任编辑：张　萍
责任校对：肖　琳　封面设计：马精明
责任印制：郜　敏
中煤（北京）印务有限公司印刷
2024年6月第4版第9次印刷
184mm×260mm·11.25印张·271千字
标准书号：ISBN 978-7-111-63330-3
定价：35.00元

电话服务　　　　　　　　　　网络服务
客服电话：010-88361066　　　机　工　官　网：www.cmpbook.com
　　　　　010-88379833　　　机　工　官　博：weibo.com/cmp1952
　　　　　010-68326294　　　金　书　网：www.golden-book.com
封底无防伪标均为盗版　　　　机工教育服务网：www.cmpedu.com

前　言

　　本书是根据教育部2012年制定的《高等职业学校专业教学标准(试行)》的基本要求，在第3版的基础上，按现行机械制图国家标准，参照《制图员国家职业标准》对制图基础理论的要求修订而成的。

　　此次修订，突出了看图能力的培养。本书与第3版相比，适当降低了理论要求，更换了较难的图例，增加了看图示例，在第二章特设一节识读一面视图，并优化了部分章节的结构和内容。识读一面视图以一题多解为主要特征，能激发学生的学习兴趣，突显教学效果，更重要的是强化逆向思维训练，打通看图思路，培养学生空间想象能力和构形能力，更好地掌握看图要领和看图方法，以使学生走上正确的看图之路。

　　从投影作图开始，将画图与看图紧密结合，并以直观图(轴测图)为媒介，阐明"物""图"之间的转化关系，以培养学生画、看投影图的正确思维方式。

　　组合体之前的内容重在打基础，写得较为详尽，讲课、练习时应向该部分倾斜。组合体是训练看图的重要阶段，为讲清看图方法和提高看图技能，例题、例图安排较多。组合体之后的内容写得较为粗略，主要介绍生产中的图样应具备的基本内容。对零件图的表面粗糙度、极限与配合、几何公差等技术要求也给予适当介绍，为看、画实用的零件图创造条件。

　　为提高看图能力，从投影作图到装配图，都编写了与教材内容相匹配的看图材料，并编写了看图方法指导。带答案的"双向"拓展题有一定难度，通过教师引导，可使学生从中悟出对看图有益或是带有规律性的东西。

　　组合体是强化读图训练最重要的阶段，作业安排较多，教师课堂采用讲练结合的办法，教师讲完例题后，学生随即做教师布置的作业，学生边做教师边指导，最后教师总结，师生互动，贯彻始终，促使学生主动学习，从而达到教中做、做中学、学中练的目的，全面提升学生触决问题的实践经验和能力。

　　习题集与教材内容交融互补，题型多、角度新，有巩固知识的基本题和开发智能的趣题，还有问答题、填空题、改错题以及"一补二""二补三"的补图、补线题。通过做各种类型的习题，使学生得到及时有效的训练和提高。

　　为实现立体化教学，我们完善了教材配套资源，通过AR、二维码、微课等手段，打造全新机械制图立体化教材。教材配套资源包括："优视"APP、70个二维动画、8节微课、翔实版PPT课件(含丰富动画)、习题集答案和教学建议等。选用本教材的教师，可在机械工业出版社教育服务网(http://www.cmpedu.com/)，对教材相关配套资源进行免费下载。

　　➢ 打开"优视"APP，使用智能手机扫描书中零部件图片，即可通过交互的形式，实现零部件的自由旋转、拆分及组合，使零部件的结构一目了然。

　　➢ 使用智能手机扫描书中二维码，可直接观看书中相关知识点和关键操作步骤的动画，方便学生学习和理解课程内容。

　　➢ 8节微课对机械制图课程中的重点、难点进行了详细讲解。

　　➢ 翔实版PPT课件，通过丰富的动画，生动地演示了绘图的过程。

本书适用于高职、高专及成人高校非机械类专业少学时的制图教学，也可作为国家制图员资格认证实训和工人制图培训教材。

参加本书修订工作的有金大鹰、张鑫、高俊芳、邓毅红、高航怡和孙红。本书由金大鹰任主编。

由于我们的水平所限，书中的缺点在所难免，敬请读者批评指正。

编　者

目　　录

前言
绪论 ································· 1
第一章　制图的基本知识 ················ 4
　　第一节　制图工具及用品 ············ 4
　　第二节　制图国家标准的基本规定 ···· 6
　　第三节　尺寸注法 ·················· 10
　　第四节　几何作图 ·················· 13
　　第五节　平面图形的画法 ············ 17
　　第六节　徒手画图的方法 ············ 18
第二章　正投影基础 ···················· 21
　　第一节　正投影法的基本概念 ········ 21
　　第二节　三视图 ···················· 22
　　第三节　点的投影 ·················· 25
　　第四节　直线的投影 ················ 29
　　第五节　平面的投影 ················ 33
　　第六节　几何体的投影 ·············· 36
　　第七节　识读一面视图 ·············· 45
　　第八节　几何体的轴测图 ············ 51
第三章　立体的表面交线 ················ 56
　　第一节　截交线 ···················· 56
　　第二节　相贯线 ···················· 67
第四章　组合体 ························ 71
　　第一节　组合体的形体分析 ·········· 71
　　第二节　组合体视图的画法 ·········· 73
　　第三节　组合体的尺寸标注 ·········· 77
　　第四节　看组合体视图的方法 ········ 79
第五章　机件的表达方法 ················ 85
　　第一节　视图 ······················ 85
　　第二节　剖视图 ···················· 88
　　第三节　断面图 ···················· 94
　　第四节　其他表达方法 ·············· 97
　　第五节　看图举例 ·················· 101
　　第六节　第三角画法 ················ 105
第六章　常用零件的特殊表示法 ·········· 110
　　第一节　螺纹 ······················ 111
　　第二节　螺纹紧固件 ················ 115
　　第三节　齿轮 ······················ 121
　　第四节　键联结、销联接 ············ 126
　　第五节　滚动轴承 ·················· 130
　　第六节　弹簧 ······················ 132
第七章　零件图 ························ 134
　　第一节　零件图的技术要求 ·········· 135
　　第二节　画零件图 ·················· 146
　　第三节　看零件图 ·················· 148
第八章　装配图 ························ 154
　　第一节　装配图的表达方法 ·········· 156
　　第二节　装配图的尺寸标注、技术
　　　　　　要求及明细栏 ·············· 157
　　第三节　看装配图 ·················· 158
附录 ································· 166

绪　论

根据投影原理、标准或有关规定，表示工程对象，并有必要的技术说明的图，称为图样。

本课程所研究的图样主要是机械图，用它来准确地表达机件的形状和尺寸，以及制造和检验该机件时所需要的技术要求，如图 0-1 所示。图中给出了拆卸器和横梁的立体图，这种图看起来很直观，但是它还不能把机件的真实形状、大小和各部分的相对位置确切地表示出来，因此生产中一般不采用这种图样。实际生产中使用的图样是用相互联系着的一组视图（平面图），如图 0-1 所示的装配图和零件图，它们就是用两个视图表达的。这种图虽然立体感不强，但却能够满足生产、加工零件和装配机器的一切要求，因此在机械行业中被广泛地采用。

在现代化的生产活动中，无论是机器的设计、制造、维修，或是船舶、桥梁等工程的设计与施工，都必须依据图样才能进行。图 0-1 下部的直观图即表示依据图样在车床上加工轴零件的情形。图样已成为人们表达设计意图、交流技术思想的工具和指导生产的技术文件。因此，作为一名工程技术人员，必须具有看、画机械图的本领。

机械制图就是研究机械图样的绘制（画图）和识读（看图）规律的一门学科。

一、本课程的性质、任务和要求

"机械制图"是工科高等职业学校最重要的一门技术基础课。其主要任务如下：

1）掌握正投影法的基本理论和作图方法。
2）能够正确执行制图国家标准及有关规定。
3）能够正确使用常用的绘图工具绘图，并具有徒手绘制草图的技能。
4）掌握绘制和阅读机械图样的基本技能，能够识读（绘制）比较简单的零件图和装配图。
5）培养创新精神和实践能力、团队合作与交流能力、良好的职业道德，以及严谨细致的工作作风和认真负责的工作态度。

二、本课程的学习方法

1. 要注重形象思维

制图课主要是研究怎样将空间物体用平面图形表示出来，怎样根据平面图形将空间物体的形状想象出来的一门学科，其思维方法独特（注重形象思维），故学习时一定要抓住"物""图"之间相互转化的方法和规律，注意培养自己的空间想象能力和思维能力。不注意这一点，即便学习很努力，也很难取得好的效果。

2. 要注重基础知识

机械制图(非机械类专业 少学时)

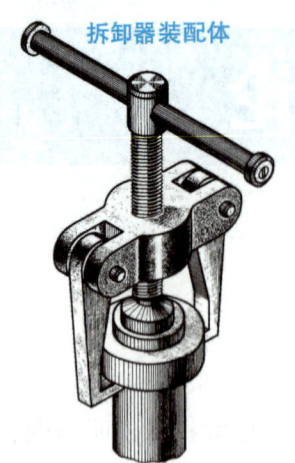

拆卸器装配体

机器(装配体)都是由零件组合而成的。制造机器时,首先要根据零件图制造零件,再根据装配图把零件装配成机器。因此,图样是工程界的技术语言,是指导生产的技术文件。

零件

拆卸器的工作原理

顺时针转动把手2(见装配图),压紧螺杆1随之转动。由于螺纹的作用,横梁5即同时沿螺杆上升,通过横梁两端的销轴6,带动两个抓子7上升,被抓子勾住的零件(套)也一起上升,直到将其从轴上拆下。

立体图

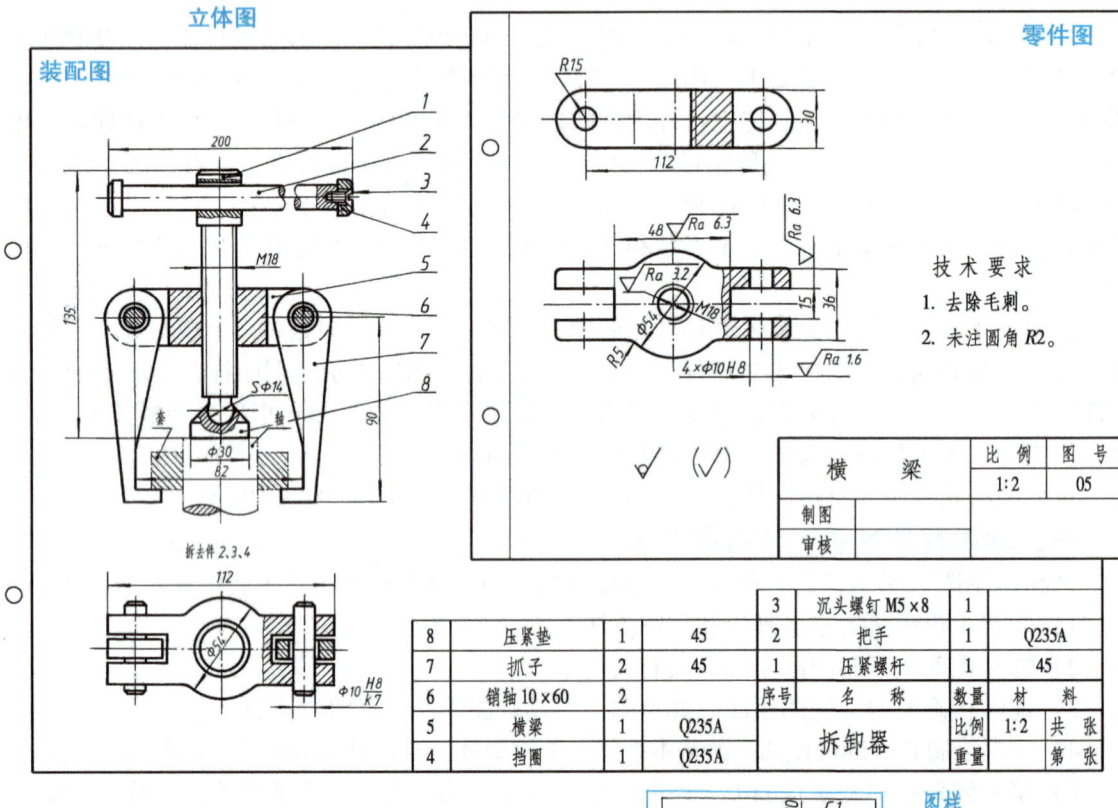

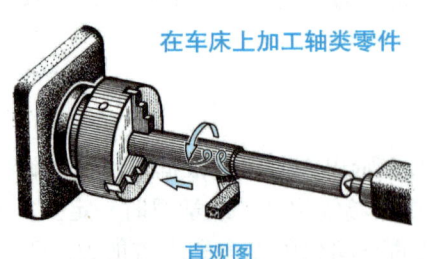

在车床上加工轴类零件

直观图

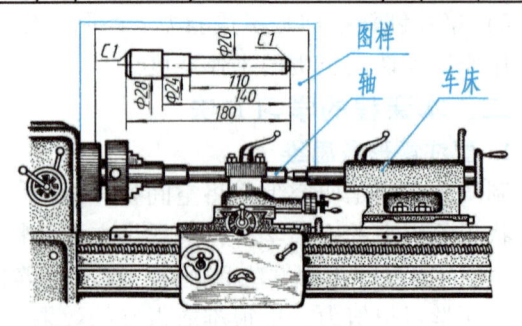

图0-1 装配体、装配图,零件、零件图及依据图样加工零件的示例

制图的基础知识主要从投影概念开始，到点、直线、平面、几何体的投影……一阶一阶地砌垒而成。只有基础打好了，才能为进入"组合体"的学习做好铺垫。

组合体在整个制图教学中具有重要地位，是训练画图、标注尺寸，尤其是训练看图的关键阶段。可以说，能够绘制、读懂组合体视图，画、看零件图就不会有问题了。因此应特别注意组合体及其前段知识的学习，掌握画图、看图、标注尺寸的方法，否则此后的学习将会严重受阻，甚至很难完成本课的学习任务了。

3. 要注重作图实践

制图课的实践性很强，"每课必练"是本课程的又一突出特点。就是说，只有完成一系列作业，认认真真、反反复复地"练"，才能学好这门课程，使自己具有画图、看图的本领。

综上所述，本课程是以形象思维为主的，学习时切勿采用背记的方法；注意打好知识基础；只有通过大量的作图实践，才能不断提高看图和画图能力，达到本课程最终的学习目标，为毕业后的工作创造一个有利的条件。

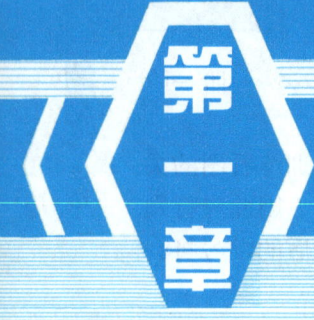

第一章 制图的基本知识

第一节 制图工具及用品

进行制图工作,必须有制图工具及制图用品,其质量的好坏将直接影响图面质量和绘图速度。

常用的制图工具和用品有图板、丁字尺、三角板、制图仪器和图纸、铅笔等。

一、图板

图板是固定图纸用的矩形木板(图1-1),其板面及导边应光滑平直。

二、丁字尺

丁字尺由尺头和尺身组成(图1-1)。尺头和尺身的导边应保持互相垂直。

将尺头紧靠图板的左边,上下滑动,即可沿尺身的上边画出各种位置的水平线(图1-2)。

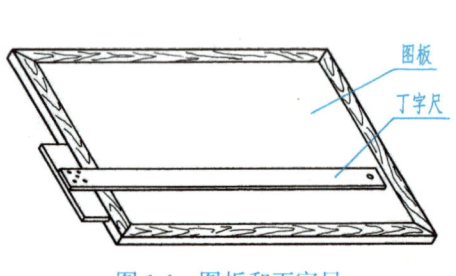

图1-1 图板和丁字尺

图1-2 用丁字尺画水平线

三、三角板

三角板由45°的和30°-60°的两块组成为一副。将三角板和丁字尺配合使用,可画出垂直线(图1-3)、倾斜线(图1-4)和一些常用的特殊角度。

四、圆规

圆规主要用来画圆或圆弧。圆规的附件有钢针插脚、铅芯插脚、鸭嘴插脚和延伸插杆等。

画圆时,圆规的钢针应使用有肩台的一端,并使肩台与铅芯尖平齐。圆规的使用方法如图1-5所示(加入延伸插杆,可画较大半径的圆)。

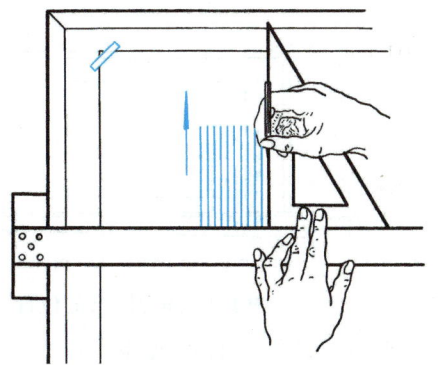

图 1-3　垂直线的画法 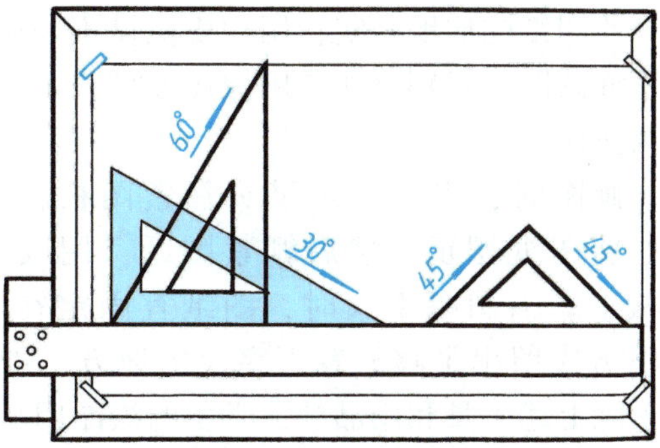　　　　　图 1-4　倾斜线的画法

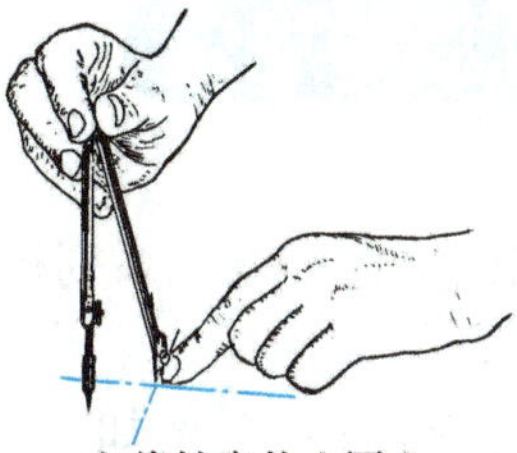

a) 将针尖扎入圆心 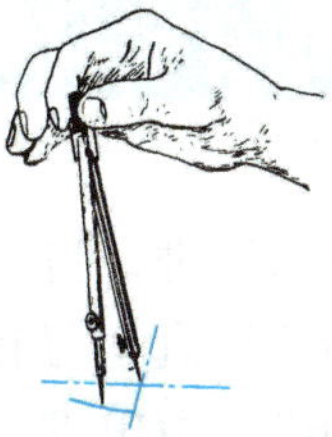　　b) 圆规向画线方向倾斜 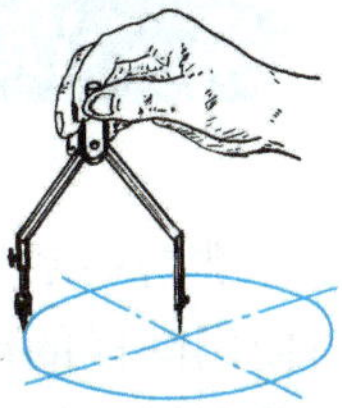　　c) 画大圆时圆规两脚垂直纸面

图 1-5　圆规的用法

五、分规

分规是用来截取线段、等分直线或圆周以及从尺上量取尺寸的工具。分规的两个针尖并拢时应对齐，其开合只需单手调整。

六、铅笔

铅笔分硬、中、软三种。其标号有 6H、5H、4H、3H、2H、H、HB、B、2B、3B、4B、5B 和 6B，共 13 种。6H 为最硬，HB 为中等硬度，6B 为最软。

绘制图形底稿时，建议采用 2H 或 3H 铅笔，并削成尖锐的圆锥形；描黑底稿时，建议采用 HB、B 或 2B 铅笔，削成扁铲形。铅笔应从没有标号的一端开始使用，以便保留软硬的标号，如图 1-6 所示。

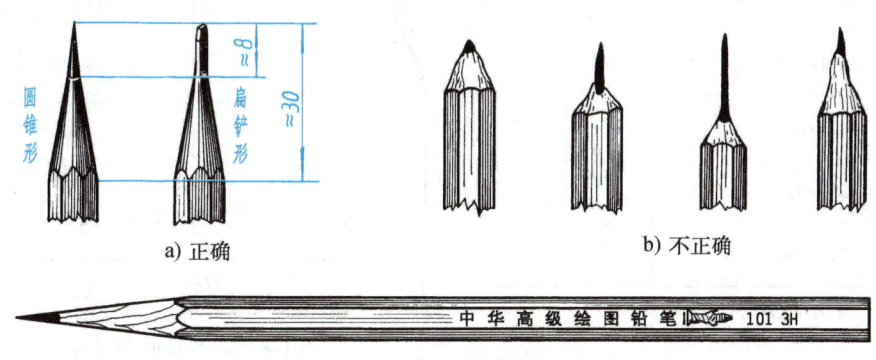

a) 正确　　　　　　　　　　b) 不正确

c) 从无字端削起

图 1-6　铅笔的削法

七、绘图纸

绘图纸的质地坚实，用橡皮擦拭不易起毛。必须用图纸的正面画图。识别方法是用橡皮擦拭几下，不易起毛的一面即为正面。

画图时，将丁字尺尺头靠紧图板，以丁字尺上缘为准，将图纸摆正，然后绷紧图纸，用胶带纸将其固定在图板上。当图幅不大时，图纸宜固定在图板左下方，图纸下方应留出足够放置丁字尺的地方，如图1-7所示。

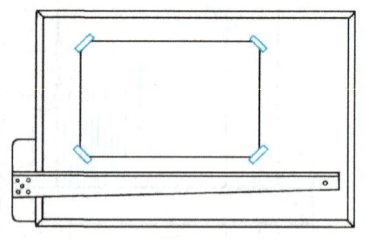

图1-7 固定图纸的位置

除上述工具和用品外，必备的绘图用品还有橡皮、小刀、砂纸、胶带纸等。

第二节 制图国家标准的基本规定

技术制图国家标准是一系列基础技术标准。机械制图国家标准是一系列机械专业制图标准。它们是绘制与使用图样的准绳，必须认真学习和遵守。

国家标准，简称国标，代号为"GB"（"GB/T"为推荐性国标）。例如，《技术制图图纸幅面和格式》的相应标准号是GB/T 14689—2008。"14689"为标准序号，"2008"为标准发布的年份。

本节摘要介绍现行制图国家标准中的图纸幅面和格式、比例、字体、图线等制图的基本规定，其他相关内容将在以后章节中叙述。

一、图纸幅面和格式（GB/T 14689—2008）

1. 图纸幅面

绘制技术图样时，应优先选用基本幅面（表1-1）。基本幅面共有五种，其尺寸关系如图1-8所示。

表1-1 图纸基本幅面尺寸（单位：mm）

幅面代号	B×L	e	c	a
A0	841×1189	20	10	25
A1	594×841	20	10	25
A2	420×594	20	10	25
A3	297×420	10	10	25
A4	210×297	10	5	25

注：e、c、a为留边宽度，参见图1-9。

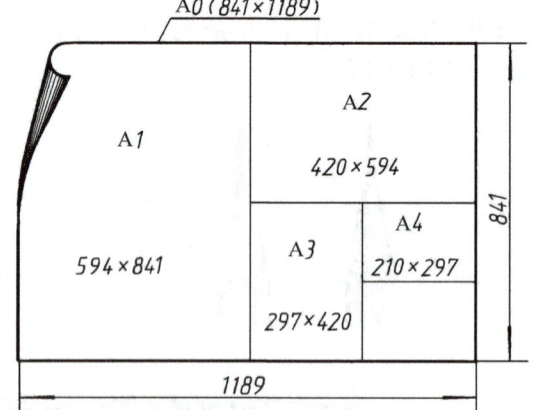

图1-8 基本幅面的尺寸关系

2. 图框格式

在图纸上必须用粗实线画出图框,其格式分为留装订边(图 1-9a)和不留装订边(图 1-9b)两种(同一产品的图样只能采用一种格式),尺寸按表 1-1 的规定。

3. 标题栏的方位与看图方向

每张图纸都必须画出标题栏。标题栏的方位与看图方向密切相连,共有两种情况:一是当标题栏位于图纸右下角时,应按标题栏的方向看图(图 1-9);二是当标题栏位于图纸右上角时(图 1-10,当利用预先印制的图纸绘图时将出现这种情况),应按"方向符号"指示的方向看图。方向符号(细实线的等边三角形)应在下边的对中符号处画出,其大小和所处的位置如图 1-10 所示。图 1-10 中位于图纸各边中点处的粗实线短画为"对中符号",对表 1-1 所列的各号图纸均应画出,其作用是为复制图样和缩微摄影时定位提供方便。

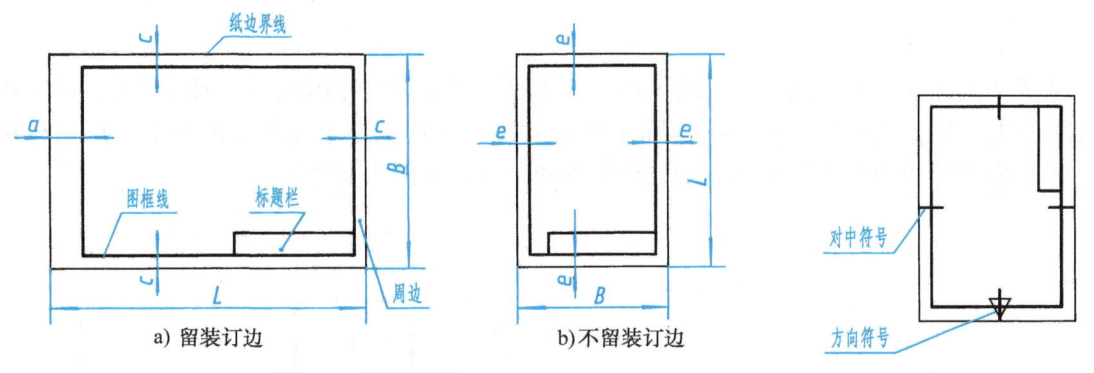

图 1-9 图框格式　　　　图 1-10 对中符号与看图方向

标题栏的格式和尺寸应按 GB/T 10609.1—2008 的规定画出(标题栏长度为 180mm),但在制图作业中建议采用图 1-11 所示的格式和尺寸。

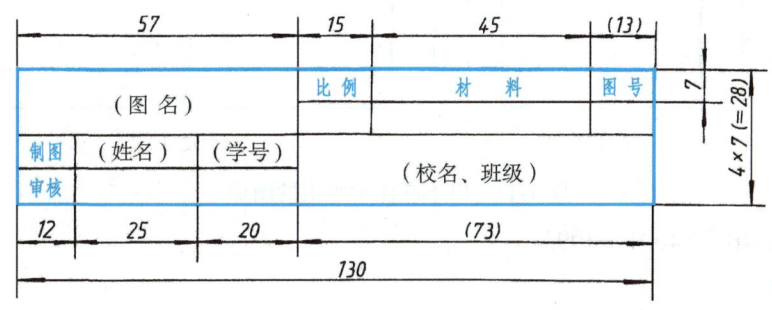

图 1-11 制图作业标题栏的格式

二、比例(GB/T 14690—1993)

1. 术语

(1) 比例　图中图形与其实物相应要素的线性尺寸之比。

(2) 原值比例　比值为 1 的比例,即 1∶1。

(3) 放大比例　比值大于 1 的比例,如 2∶1 等。

（4）缩小比例　比值小于 1 的比例，如 1∶2 等。

2. 比例系列

1）需要按比例绘制图样时，应由表 1-2 "优先选择系列" 中选取适当的比例。

2）必要时，也允许从表 1-2 "允许选择系列" 中选取。

表 1-2　比例系列

种类	优先选择系列			允许选择系列				
原值比例	1∶1			—				
放大比例	5∶1 $5×10^n∶1$	2∶1 $2×10^n∶1$	1×10^n∶1	4∶1 $4×10^n∶1$	2.5∶1 $2.5×10^n∶1$			
缩小比例	1∶2 $1∶2×10^n$	1∶5 $1∶5×10^n$	1∶10 $1∶1×10^n$	1∶1.5 $1∶1.5×10^n$	1∶2.5 $1∶2.5×10^n$	1∶3 $1∶3×10^n$	1∶4 $1∶4×10^n$	1∶6 $1∶6×10^n$

注：n 为正整数。

为了从图样上直接反映出实物的大小，绘图时应尽量采用原值比例。因各种实物的大小与结构千差万别，绘图时，应根据实际需要选取放大比例或缩小比例。但不论采用何种比例，图形中所标注的尺寸数值都应是设计要求的尺寸，如图 1-12 所示。

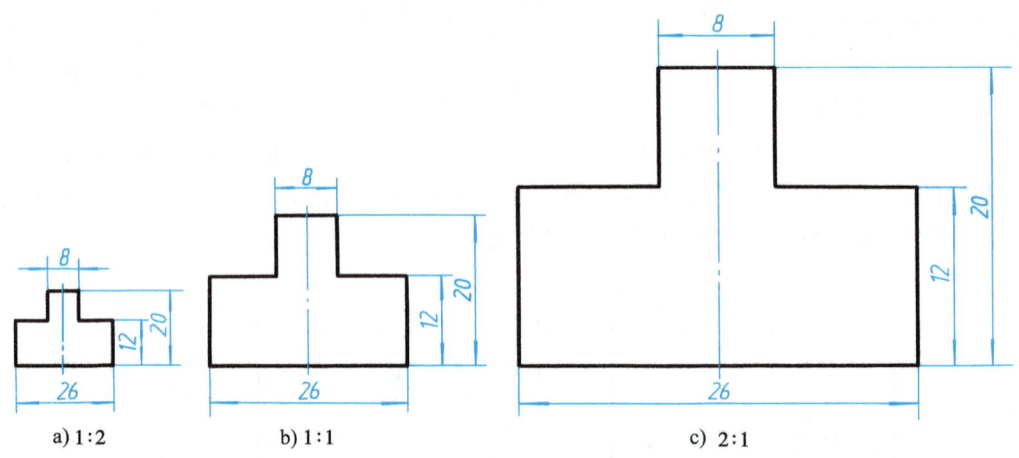

图 1-12　以不同比例画出的图形

三、字体（GB/T14691—1993）

1. 基本要求

1）在图样中书写的汉字、数字和字母，都必须做到 "字体工整、笔画清楚、间隔均匀、排列整齐"。

2）汉字应写成长仿宋体字，并应采用国家正式公布的简化字。汉字的高度 h 不应小于 3.5mm，其宽度一般为 $h/2$。字体高度代表字体的号数。

3）数字和字母可写成斜体和直体。斜体字字头向右倾斜，与水平基准线成 75°。

2. 字体示例

汉字、数字和字母的示例见表 1-3。

表 1-3　字体

字 体		示　例
长仿宋体汉字	10号	字体工整、笔画清楚、间隔均匀、排列整齐
	7号	横平竖直　注意起落　结构均匀　填满方格
	5号	技术制图石油化工机械电子汽车航空船舶土木建筑矿山井坑港口纺织焊接设备工艺
	3.5号	螺纹齿轮端子接线飞行指导驾驶舱位挖填施工引水通风闸阀坝棉麻化纤
拉丁字母	大写斜体	ABCDEFGHIJKLMNOPQRSTUVWXYZ
	小写斜体	abcdefghijklmnopqrstuvwxyz
阿拉伯数字	斜体	0123456789
罗马数字	斜体	ⅠⅡⅢⅣⅤⅥⅦⅧⅨⅩ

四、图线（GB/T17450—1998、GB/T4457.4—2002）

1. 图线的应用

技术制图、机械制图国家标准规定了图线的名称、型式、代号、宽度以及在图上的应用。机械图样中常用线型的名称、型式等见表 1-4。图线应用示例如图 1-13 所示。

表 1-4　图线

图线名称	图线型式及代号	图线宽度	应用举例
粗实线	————————	d	可见轮廓线、可见棱边线
细虚线	- - - - - - - -	d/2	不可见轮廓线、不可见棱边线
细实线	————————	d/2	尺寸线、尺寸界线、剖面线、过渡线
细点画线	— · — · — · —	d/2	轴线、对称中心线
波浪线	～～～～～	d/2	断裂处的边界线、视图与剖视图的分界线
双折线	—/\—/\—/\—	d/2	断裂处的边界线、视图与剖视图的分界线
粗点画线	— · — · — · —	d	限定范围表示线
粗虚线	- - - - - - - -	d	允许表面处理的表示线
细双点画线	— · · — · · —	d/2	相邻辅助零件的轮廓线、可动零件的极限位置的轮廓线、轨迹线

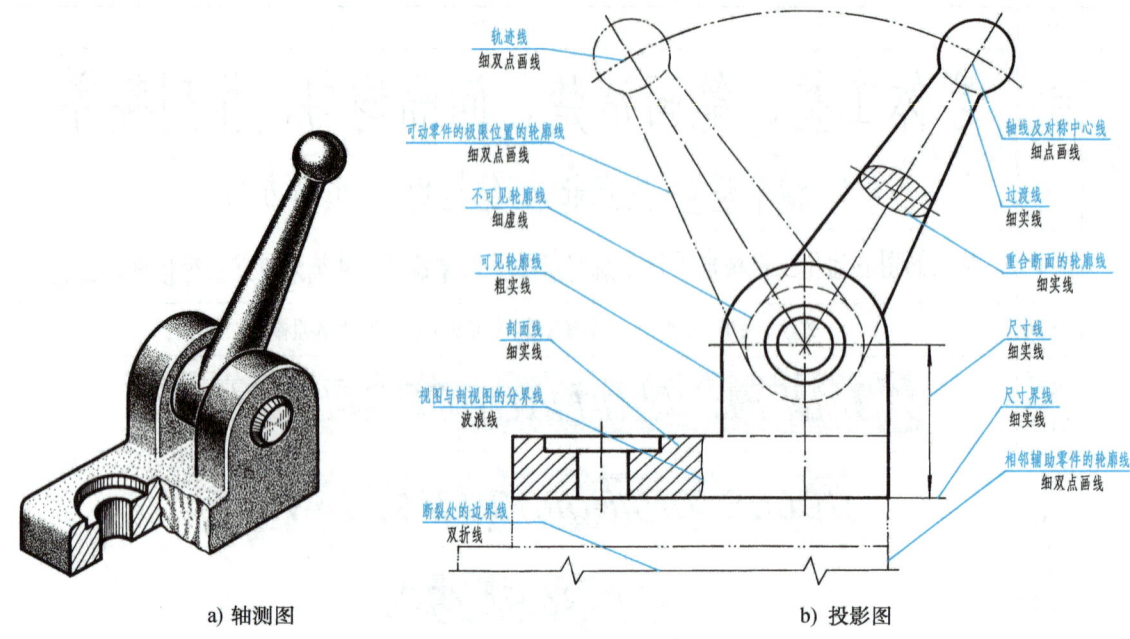

图 1-13 各种图线应用示例

2. 图线的画法

1）机械图样的图线分为粗线和细线两种，其线宽之比为 2：1。常用的粗线宽度为 0.5mm 或 0.7mm。同一图样中，同类图线的宽度应一致。

2）细点画线（细虚线）应恰当地相交于画线处。细点画线的起始和终了应为长画（图 1-14）。

3）细点画线超出图形轮廓约 5mm（图 1-15a）。较小的圆形，其中心线可用细实线代替，超出图形轮廓约 3mm（图 1-15b）。

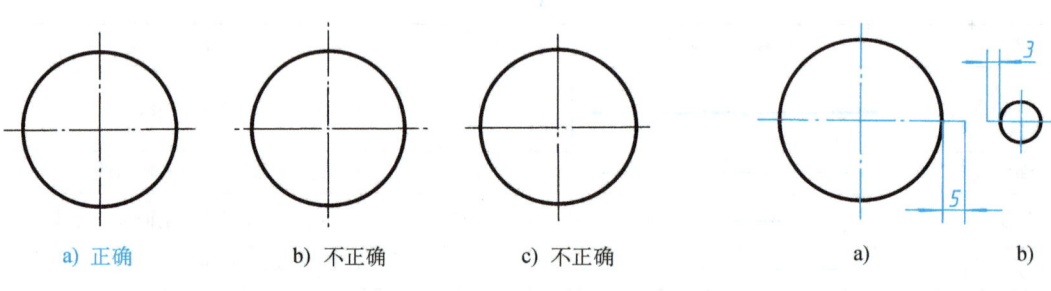

图 1-14 画点画线的正、误示例　　　　　图 1-15 圆的中心线画法

第三节　尺　寸　注　法

尺寸（包括线性尺寸和角度尺寸）是图样中的重要内容之一，是制造机件的直接依据，也

是图样中指令性最强的部分。因此，相关制图标准（GB/T 4458.4—2003、GB/T 16675.2—2012）对其标注做了专门规定，这是在绘制、识读图样时必须遵守的，否则会引起混乱，甚至给生产带来损失。

一、标注尺寸的基本规则

1）机件的真实大小应以图样上所注的尺寸数值为依据，与图形的大小及绘图的准确度无关。

2）图样中的尺寸以毫米为单位时，不需标注单位的符号或名称，如采用其他单位，则必须注明相应的单位符号。

3）对机件的每一尺寸，一般只标注一次，并应标注在反映该结构最清晰的图形上。

4）标注尺寸的符号和缩写词，应符合表 1-5 的规定。

表 1-5 常用的符号和缩写词

名　称	符号和缩写词	名　称	符号和缩写词
直径	ϕ	45°倒角	C
半径	R	深度	▽
球直径	$S\phi$	沉孔或锪平	⊔
球半径	SR	埋头孔	∨
厚度	t	均布	EQS
正方形	□		

二、尺寸的组成

一个完整的尺寸，一般应包括尺寸数字、尺寸线、尺寸界线和表示尺寸线终端的箭头或斜线（图 1-16）。

1）尺寸界线和尺寸线均用细实线绘制。线性尺寸的尺寸线两端要有箭头与尺寸界线接触。尺寸线和轮廓线的距离不应小于 7mm，如图 1-16 所示。

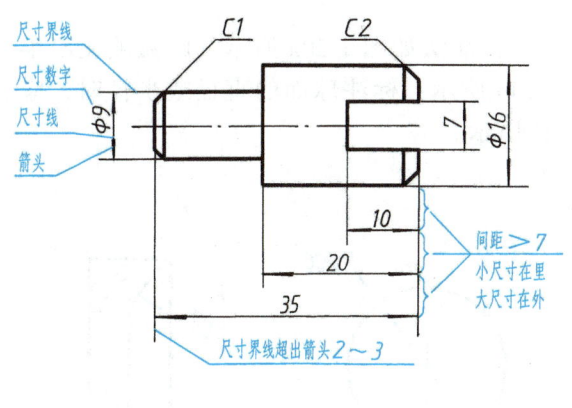

图 1-16 尺寸的组成及标注示例

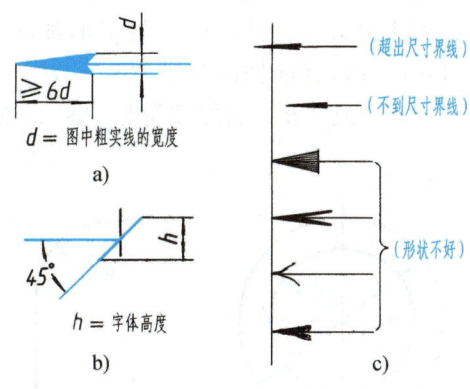

图 1-17 尺寸线终端的两种形式

轮廓线或中心线可代替尺寸界线。但应记住：尺寸线不可被任何图线或其延长线代替，必须单独画出。

2）尺寸线终端可以有箭头、斜线两种形式。箭头的形式如图 1-17a 所示（图 1-17c 的画法不正确），适用于各种类型的图样（机械图样中一般采用箭头）；斜线用细实线绘制，其方向以尺寸线为准，逆时针旋转 45°，如图 1-17b 所示。当尺寸线的终端采用斜线形式时，尺寸线与尺寸界线必须相互垂直。同一张图样中，只能采用一种尺寸线终端形式。

3）对线性尺寸的尺寸数字，一般应填写在尺寸线的上方（也允许注在尺寸线的中断处），如图 1-16 所示。

尺寸数字的方向，应按图 1-18 所示的方向填写，并应尽可能避免在图示 30°范围内标注尺寸。当无法避免时，可按图 1-19 所示的形式标注。

尺寸数字不允许被任何图线所通过。当不可避免时，必须把图线断开。

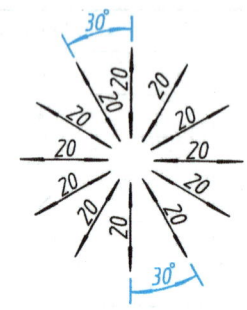

图 1-18 尺寸数字的方向

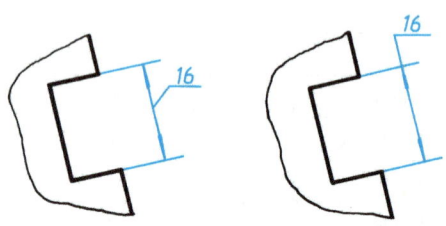

图 1-19 30°范围内尺寸数字注法

三、常见尺寸的注法

1. 线性尺寸

标注线性尺寸时，尺寸线必须与所标注的线段平行。尺寸界线一般应与尺寸线垂直，并超出尺寸线 2~3mm。当有几条互相平行的尺寸线时，大尺寸应注在小尺寸外面，以免尺寸线与尺寸界线相交，如图 1-16 所示。

2. 圆、圆弧及球面尺寸

圆须注出直径，且在尺寸数字前加注符号"φ"，注法如图 1-20a 所示；圆弧须注出半径，且在尺寸数字前加注符号"R"，注法如图 1-20b 所示；标注球面的直径或半径时，应在符号"φ"或"R"前加注符号"S"，如图 1-21 所示。

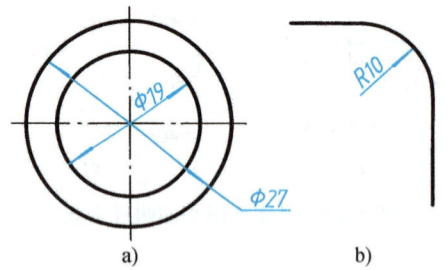

图 1-20 圆及圆弧尺寸注法

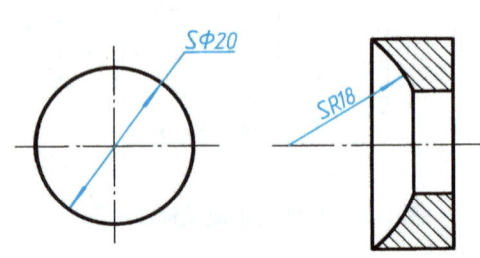

图 1-21 球面尺寸注法

3. 小尺寸的注法

当标注的尺寸较小，没有足够的位置画箭头或写尺寸数字时，箭头可画在外面或用小圆点代替两个箭头，尺寸数字也可写在外面或引出标注，如图 1-22 所示。

4. 角度尺寸的注法

标注角度时，尺寸线应画成圆弧。角度的数字一律写成水平方向，一般填写在尺寸线的中断处（图 1-23），必要时可以写在尺寸线的上方或外面，也可引出标注，如图 1-24 所示。图 1-25 所示为标注实例。

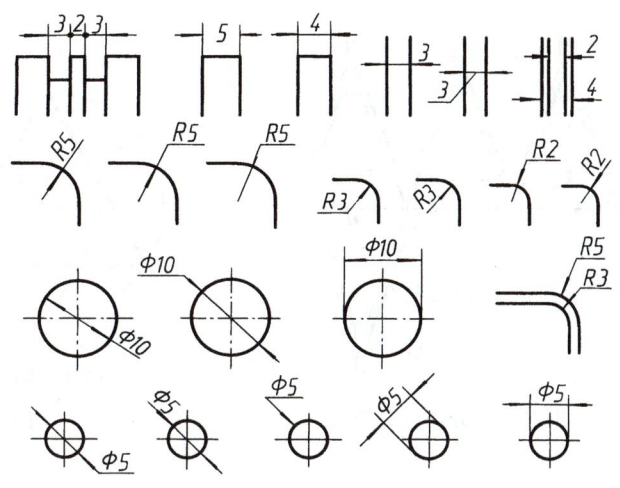

图 1-22 小尺寸的注法

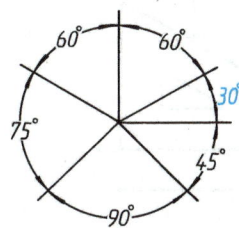

图 1-23 角度数字的注写位置（一）

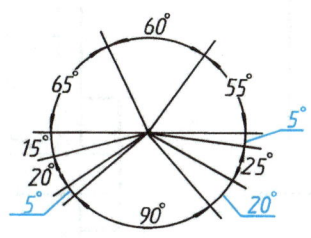

图 1-24 角度数字的注写位置（二）

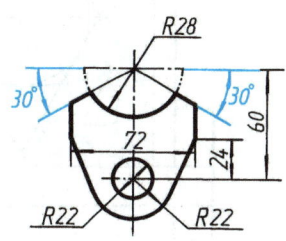

图 1-25 标注角度的实例

第四节 几何作图

机件的轮廓形状虽各有不同，但都是由各种基本的几何图形所组成的。所以，绘制机械图样时必先学会几何作图。本节将介绍简单几何作图的方法。

一、等分作图

1. 等分线段

等分线段常用试分法。试分时，先凭目测估计出分段的长度，用分规自线段的一端进行试分，若不能恰好将线段分尽，可视其"不足"或"剩余"部分的长度调整分规的开度再进行试分，直到分尽为止，如图 1-26 所示。

2. 等分圆周和作正多边形

用圆规可直接在圆周上取三、六等分点，将各等分点依次连线，即可分别作出圆的内接（或外切）正三角形、正六边形，其作图方法如图 1-27 所示。用 30°-60°三角板与丁字尺配合，可直接作出圆的外切（或内接）正六边形，其作图方法如图 1-28 所示。

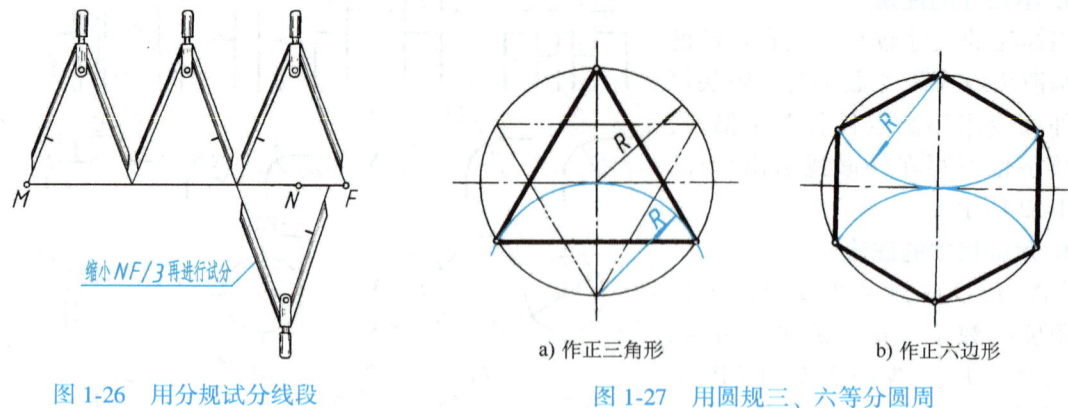

图 1-26　用分规试分线段

a) 作正三角形　　　b) 作正六边形

图 1-27　用圆规三、六等分圆周

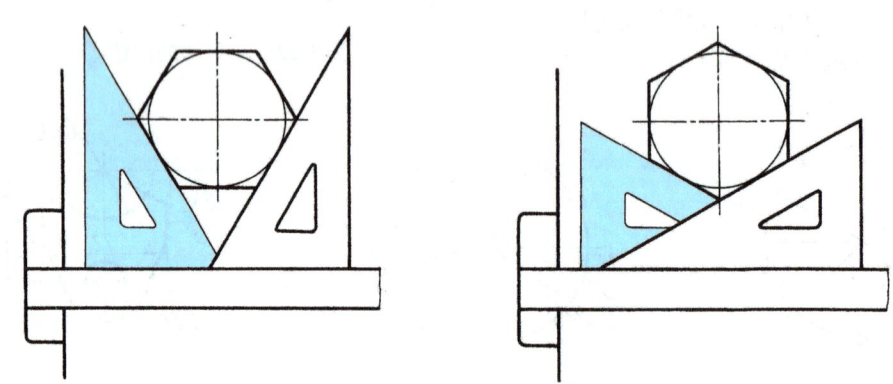

图 1-28　作圆的外切正六边形

用 45°三角板与丁字尺配合，可直接作出圆的内接或外切正方形和正八边形（希望读者自行试作）。

在上述作图中，如果需改变其正多边形的方位，可通过调整取等分点的起始位置或三角板摆放位置的方法来实现。

二、圆弧连接

用一圆弧光滑地连接相邻两线段（直线或圆弧）的作图方法，称为圆弧连接。圆弧连接在机件轮廓图中经常可见，图 1-29a 是图 1-29b 所示扳手的轮廓图。

a) 扳手轮廓图　　　b) 扳手

图 1-29　圆弧连接示例

1. 圆弧连接的作图原理

圆弧连接的作图，关键是要求出连接弧的圆心和切点。

（1）圆与直线相切　与已知直线相切的圆，其圆心轨迹是一条直线，如图 1-30 所示。该直线与已知直线平行，间距为圆的半径 R。自圆心向已知直线作垂线，其垂足 K 即为切点。

（2）圆与圆相切　如图 1-31 所示，与已知圆相切的圆，其圆心轨迹为已知圆的同心圆。同心圆的半径根据相切情况而定，即两圆外切时，为两圆半径之和；两圆内切时，为两圆半径之差。两圆相切的切点，在两圆心的连线（或其延长线）与圆周的交点处。

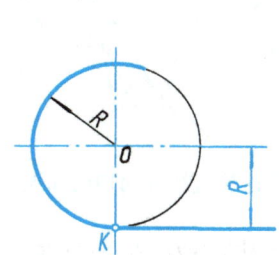

图 1-30　圆与直线相切

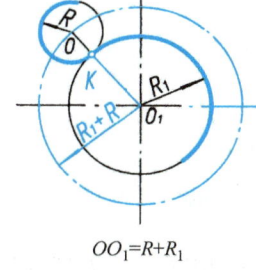

$OO_1=R+R_1$

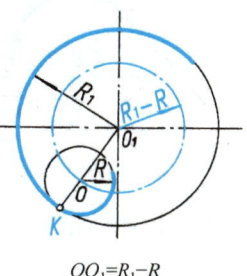

$OO_1=R_1-R$

图 1-31　圆与圆相切

应用上述作图原理，即可完成直线与直线、直线与圆弧、圆弧与圆弧间的圆弧连接。

2. 用圆弧连接相交两直线

（1）两直线相交成钝角或锐角　当两直线相交成钝角或锐角时（图 1-32），其作图步骤如下：

1）作与已知角两边分别相距为 R 的平行线，交点 O 即为连接弧圆心。

2）自 O 点分别向已知角两边作垂线，垂足 M、N 即为切点。

3）以 O 为圆心，R 为半径在两切点 M、N 之间画连接圆弧即为所求。

（2）两直线相交成直角　当两直线相交成直角时（图 1-33），其作图步骤如下：

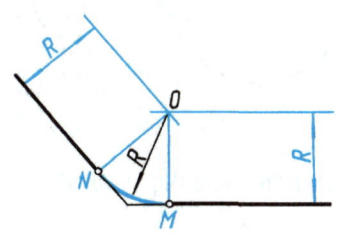
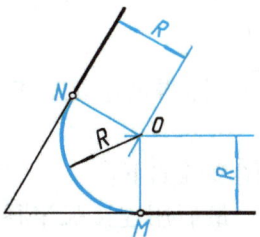

图 1-32　用圆弧连接相交两直线（一）

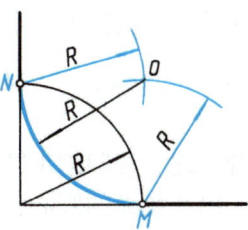

图 1-33　用圆弧连接相交两直线（二）

1）以角顶为圆心，R 为半径画弧，交直角两边于 M、N。

2）以 M、N 为圆心，R 为半径画弧，相交得连接弧圆心 O。

3）以 O 为圆心，R 为半径，在 M、N 间画连接圆弧即为所求。

3. 用圆弧连接一已知直线和一已知圆弧

（1）连接弧与已知弧外切　以已知半径 r 画弧，连接直线 AB，并外切于半径为 R 的圆弧（图 1-34），其作图步骤如下：

1）先以 O 为圆心，以 $r+R$ 为半径画弧。

2）作距 AB 为 r 的平行线 KL，使其交所画圆弧于 O_1 点，即得连接弧圆心。

3)连接 O 和 O_1,与圆弧相交于 M 点,再由 O_1 作 AB 的垂线得 N 点,则 M 和 N 两点即为切点。

4)再以 O_1 为圆心,以 r 为半径画 NM 弧,即得所求的连接圆弧。

(2)连接弧与已知弧内切 以已知半径 r 画弧,连接直线 AB,并内切于半径为 R 的已知圆弧,如图 1-35 所示。

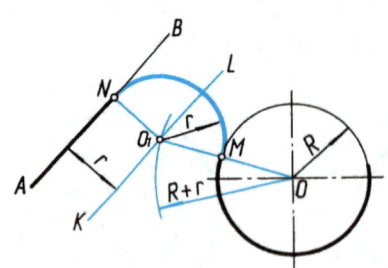
图 1-34 画弧连接直线和外切已知弧

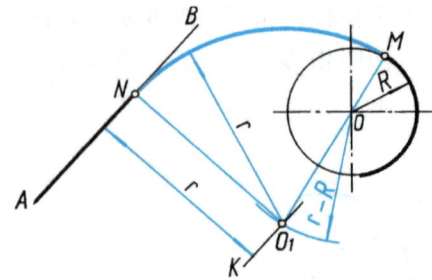
图 1-35 画弧连接直线和内切已知弧

这一问题的作图步骤与外连接相同,因为是内切,故连接弧的圆心 O_1 是平行线 K 与半径为 $r-R$ 的圆弧的交点。对于切点,读者可自行分析。

4. 用圆弧连接已知两圆弧

这种连接可分为三种情况:①连接弧与两圆弧外切;②连接弧与两圆弧内切;③连接弧与一圆弧外切,与另一圆弧内切。

下面以第三种情况为例,说明其作图的方法与步骤(图 1-36)。

1)按外切的几何关系,先以 O_1 为圆心,以 R_1+R 为半径画弧。

2)按内切的几何关系,再以 O_2 为圆心,以 $R-R_2$ 为半径画弧,两弧的交点 O 即为连接弧圆心。

3)将连接弧圆心 O 分别与 O_1 和 O_2 相连接(或延长),则得连线与已知圆弧的交点 m 和 n,即为切点。

4)以 O 为圆心,R 为半径,画 $\overset{\frown}{mn}$,即得所求的连接圆弧。

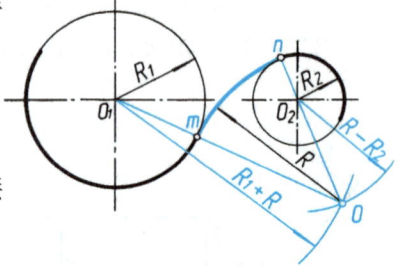
图 1-36 画弧内、外切两圆弧

综合上述,可归纳出圆弧连接的画图步骤如下:

先求出连接弧的圆心,再求出切点,最后用连接弧半径画弧。

三、斜度和锥度

斜度是指一直线对另一直线或一平面对另一平面的倾斜程度,在图样中常以 $1:n$ 的形式标注。图 1-37 所示为斜度为 $1:6$ 的作法:由点 A 在水平线 AB 上取六个单位长度得点 D,由点 D 作 AB 的垂线 DE,取 DE 为一个单位长度,连点 A 和点 E,即得斜度为 $1:6$ 的直线。

图 1-38 所示为斜度的作图方法和标注方法。

锥度是指正圆锥的底圆直径与圆锥高度之比,在图样中常以 $1:n$ 的形式标注。图 1-39 所示为锥度为 $1:6$ 的作法:由点 S 在水平线上取 6 个单位长度得点 O;由点 O 作 SO 的垂线,分别向上和向下量取半个单位长度,得点 A 和点 B;过点 A 和点 B 分别与点 S 相连,即作出了 1∶6 的锥度。

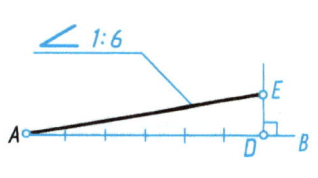
图 1-37　斜度作法示例

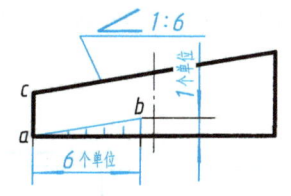
图 1-38　斜度的作图方法和标注方法

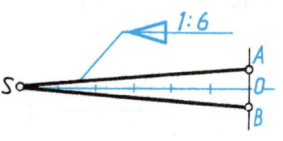
图 1-39　锥度作法示例

第五节　平面图形的画法

平面图形常由许多线段连接而成，这些线段之间的相对位置和连接关系靠给定的尺寸来确定。因此，画图时只有通过分析尺寸的性质，才能明确各线段间的连接关系，才能明确该平面图形应从何处着手，以及按什么顺序作图。

一、尺寸分析

平面图形中的尺寸，按其作用可分为以下两类：

（1）定形尺寸　用于确定线段的长度、圆弧的半径（或圆的直径）和角度大小等的尺寸，称为定形尺寸。如图 1-40 中的 15、$\phi 20$ 以及 $R10$、$R15$、$R12$ 等。

（2）定位尺寸　用于确定线段在平面图形中所处位置的尺寸，称为定位尺寸。图 1-40 中的"8"确定了 $\phi 5$ 的圆心位置；"75"间接地确定了 $R10$ 的圆心位置；"45"确定了 $R50$ 圆心的一个坐标值。

定位尺寸通常以图形的对称线、中心线或某一轮廓线作为标注尺寸的起点，这个起点叫作基准。如图 1-40 中的 A 和 B。

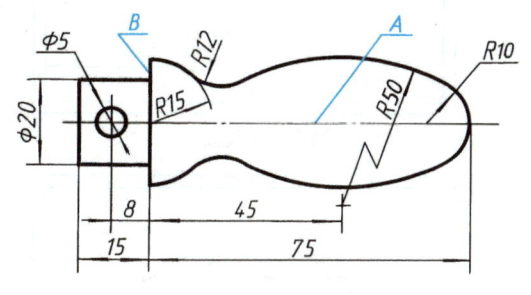
图 1-40　手柄平面图

手柄平面图

二、线段分析

平面图形中的线段（直线或圆弧），根据其定位尺寸的完整与否，可分为三类（因为直线连接的作图比较简单，所以这里只讲圆弧连接的作图问题）：

（1）已知圆弧　具有两个定位尺寸的圆弧，如图 1-40 中的 $R10$。

（2）中间圆弧　具有一个定位尺寸的圆弧，如图 1-40 中的 $R50$。

（3）连接圆弧　没有定位尺寸的圆弧，如图 1-40 中的 $R12$。

在作图时，由于已知圆弧有两个定位尺寸，故可直接画出；而中间圆弧虽然缺少一个定位尺寸，但它总是和一个已知线段相连接，利用相切的条件便可画出；连接圆弧则由于缺少两个定位尺寸，因此，唯有借助于它和已经画出的两条线段的相切条件才能画出来。

画图时，应先画已知圆弧，再画中间圆弧，最后画连接圆弧。

三、平面图形的画法

下面以图 1-40 为例，介绍平面图形的画法。绘制底稿的方法和步骤如图 1-41 所示，描深后的图，如图 1-40 所示。

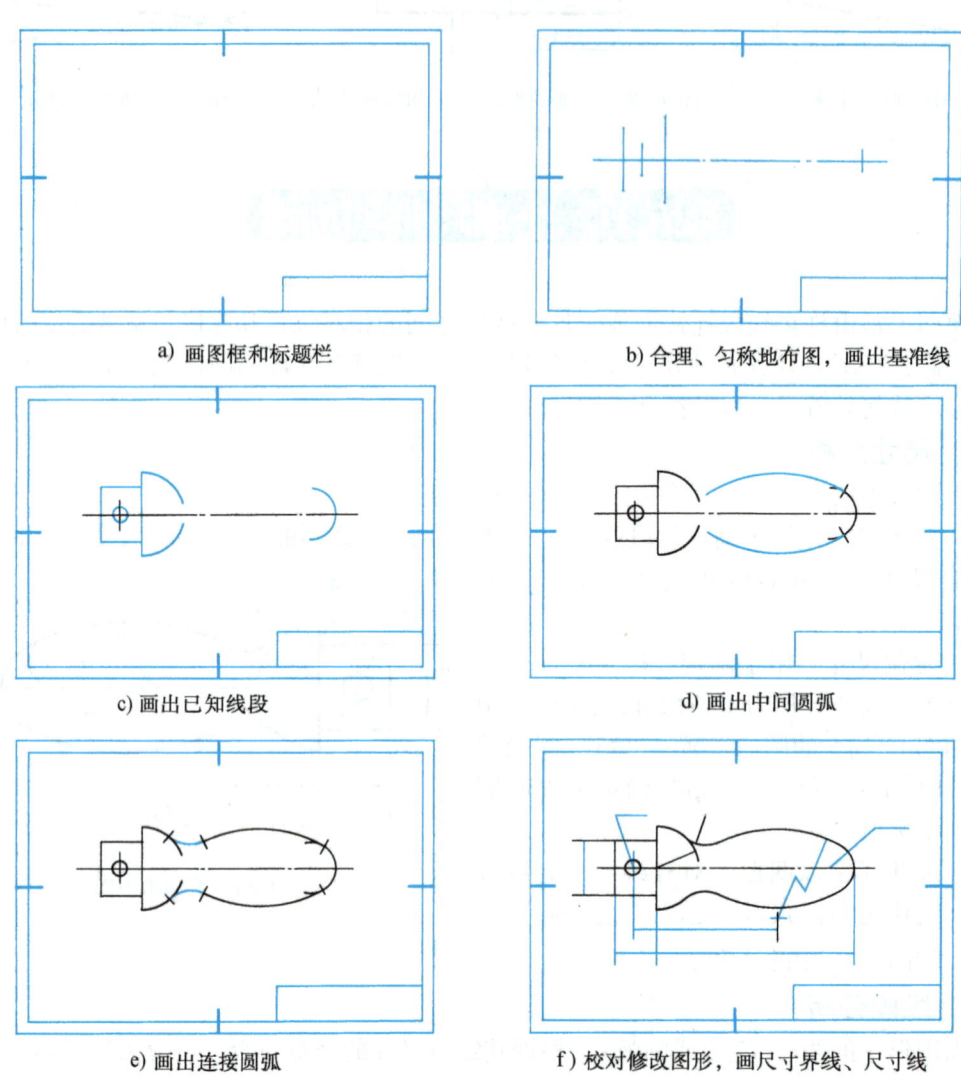

图 1-41　绘制底稿的方法和步骤

第六节　徒手画图的方法

徒手图也称草图。它是以目测估计图形与实物的比例，按一定画法要求徒手（或部分使用绘图仪器）绘制的图。在生产实践中，经常需要人们借助于画图来记录或表达技术思想，因此徒手画图是工程技术人员必备的一项重要的基本技能。在学习本课程的过程中，应通过实践逐步地提高徒手绘图的速度和技巧。

画草图的要求：①画线要稳，图线要清晰；②目测尺寸要准（尽量符合实际），各部分比例要匀称；③绘图速度要快；④标注尺寸无误，字体工整。

画草图的铅笔比用仪器画图的铅笔软一号，削成圆锥形，画粗实线要秃些，画细线时笔尖要细些。

要画好草图，必须掌握徒手绘制各种线条的基本手法。

一、握笔的方法

手握笔的位置要比用仪器绘图时高些，以利于运笔和观察目标。笔杆与纸面成45°~60°角，执笔应稳而有力。

二、直线的画法

画直线时，手腕应靠着纸面，沿着画线方向移动，以保证图线画得直。眼睛要注视终点方向，以便于控制图线。

直线的徒手画法如图1-42所示。画水平线时，图纸可放斜一点，不要将图纸固定住，以便随时可将图纸转动到画线最为顺手的位置，如图1-42a所示。画垂直线时，自上而下运笔，如图1-42b所示。画斜线时的运笔方向如图1-42c所示。为了便于控制图形大小比例和各图形间的关系，可利用方格纸画草图。

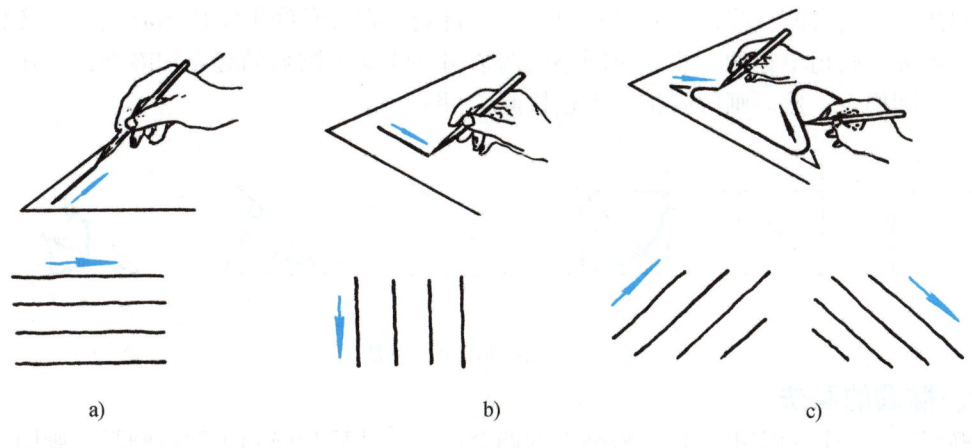

图1-42　直线的徒手画法

三、常用角度的画法

画30°、45°、60°等常用角度，可根据两直角边的比例关系，在两直角边上定出几点，然后连线而成，如图1-43a、b、c所示。若画10°、15°、75°等角度，可先画出30°的角后再二等分、三等分得到，如图1-43d所示。

四、圆的画法

画小圆时，先定圆心，画中心线，再按半径大小在中心线上定出四个点，然后过四点分两半画出（图1-44a）。画较大的圆时，可增加两条45°斜线，在斜线上再根据半径大小定出四个点，然后分段画出（图1-44b）。

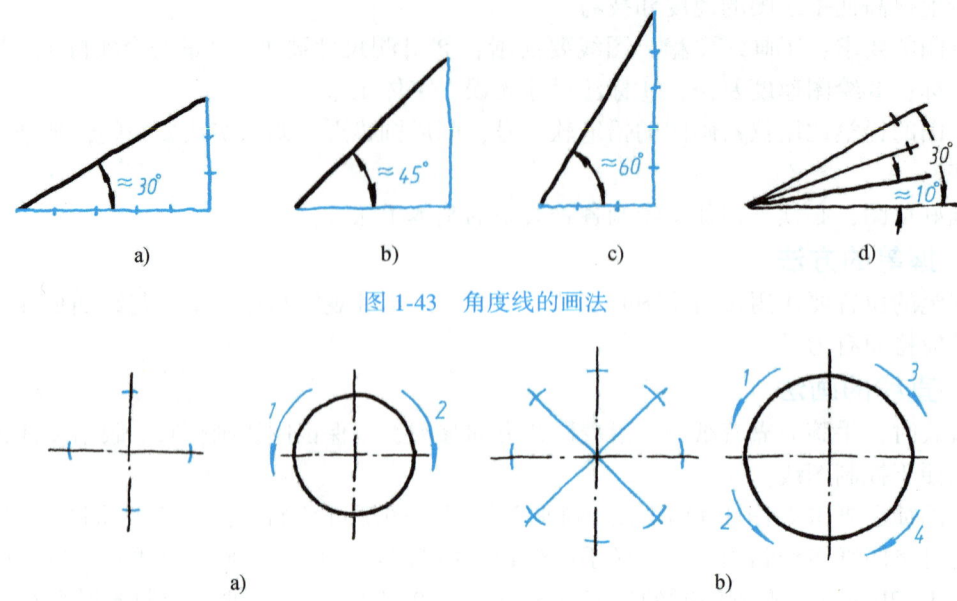

图 1-43 角度线的画法

图 1-44 圆的徒手画法

五、圆弧的画法

画圆弧时，先将两直线徒手画成相交，然后目测，在分角线上定出圆心位置，使它与角两边的距离等于圆角半径的大小，过圆心向两边引垂线定出圆弧的起点和终点，并在分角线上也定出一圆周点，然后画圆弧把三点连接起来（图 1-45）。

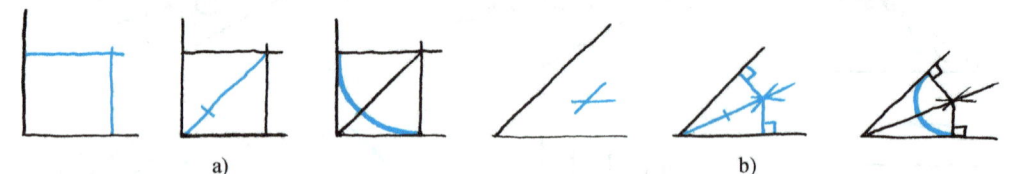

图 1-45 圆弧的徒手画法

六、椭圆的画法

画椭圆时，先目测定出其长、短轴上的四个端点，然后分段画出四段圆弧，画图时应注意图形的对称性（图 1-46）。

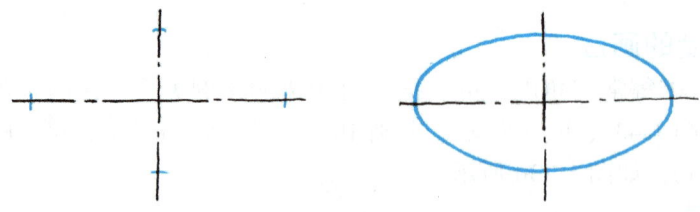

图 1-46 椭圆的徒手画法

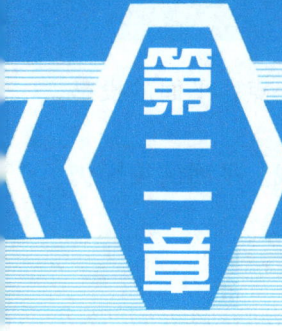

第二章 正投影基础

第一节 正投影法的基本概念

一、正投影法

如图 2-1 所示,将矩形薄板 ABCD 平行地放在平面 P 之上,然后分别通过 A、B、C、D 各点向下引直线并将其延长,使它们与平面 P 交于 a、b、c、d,则 □abcd 即是矩形薄板 ABCD 在平面 P 上的投影。而得到投影的面(P)称为投影面,直线 Aa、Bb、Cc、Dd 称为投射线。

投射线相互平行且与投影面相垂直的投影方法,称为正投影法。根据正投影法所得到的图形,称为正投影图或正投影,如图 2-1 中 abcd,可简称为投影。工程中所使用的图样大都是采用正投影法画出的。

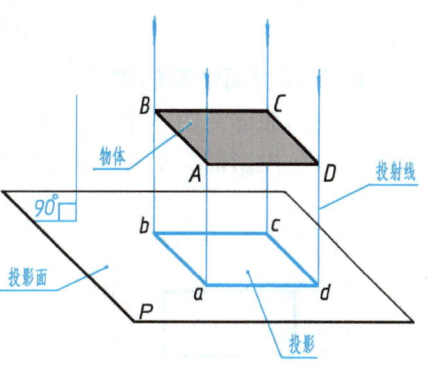

图 2-1 正投影法

二、正投影的基本性质

(1) 显实性 当直线或平面与投影面平行时,则直线的投影反映实长,平面的投影反映实形的性质,称为显实性(图 2-2a)。

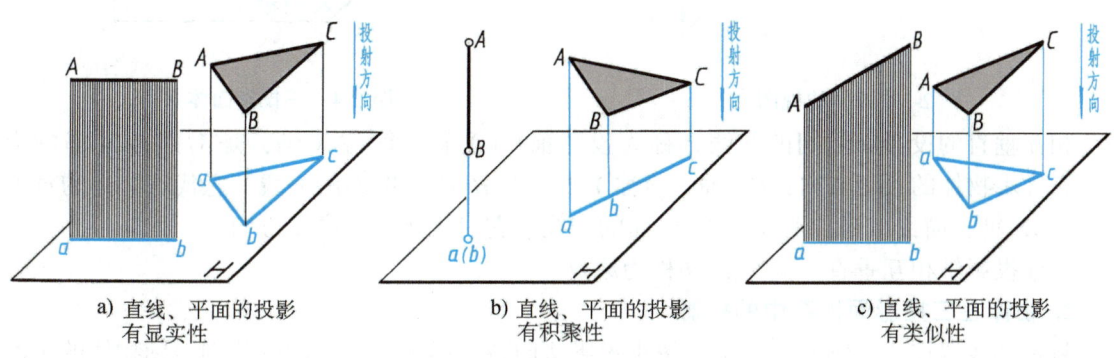

a) 直线、平面的投影有显实性　　b) 直线、平面的投影有积聚性　　c) 直线、平面的投影有类似性

图 2-2 正投影的基本性质

21

(2) 积聚性 当直线或平面与投影面垂直时,则直线的投影积聚成一点,平面的投影积聚成一条直线的性质,称为积聚性(图 2-2b)。

(3) 类似性 当直线或平面与投影面倾斜时,其直线的投影仍为直线、平面的投影仍与原来形状相类似的性质,称为类似性(图 2-2c)。

第二节 三视图

微课:
三视图

一、视图的基本概念

用正投影法所绘制出的物体的图形,称为视图。

必须指出,视图并不是观察者看物体所得到的直觉印象,而是把物体放在观察者和投影面之间,将观察者的视线视为一组相互平行且与投影面垂直的投射线,对物体进行投射所获得的正投影图,其投射情况如图 2-3 所示。

二、三视图的形成

一般情况下,一面视图不能完全确定物体的形状和大小(图 2-3)。因此,为了将物体的形状和大小表达清楚,工程上常用三视图。

1. 三投影面体系的建立

三投影面体系由三个相互垂直的投影面所组成(图 2-4):正立投影面,简称正面,用 V 表示;水平投影面,简称水平面,用 H 表示;侧立投影面,简称侧面,用 W 表示。

三视图
的形成

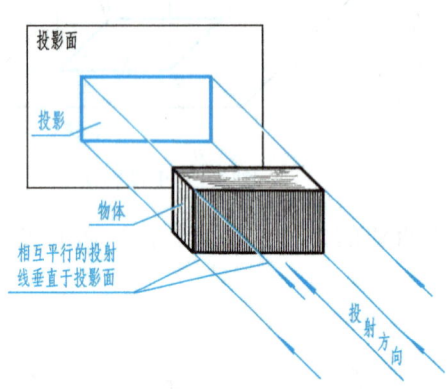

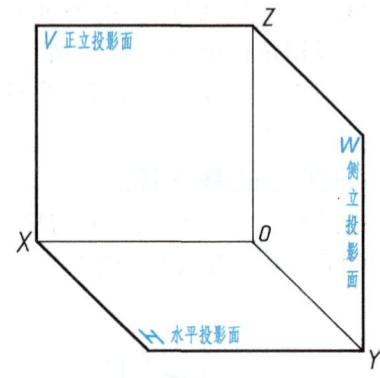

图 2-3 物体的视图　　　　　　　图 2-4 三投影面体系

相互垂直的投影面之间的交线,称为投影轴:OX 轴,简称 X 轴,是 V 面与 H 面的交线,它代表物体的长度方向;OY 轴,简称 Y 轴,是 H 面与 W 面的交线,它代表物体的宽度方向;OZ 轴,简称 Z 轴,是 V 面与 W 面的交线,它代表物体的高度方向。

三根投影轴相互垂直,其交点 O 称为原点。

2. 物体在三投影面体系中的投影

将物体放置在三投影面体系中,按正投影法向各投影面投射,即可分别得到物体的正面投影、水平面投影和侧面投影,如图 2-5a 所示。

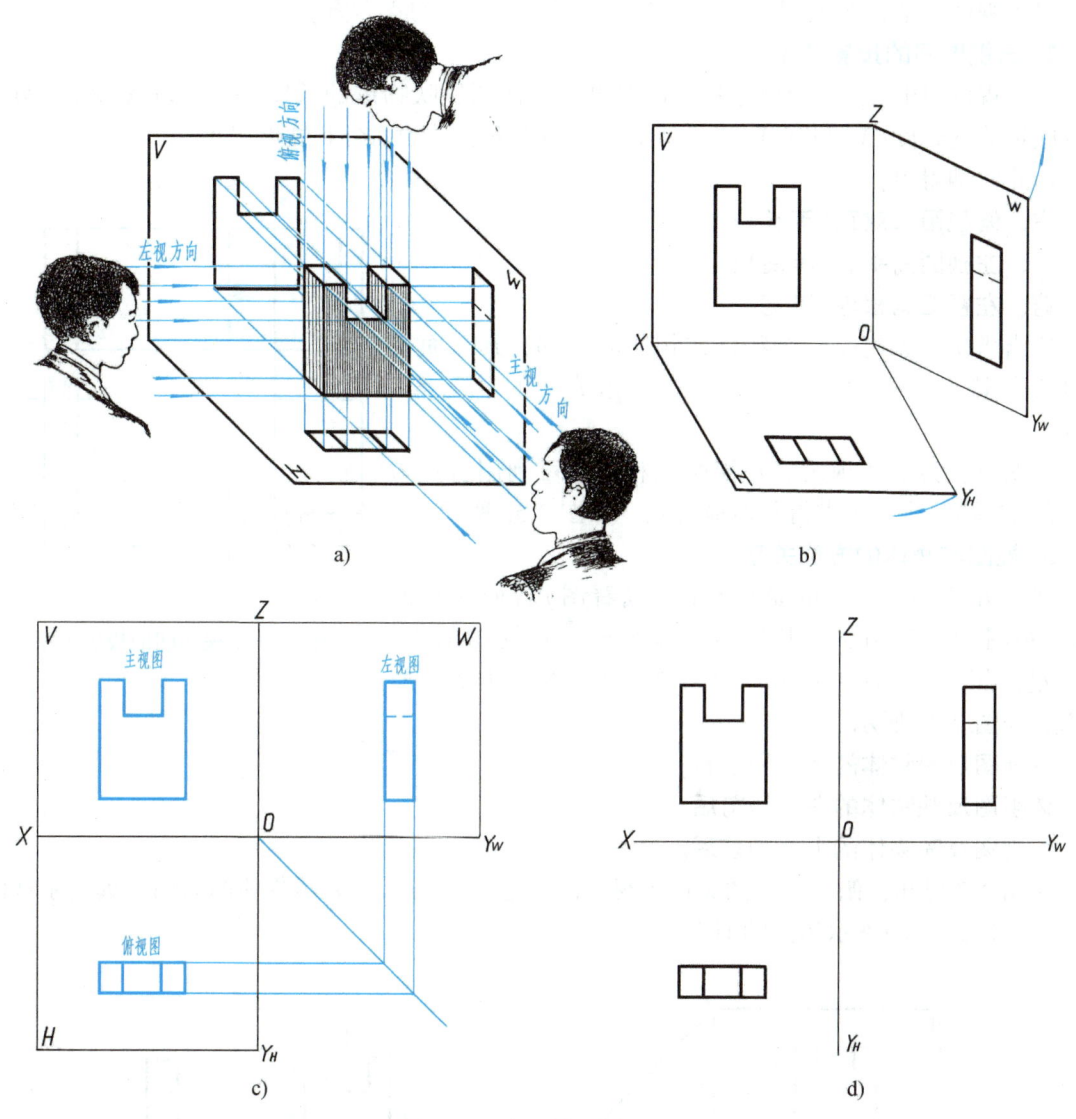

图 2-5 三视图的形成过程

3. 三投影面的展开

为了画图方便,需将相互垂直的三个投影面摊平在同一个平面上,规定:正立投影面不动,将水平投影面绕 OX 轴向下旋转 $90°$,将侧立投影面绕 OZ 轴向右旋转 $90°$(图 2-5b),分别重合到正立投影面上(这个平面就是图纸),如图 2-5c 所示。应注意,水平投影面和侧立投影面旋转时,OY 轴被分为两处,分别用 OY_H(在 H 面上)和 OY_W(在 W 面上)表示。

物体在正立投影面上的投影,也就是由前向后投射所得的视图,称为主视图;物体在水平投影面上的投影,也就是由上向下投射所得的视图,称为俯视图;物体在侧立投影面上的投影,也就是由左向右投射所得的视图,称为左视图,如图 2-5c 所示。以后画图时,不必画出投影面的范围,因为它的大小与视图无关。这样,三视图更为清晰,如图 2-5d 所示。

三、三视图之间的关系

1. 三视图间的位置关系

以主视图为准,俯视图在它的正下方,左视图在它的正右方。

2. 三视图间的投影关系

从三视图(图 2-6)的形成过程可以看出:主视图反映物体的长度(X)和高度(Z);俯视图反映物体的长度(X)和宽度(Y);左视图反映物体的高度(Z)和宽度(Y)。

由此归纳得出:

主、俯视图长对正(等长);

主、左视图高平齐(等高);

俯、左视图宽相等(等宽)。

应当指出,无论是整个物体或物体的局部,其三面投影都必须符合"长对正、高平齐、宽相等"的"三等"规律。

作图时,为了实现俯、左视图宽相等,可利用自点 O 所作的 45°辅助线,来求得其对应关系,如图 2-5c 所示。

3. 视图与物体的方位关系

所谓方位关系,指的是以绘图(或看图)者面对正面(即主视图的投射方向)来观察物体为准,看物体的上、下、左、右、前、后六个方位(图 2-7a)在三视图中的对应关系,如图 2-7b 所示。

主视图反映物体的上下和左右;

俯视图反映物体的左右和前后;

左视图反映物体的上下和前后。

由图 2-7 可知,俯、左视图靠近主视图的一边(里边),均表示物体的后面,远离主视图的一边(外边),均表示物体的前面。

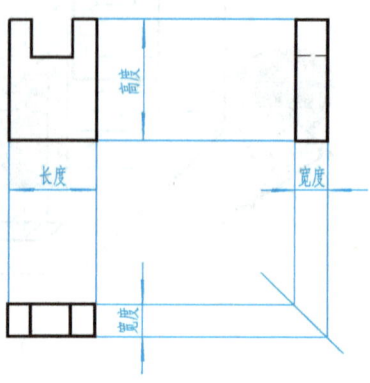

图 2-6 三视图间的投影关系

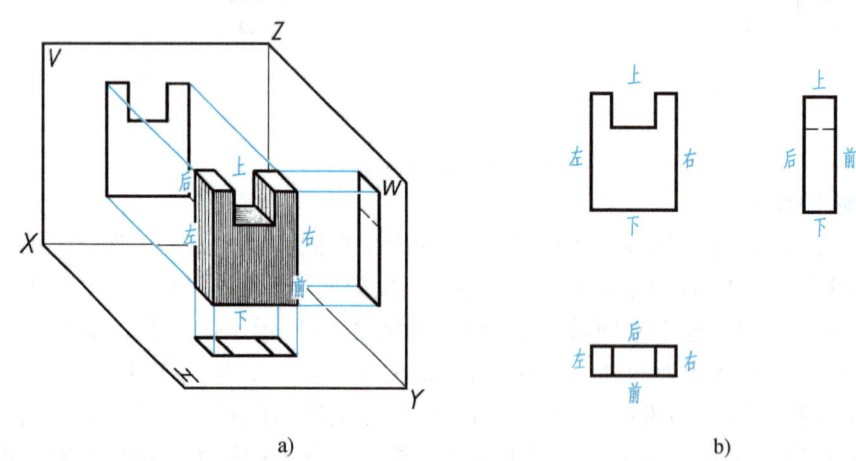

图 2-7 视图和物体的方位对应关系

四、三视图的作图方法与步骤

根据物体(或轴测图)画三视图时,首先应分析其结构形状,摆正物体(使其主要表面与投影面平行),选好主视图的投射方向,再确定绘图比例和图纸幅面。

作图时，应先画出三视图的定位线，再从主视图入手，根据"长对正、高平齐、宽相等"的投影规律，按组成部分依次画出俯视图和左视图。图 2-8a 所示的物体，其三视图的作图步骤如图 2-8b、c、d 所示。

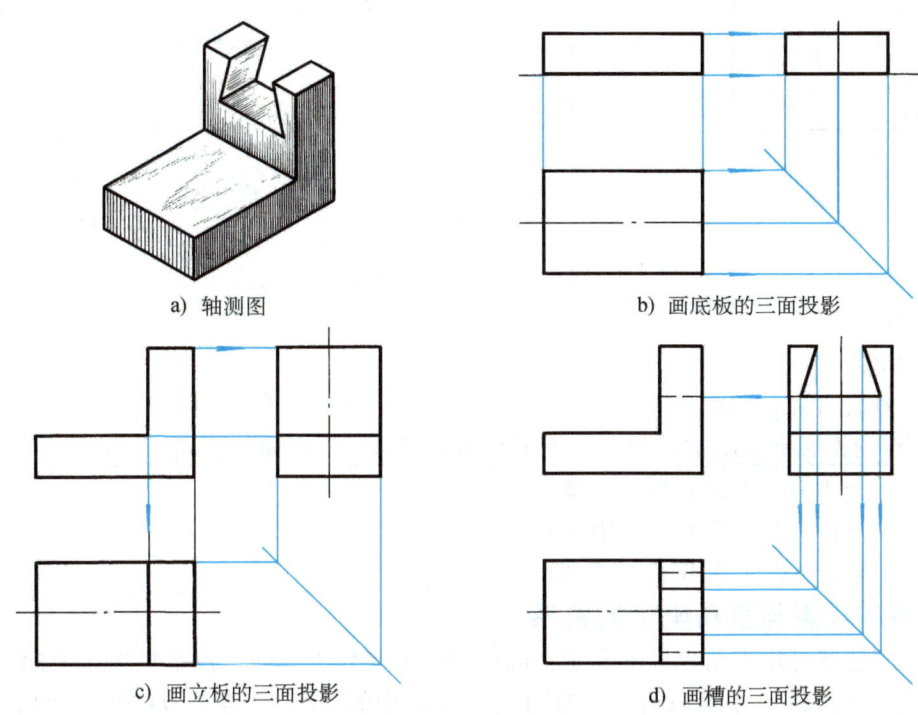

a) 轴测图　　　　　　　　　　b) 画底板的三面投影

c) 画立板的三面投影　　　　　d) 画槽的三面投影

图 2-8　三视图的画图步骤

第三节　点 的 投 影

点是组成立体的最基本的几何元素。为了正确地画出物体的三视图，必须首先掌握点的投影规律。

一、点的三面投影

设在空间有一点 A，由该点分别向 H、V、W 面引垂线，则垂足 a、a'、a'' 即为点 A 的三面投影⊖（图 2-9a）。移去空间点 A，将 H 面绕 OX 轴向下旋转，W 面绕 OZ 轴向右旋转（图 2-9b），使其与 V 面形成一个平面，即得点的三面投影图（图 2-9c）。

研究由空间点得到其三面投影图的过程，可得出点的投影规律：

（1）点的两面投影的连线必定垂直于投影轴，即：

⊖　关于空间点及其投影的规定标记：空间点用大写字母，例如 A、B、C 等；水平投影用相应的小写字母，如 a、b、c 等；正面投影用相应的小写字母加一撇，如 a'、b'、c' 等；侧面投影用相应的小写字母加两撇，如 a''、b''、c''等。

点的三面投影

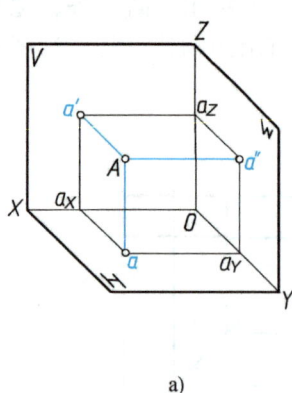
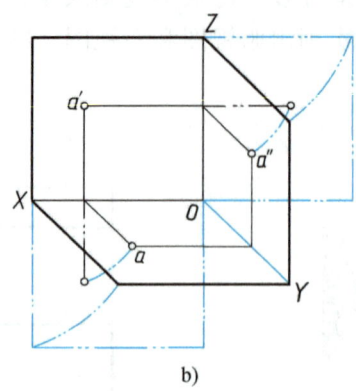
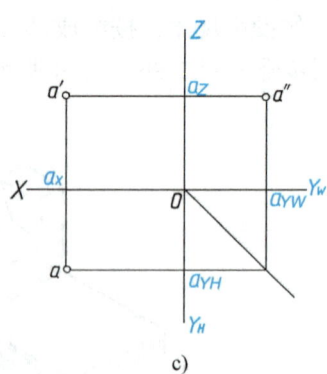

a)　　　　　　　　　　b)　　　　　　　　　　c)

图 2-9　点的三面投影

$aa' \perp OX$；

$a'a'' \perp OZ$；

$aa_{YH} \perp OY_H$，$a''a_{YW} \perp OY_W$。

(2) 点的投影到投影轴的距离，等于空间点到对应投影面的距离，即：

$a'a_X = a''a_Y = Aa$（点 A 到 H 面的距离）；

$aa_X = a''a_Z = Aa'$（点 A 到 V 面的距离）；

$aa_Y = a'a_Z = Aa''$（点 A 到 W 面的距离）。

二、点的投影与直角坐标的关系

点的空间位置可用直角坐标来表示，即把投影面当作坐标面，投影轴当作坐标轴，O 即为坐标原点。从图 2-10 中可以看出，空间点 A 到 W 面的距离 Aa'' 等于 OX 轴上的线段 Oa_X 的长度，故把 Oa_X 的长度叫作 A 点的 X 坐标，并以 x 表示其大小。对其他两个方向作类似的推导，即可得出下面的坐标与距离的关系：

点的投影与直角坐标的关系

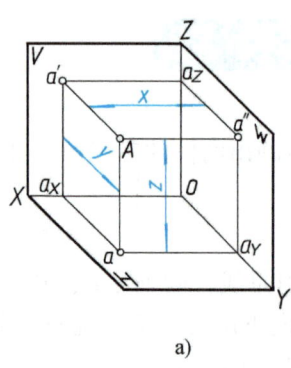
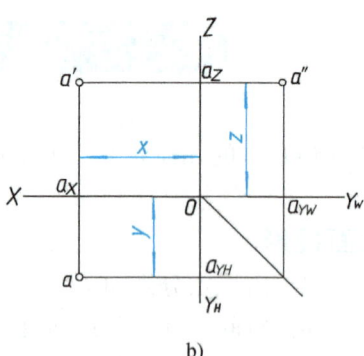

a)　　　　　　　　　　b)

图 2-10　点的投影与直角坐标的关系

$x = Oa_X = Aa''$（点 A 到 W 面的距离）；

$y = Oa_Y = Aa'$（点 A 到 V 面的距离）；

$z = Oa_Z = Aa$（点 A 到 H 面的距离）。

点的坐标按 x、y、z 的顺序注写，其形式为 $A(x,y,z)$、$B(x,y,z)$……

可见，点的投影与其坐标值是一一对应的，因此，可以直接从点的三面投影图中量得该点的坐标值。反之，根据所给定的点的坐标值，可按点的投影规律画出其三面投影图。

例 2-1 已知点 $A(15,10,20)$，求作点 A 的三面投影图。

作图步骤如图 2-11 所示。

1) 画出投影轴 OX、OY_H、OY_W、OZ。
2) 在 OX 轴上量取 $Oa_X = 15$mm，如图 2-11a 所示。
3) 过 a_X 作 OX 轴的垂线，并量取 $a'a_X = 20$mm，$aa_X = 10$mm，如图 2-11b 所示。
4) 过 a 作 OX 轴的平行线与 $\angle Y_W OY_H$ 的角平分线相交，过交点作 OY_W 轴的垂线与过 a' 所作 OZ 轴的垂线相交于 a''，即得点 A 的三面投影图，如图 2-11c 所示。

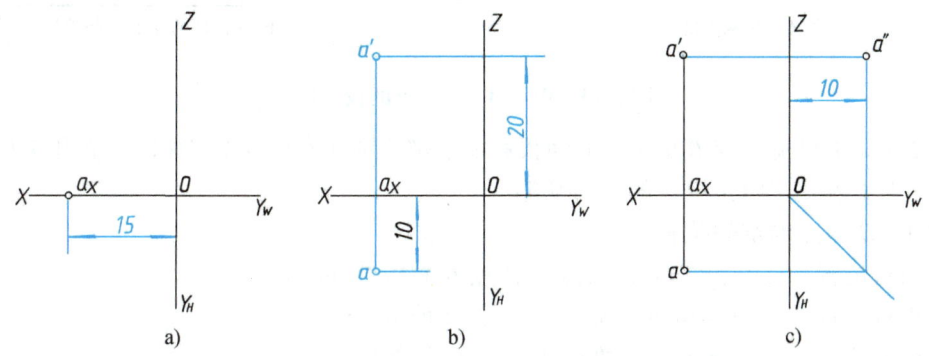

图 2-11 已知点的坐标求作投影图

三、两点的相对位置

两点在空间的相对位置，可以由两点同面投影的坐标关系来确定，如图 2-12 所示。

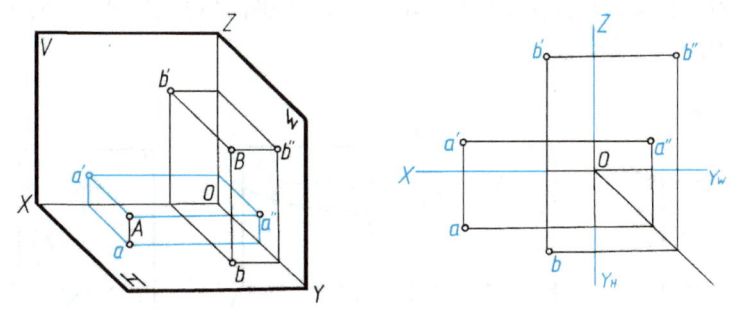

图 2-12 两点的相对位置

两点的左右相对位置由 X 坐标确定，X 坐标值大者在左，故图 2-12 中点 A 在点 B 左方。
两点的前后相对位置由 Y 坐标确定，Y 坐标值大者在前，故图 2-12 中点 A 在点 B 后方。
两点的上下相对位置由 Z 坐标确定，Z 坐标值大者在上，故图 2-12 中点 A 在点 B 下方。

四、读点的投影图

读图是本课程的学习重点，从最基本的几何元素(点)开始讨论读图问题，有利于培养正确的读图思维方式，从而为识读体的投影图打好基础。

例 2-2 识读 A、B 两点的三面投影图(图 2-13a)。

读两点的投影图，首先应分析每个点的空间位置，再根据其坐标确定两点的相对位置。

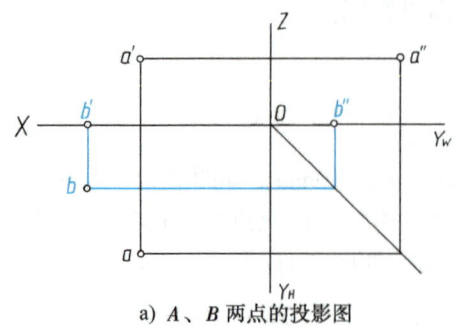
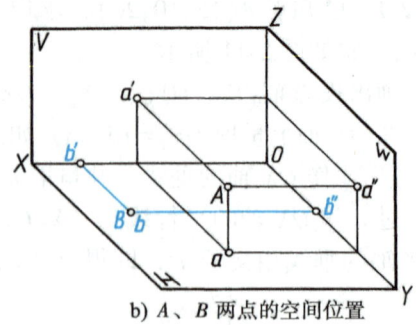

a) A、B 两点的投影图　　　b) A、B 两点的空间位置

图 2-13　识读 A、B 两点的投影图

从图 2-13a 中可见，点 B 的 V、W 面投影 b'、b'' 分别在 OX、OY_W 轴上，说明点 B 的 Z 坐标值为 0，点 B 在 H 面上（点 A 的分析从略）。

判别 A、B 两点的空间位置：

左右相对位置：$x_B - x_A = 7\text{mm}$，故点 A 在点 B 右方 7mm；

前后相对位置：$y_A - y_B = 9\text{mm}$，故点 A 在点 B 前方 9mm；

上下相对位置：$z_A - z_B = 9\text{mm}$，故点 A 在点 B 上方 9mm。

即点 A 在点 B 的右方 7mm，前、上方各 9mm 处。

至此，看图的任务似乎已经完成。其实不然，还应在此基础上，通过"想象"建立起空间概念，即在脑海中呈现出如图 2-13b 所示的立体状态，这样才算真正将图看懂。

下面，以识读图 2-14a 所示点 A 的投影图为例，说明"想象"点 A 空间位置的方法和过程，具体如图 2-14b、c 所示。

根据投影图想象空间点位置的过程

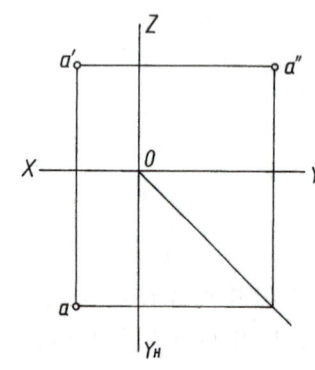
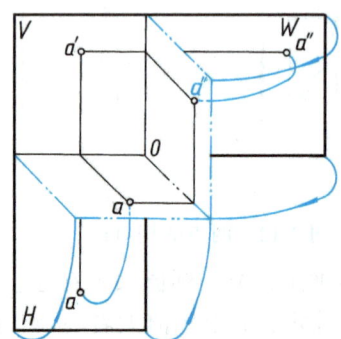
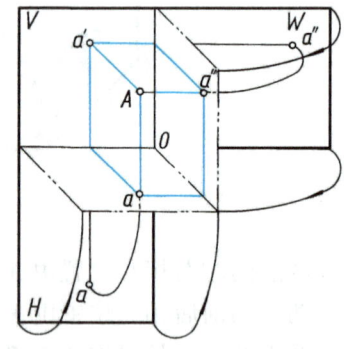

a) 读点 A 的三面投影图　　b) 将 H、W 面转回 90°，使其与 V 面垂直　　c) 过 a'、a、a'' 分别作 V、H、W 面的垂线，交点即为点 A 的空间位置

图 2-14　根据投影图想象点的空间位置的方法

由于图 2-14b、c 中的画法比较麻烦，所以实际作图时，只画出点投影的轴测图（图 2-15d）即可，其直观效果是一样的。具体作图方法如图 2-15 所示。

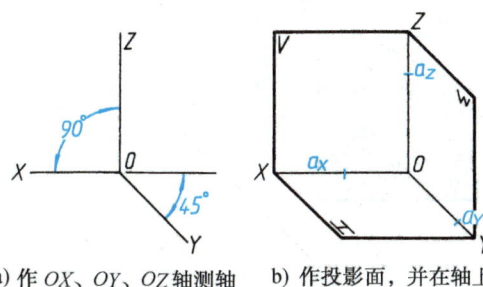
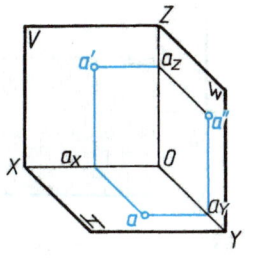
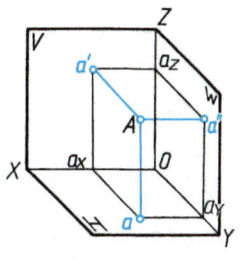

a) 作 OX、OY、OZ 轴测轴
b) 作投影面，并在轴上取坐标 a_X、a_Y、a_Z
c) 作投影 a、a'、a''
d) 过投影作"垂线"，交点即为点 A 的空间位置

图 2-15　作点投影的轴测图

第四节　直线的投影

本节所研究的直线，均指直线的有限长度——线段。

一、直线的三面投影

直线的投影一般仍是直线（图 2-16a），其作图步骤如图 2-16b、c 所示。

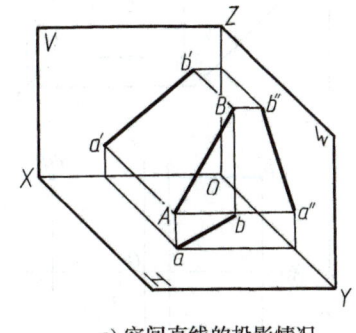
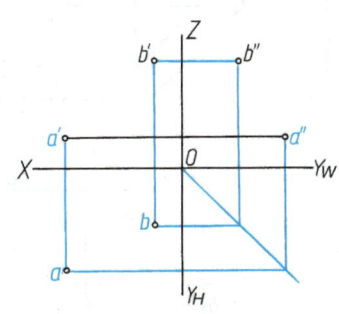
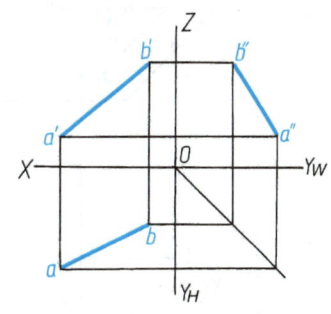

a) 空间直线的投影情况　　b) 作直线两端点的投影　　c) 同面投影连线即为所求

图 2-16　直线的三面投影

二、各种位置直线的投影特性

直线相对于投影面的位置共有三种情况：①垂直；②平行；③倾斜。由于位置不同，直线的投影就各有不同的投影特性，如图 2-17 所示。

1. 特殊位置直线

（1）投影面垂直线　垂直于一个投影面的直线，称为投影面垂直线。

垂直于 H 面的直线，称为铅垂线；垂直于 V 面的直线，称为正垂线；垂直于 W 面的直线，称为侧垂线。它们的投影图例及其投影特性见表 2-1。

直线对投影面的三种位置

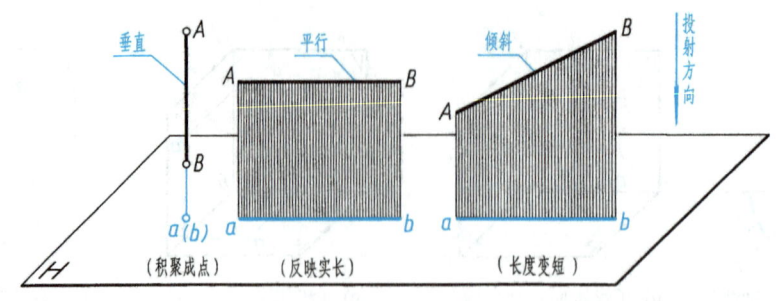

图 2-17 直线对投影面的三种位置

表 2-1 投影面垂直线的投影图例及其投影特性

投影面垂直线的投影特性

名称	铅垂线(⊥H)	正垂线(⊥V)	侧垂线(⊥W)
实例	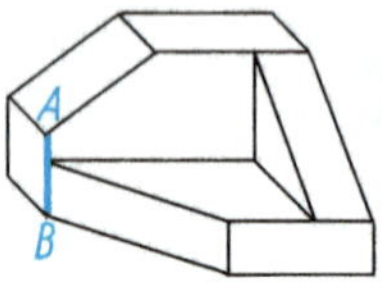	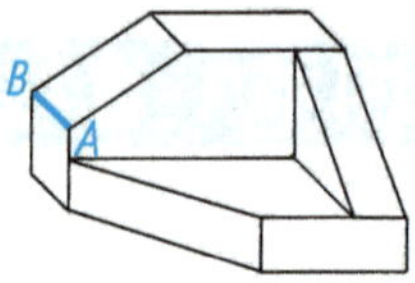	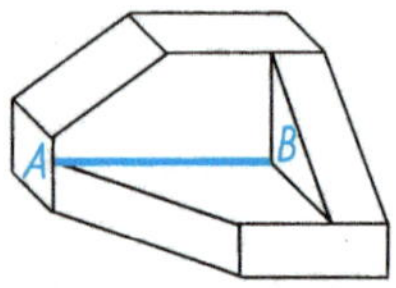
轴测图	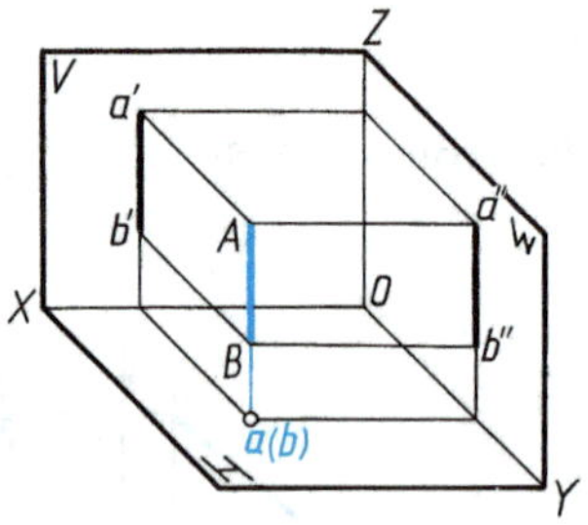	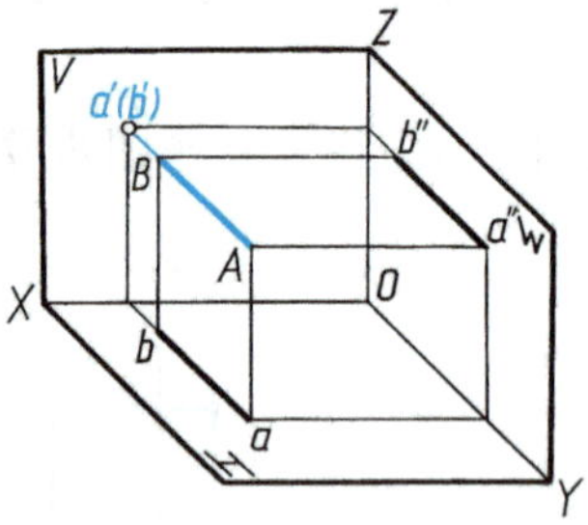	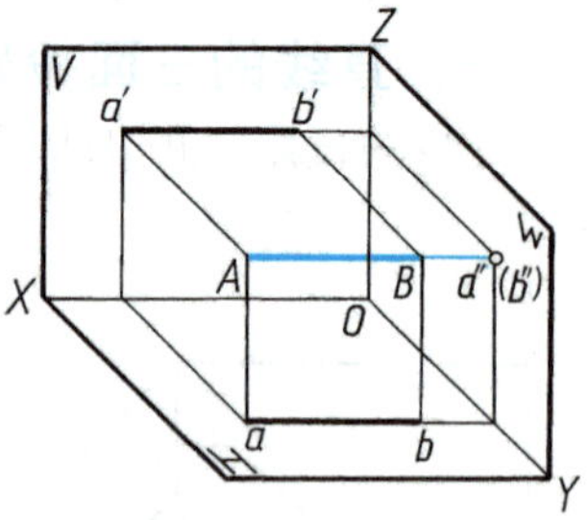
投影图	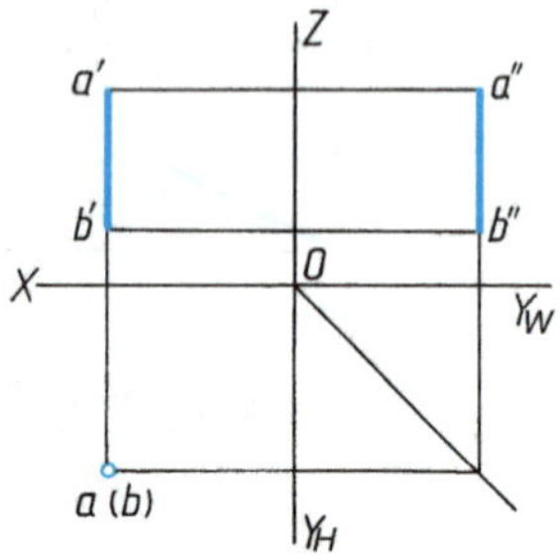	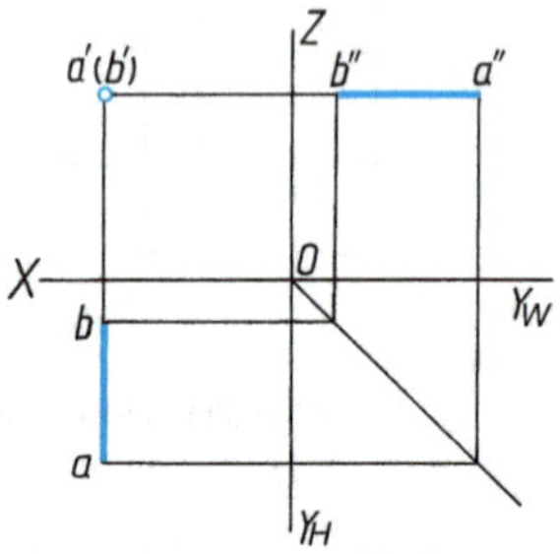	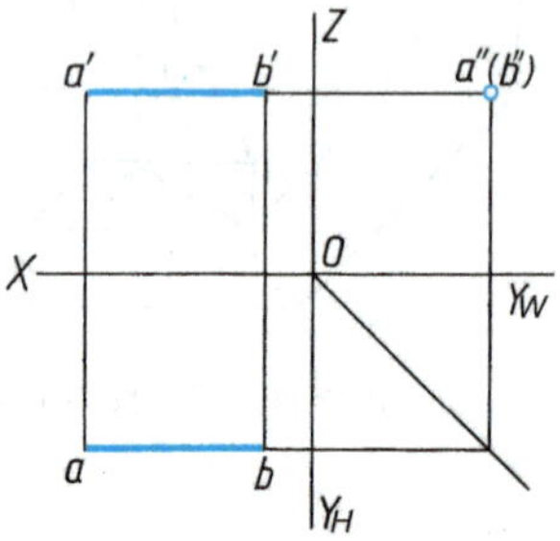
投影特性	① 水平投影 ab 积聚成一点 ② 正面投影 $a'b'$、侧面投影 $a''b''$ 都反映实长,且 $a'b'⊥OX$, $a''b''⊥OY_W$	① 正面投影 $a'b'$ 积聚成一点 ② 水平投影 ab、侧面投影 $a''b''$ 都反映实长,且 $ab⊥OX$, $a''b''⊥OZ$	① 侧面投影 $a''b''$ 积聚成一点 ② 水平投影 ab、正面投影 $a'b'$ 都反映实长,且 $ab⊥OY_H$, $a'b'⊥OZ$
	小结:① 直线在所垂直的投影面上的投影有积聚性 ② 直线的其他两面投影反映线段实长,且垂直于相应的投影轴		

直线投影的内容几乎全都汇集于表 2-1 中,故在阅读表 2-1 时,应注意以下几点:

1) 表中的竖向内容(从上到下):"实例"说明直线取自于体(足见几何元素的投影绝非虚无缥缈);"轴测图"表示直线的空间投射情况;"投影图"为投影结果——平面图;"投影特性"是投影规律的总结。它们示出了由"物"到"图"的转化(画图)过程。反过来——自下而上，则表明由"图"到"物"的转化（读图）过程。阅读时，就是要抓住物（轴测图）、图（投影图）的相互转化，并应将这种思路、方法贯穿到本课程学习的始终。看图是学习重点，因此应特别强化这种逆向训练，其方法是根据"投影特性"中的文字表述内容，画出投影草图，再据此勾勒出轴测图。这些都是在想象中进行的，因此对培养空间想象能力和思维能力有莫大帮助。此外，还应对表 2-1 中的图、文进行横向比较，找出异同点，以利于总结投影规律。

2）要熟记（各种位置直线）名称及投影图特征，其程度应达到：说出直线的名称，即可画出其三面投影图；一看投影图，便能说出其直线的名称。

3）要反复地练。比如，可将教室的墙面当作投影面或自做投影箱，以铅笔当直线进行比试等。

表 2-2 ~ 表 2-4 均应采用以上方法阅读。

（2）投影面平行线　平行于一个投影面的直线，称为投影面平行线。

平行于 H 面的直线，称为水平线；平行于 V 面的直线，称为正平线；平行于 W 面的直线，称为侧平线。它们的投影图例及其投影特性见表 2-2。

表 2-2　投影面平行线的投影图例及其投影特性

名　称	水平线（//H）	正平线（//V）	侧平线（//W）
实例			
轴测图			
投影图			
投影特性	① 水平投影 ab 反映实长 ② 正面投影 a'b'//OX，侧面投影 a"b"//OY_W，且都小于实长	① 正面投影 a'b' 反映实长 ② 水平投影 ab//OX，侧面投影 a"b"//OZ，且都小于实长	① 侧面投影 a"b" 反映实长 ② 水平投影 ab//OY_H，正面投影 a'b'//OZ，且都小于实长
	小结：① 直线在所平行的投影面上的投影反映实长 　　　② 直线的其他两面投影平行于相应的投影轴		

2. 一般位置直线

对三个投影面都倾斜的直线，称为一般位置直线。

如图 2-18 所示，因为一般位置直线的两端点到各投影面的距离都不相等，所以它的三面投影都与投影轴倾斜，并且均小于线段的实长。

属于直线的点的投影特性

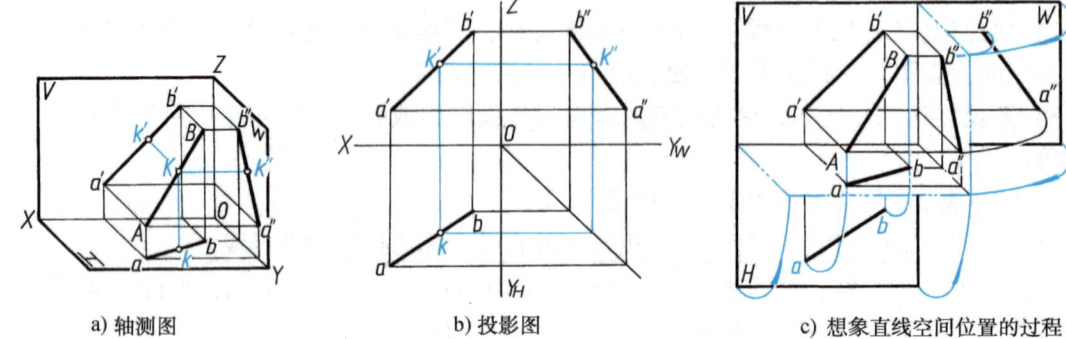

a) 轴测图　　　　　　　　b) 投影图　　　　　　　　c) 想象直线空间位置的过程

图 2-18　一般位置直线、直线上点的投影及直线投影图的读法

三、直线上的点

如图 2-18a、b 所示，点在直线上，则点的投影必在该直线的同面投影上。反之，如果点的各投影均在直线的各同面投影上，则点必在该直线上。

图 2-19 表示了已知直线 *AB* 的三面投影和直线上点 *C* 的水平投影 *c*，求点 *C* 的正面投影 *c′* 和侧面投影 *c″* 的作图情况。

求属于直线的点的投影

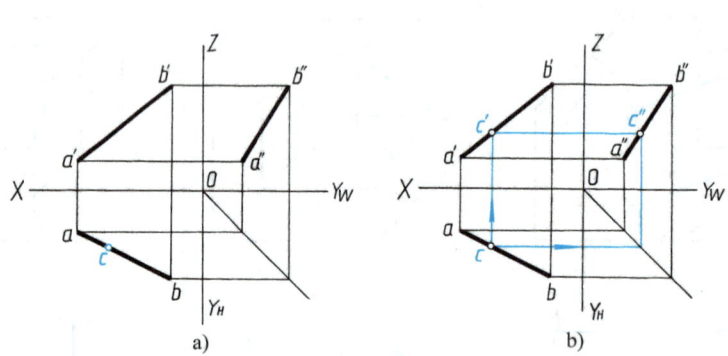

图 2-19　求直线上点的投影

四、读直线的投影图

读直线的投影图就是根据直线的两面或三面投影，想象直线的空间位置(一般位置直线、铅垂线、正平面……)。

例如，识读图 2-18b 所示 *AB* 直线的投影图。

根据三面投影均为直线且与各投影轴都倾斜的情况，可以判定出 *AB* 为一般位置直线，其空间"走向"：从左、前、下方向右、后、上方倾斜(图 2-18a)，其想象过程与想象点的空间位置一脉相传(图 2-18c)，这里就不多述了。

第五节　平面的投影

本节所研究的平面，多指平面的有限部分，即平面图形。

一、平面的三面投影

平面图形的投影，一般仍为与其相类似的平面图形。

例如，图 2-20a 所示 △ABC 的三面投影均为三角形。作图时，先求出三角形各顶点的投影（图 2-20b），然后将各点的同面投影依次用直线连接起来，即得 △ABC 的三面投影，如图 2-20c 所示。

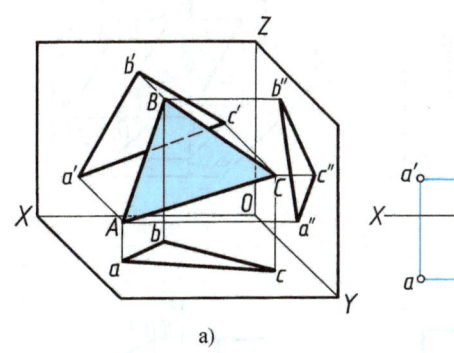
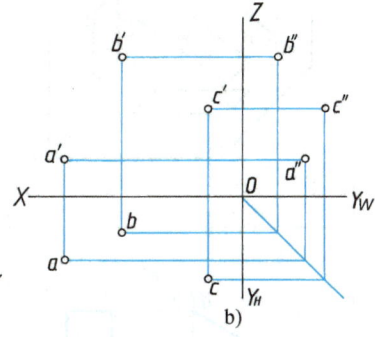

图 2-20　平面图形的投影

二、各种位置平面的投影

平面相对于投影面的位置共有三种情况：①平行于投影面；②垂直于投影面；③倾斜于投影面。由于位置不同，平面的投影就各有不同的特性，如图 2-21 所示。

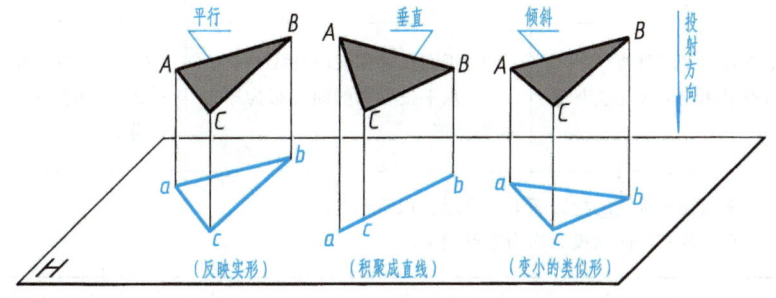

图 2-21　各种位置平面的投影特性

1. 特殊位置平面

（1）投影面垂直面　垂直于一个投影面，而倾斜于其他两个投影面的平面，称为投影面垂直面。

垂直于 H 面的平面，称为铅垂面；垂直于 V 面的平面，称为正垂面；垂直于 W 面的平面，称为侧垂面。它们的投影图例及其投影特性见表 2-3。

表 2-3 投影面垂直面的投影图例及其投影特性

名称	铅垂面(⊥H)	正垂面(⊥V)	侧垂面(⊥W)
实例	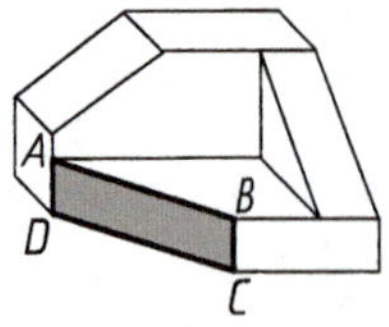	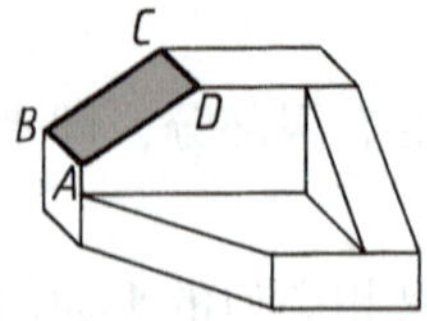	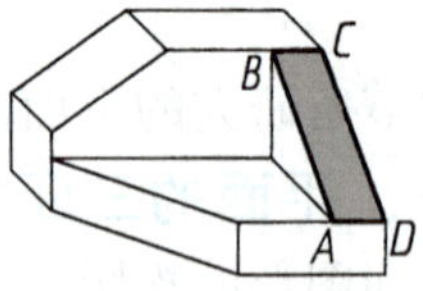
轴测图	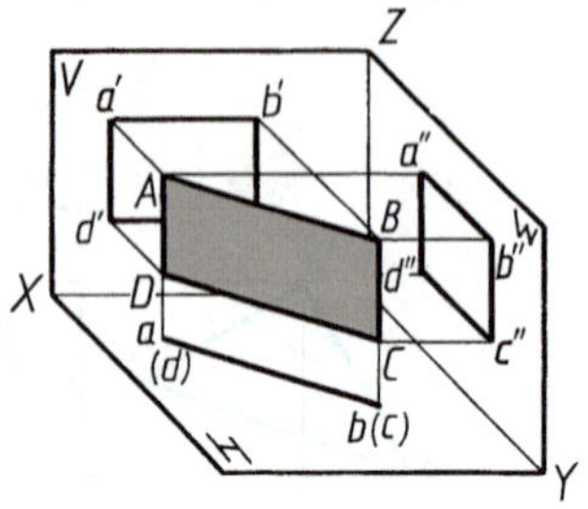	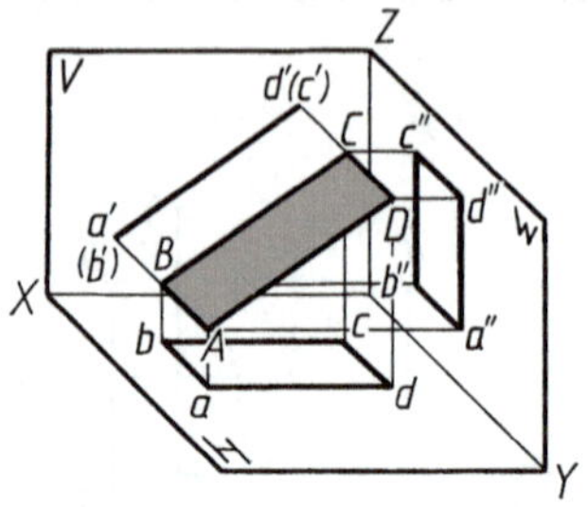	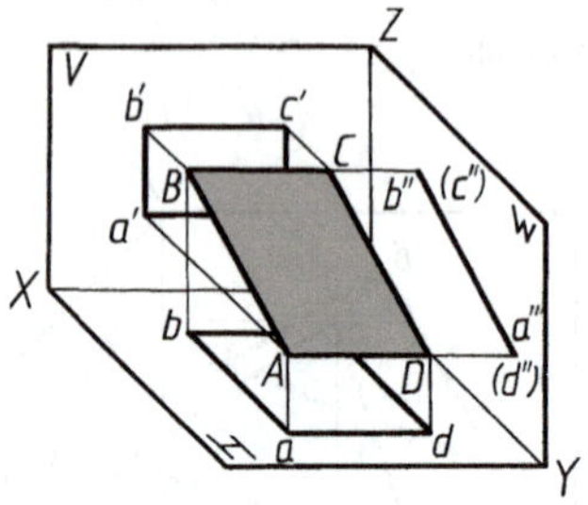
投影图	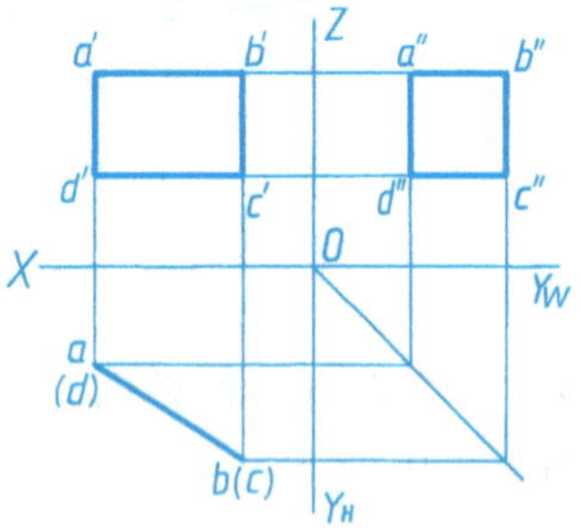	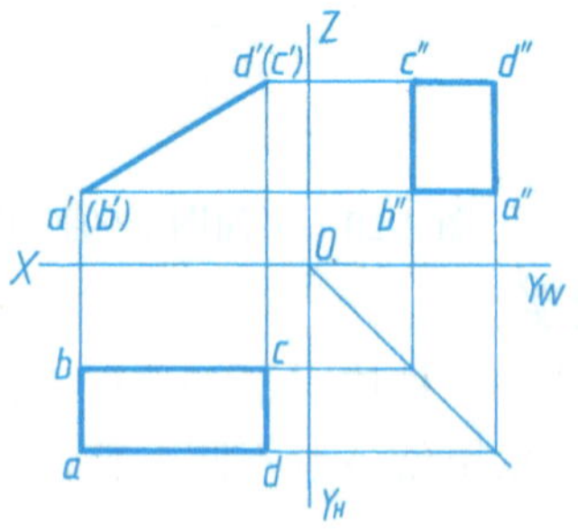	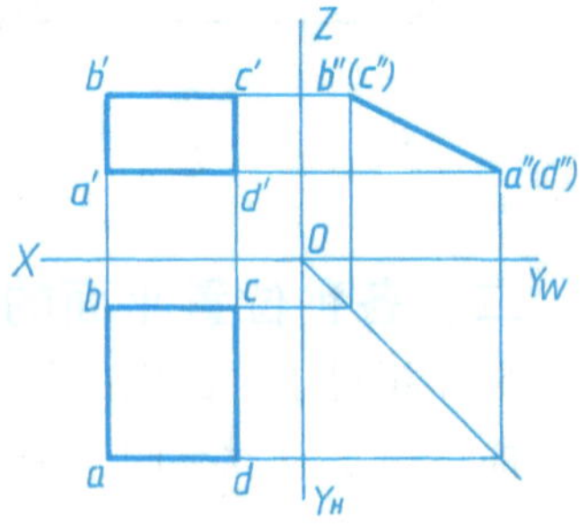
投影特性	① 水平投影积聚成直线 ② 正面投影和侧面投影为原形的类似形	① 正面投影积聚成直线 ② 水平投影和侧面投影为原形的类似形	① 侧面投影积聚成直线 ② 正面投影和水平投影为原形的类似形
	小结：① 平面在所垂直的投影面上的投影，积聚成直线 　　　② 平面的其他两面投影均为原形的类似形		

投影面垂直面的投影特性

(2) 投影面平行面　平行于一个投影面，而垂直于其他两个投影面的平面，称为投影面平行面。

平行于 H 面的平面，称为水平面；平行于 V 面的平面，称为正平面；平行于 W 面的平面，称为侧平面。它们的投影图例及其投影特性见表 2-4。

2. 一般位置平面

对三个投影面都倾斜的平面，称为一般位置平面。

表 2-4 投影面平行面的投影图例及其投影特性

名称	水平面(∥H)	正平面(∥V)	侧平面(∥W)
实例			
轴测图			
投影图			
投影特性	① 水平投影反映实形 ② 正面投影积聚成直线，且平行于 OX 轴 ③ 侧面投影积聚成直线，且平行于 OY_W 轴	① 正面投影反映实形 ② 水平投影积聚成直线，且平行于 OX 轴 ③ 侧面投影积聚成直线，且平行于 OZ 轴	① 侧面投影反映实形 ② 正面投影积聚成直线，且平行于 OZ 轴 ③ 水平投影积聚成直线，且平行于 OY_H 轴

小结：① 平面在所平行的投影面上的投影反映实形
② 平面的其他两面投影均积聚成直线，且平行于相应的投影轴

一般位置平面对三个投影面都倾斜（图 2-20），因此其三面投影都不可能积聚成直线，也不可能反映实形，而是小于原形的类似形。

三、平面上的直线和点

直线在平面上的条件：①直线经过平面上的两点；②直线经过平面上的一点，且平行于平面上的另一已知直线。

点在平面上的条件：如果点在平面的某一直线上，则此点必在该平面上。

据此，在平面上取点时，应先在平面上取直线，再在直线上取点。

例 2-3 已知 △ABC 上点 K 的 V 面投影 k′，求 k 和 k″（图 2-22）。

求平面上点的投影，必须先过已知点作辅助线，例如：图 2-22b 示出了过 k′作辅助直线 c′d′求 k 和 k″的方法，图 2-22c 示出了过 k′作平行线（e′f′∥a′b′）求 k 和 k″的方法，具体作图

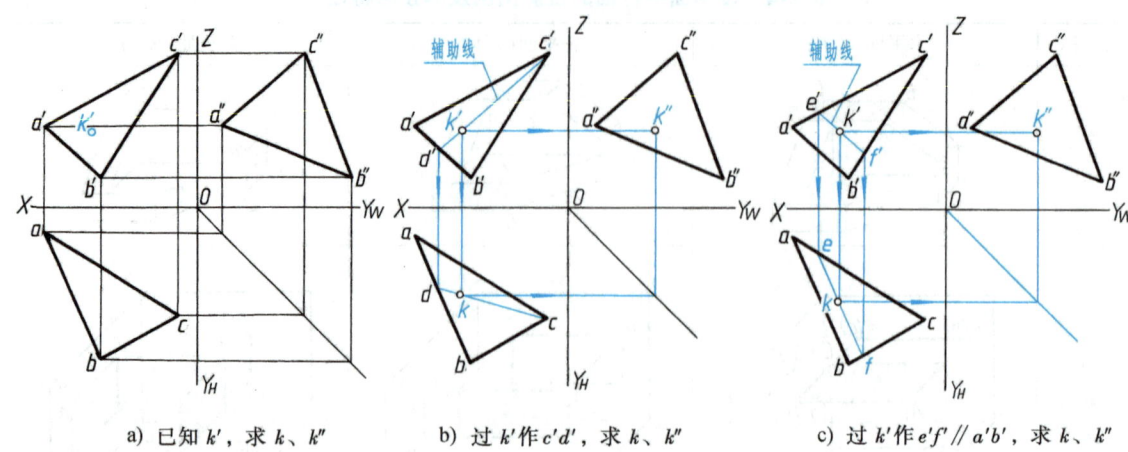

a) 已知 k'，求 k、k"　　b) 过 k'作 c'd'，求 k、k"　　c) 过 k'作 e'f' ∥ a'b'，求 k、k"

图 2-22　求平面上点的投影

步骤，如图中箭头所指。

四、读平面的投影图

读平面投影图的要求：想象出所示平面的形状和空间位置。

下面以图 2-23 为例，说明其读图方法。

根据三面投影均为类似形的情况，可判定该平面的原形是三角形，为一般位置平面。据此，还应进一步想象平面的具体形象（如空间位置、倾斜方向等），其想象过程如图 2-24 所示。图 2-24c 所示为想象结果（此图即轴测图）。因读图思路与识读点、直线的投影图基本相同，故不再赘述。

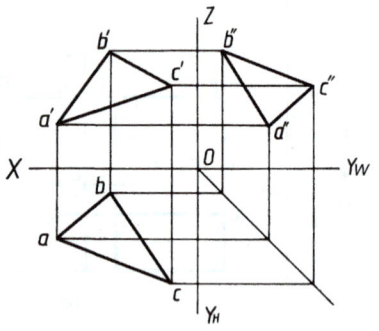

图 2-23　读平面的三面投影图

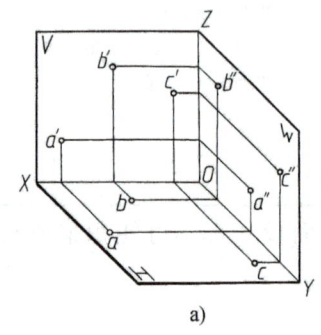 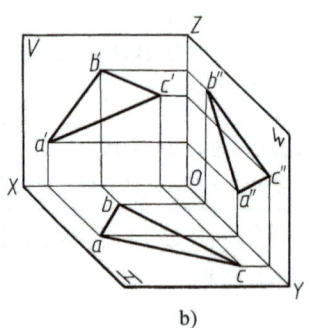 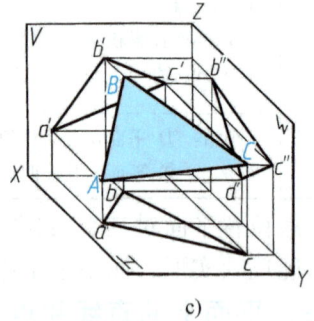

a)　　　　　　　　b)　　　　　　　　c)

图 2-24　读平面投影图的思维过程

第六节　几何体的投影

几何体分为平面立体和曲面立体两类。表面均为平面的立体，称为平面立体；表面为曲面或曲面与平面的立体，称为曲面立体。

本节重点讨论上述两类立体的三视图画法及在立体表面上取点、线的作图问题。

一、平面立体

平面立体的表面都是平面，因此绘制平面立体的三视图，就可归结为绘制各个表面（棱面）的投影的集合。平面图形由直线段组成，而每条线段都可由其两端点确定，因此作平面立体的三视图，又可归结为其各表面的交线（棱线）及各顶点的投影的集合。

1. 棱柱

（1）棱柱的三视图　图 2-25 所示为一个直三棱柱的投射情况。它的三角形顶面和底面为水平面，三个侧棱面（均为矩形）中，后面是正平面，其余两个侧棱面为铅垂面，三条侧棱线为铅垂线。画三视图时，先画顶面和底面的投影。水平投影中，顶面和底面均反映实形（三角形）且重影，正面和侧面投影都有积聚性，分别为平行于 OX 轴和 OY_W 轴的直线；三条侧棱的水平投影有积聚性，为三角形的三个顶点，它们的正面和侧面投影均平行于 OZ 轴，且反映了棱柱的高。在画完上述面与棱线的投影后，即得该三棱柱的三视图，如图 2-25b 所示。

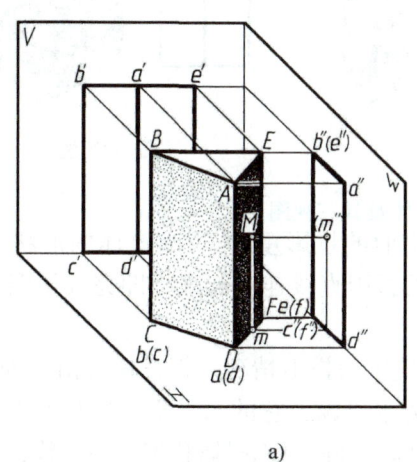
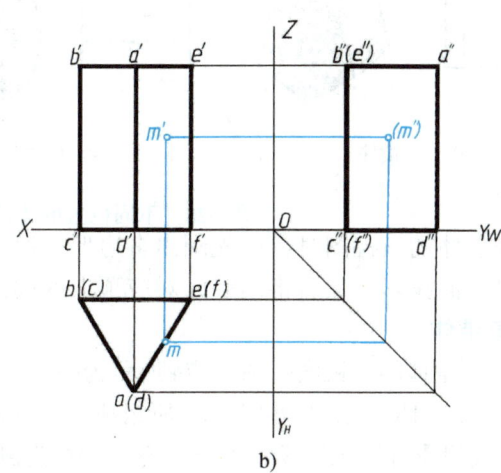

正三棱柱的三视图及表面上的点

a)　　　　　　　　　　　b)

图 2-25　三棱柱的三视图及属于表面的点的求法

（2）棱柱表面上的点　当点位于几何体的某个表面上时，则该点的投影必在它所从属的表面的各同面投影范围内。若该表面的投影为可见，则该点的同面投影也可见；反之为不可见。因此，在求体表面上点的投影时，应首先分析该点所在平面的投影特性，然后再根据点的投影规律求得。

如已知三棱柱上一点 M 的正面投影 m'（图 2-25b），求 m 和 m'' 的方法如下：按 m' 的位置和可见性，可判定点 M 属于三棱柱的右侧棱面。因点 M 所属平面 $AEFD$ 为铅垂面，因此其水平投影 m 必落在该平面有积聚性的水平投影 $aefd$ 上。再根据 m' 和 m 求出侧面投影 m''。由于点 M 在三棱柱的右侧面上，该棱面的侧面投影不可见，故 m'' 为不可见。

下面，我们再看一些不同位置的正棱柱体及其三视图，如图 2-26 所示。

纵观上述的棱柱体，可总结出它们的形体特征：棱柱体都是由两个平行且相等的多边形底面和若干个与其相垂直的矩形侧面所组成的。其三视图的特征是，一个视图为多边形，其他两个视图的外形轮廓均为矩形线框（图形内的线为某些侧面棱线的投影，矩形线框为某些侧面的投影或重影）。

37

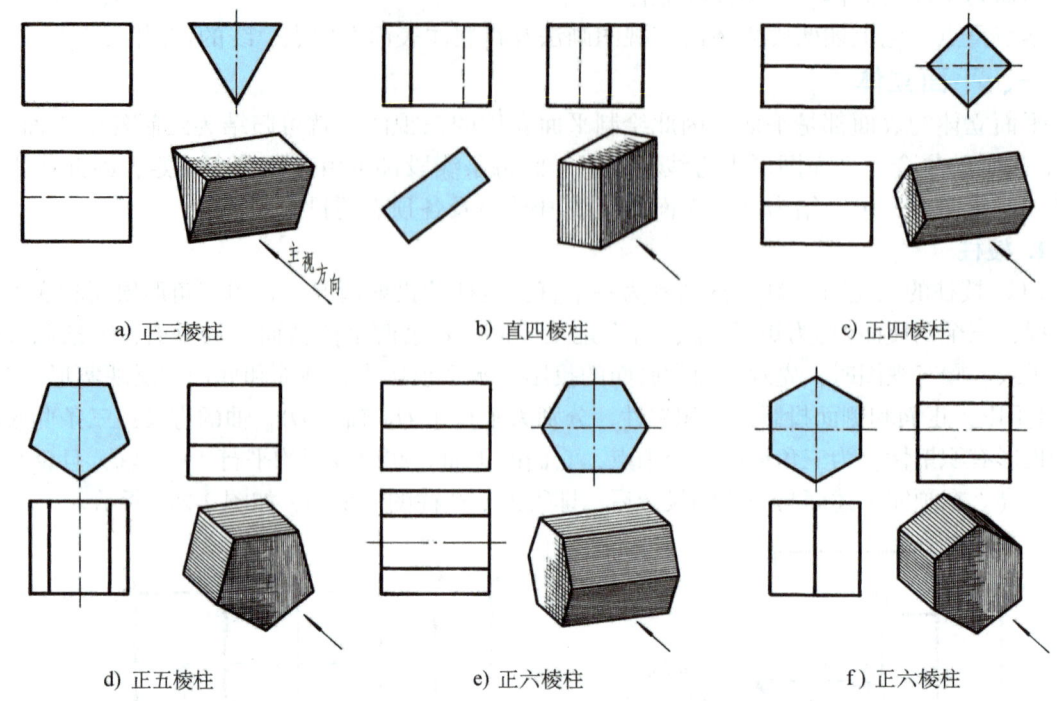

图 2-26 不同位置的正棱柱体及其三视图

画棱柱体的三视图时,应先画出多边形(顶面、底面的投影重合,反映该体的形状特征),再画其另两面投影,然后将两底面对应顶点的同面投影用直线连接起来,即完成作图。

2. 棱锥体

(1) 棱锥体的三视图　图 2-27a 所示为一个正三棱锥的投射情况。正三棱锥由底面△ABC 及三个棱面△SAB、△SBC 和△SAC 所组成。其底面为水平面,它的水平投影反映实形,正面投影和侧面投影分别积聚成一直线。棱面 SAC 为侧垂面,因此侧面投影积聚成一直线,水平投影和正面投影都是类似形。棱面△SAB 和△SBC 为一般位置平面,它的三面投影均为类似形。

正三棱锥的三视图及表面上的点

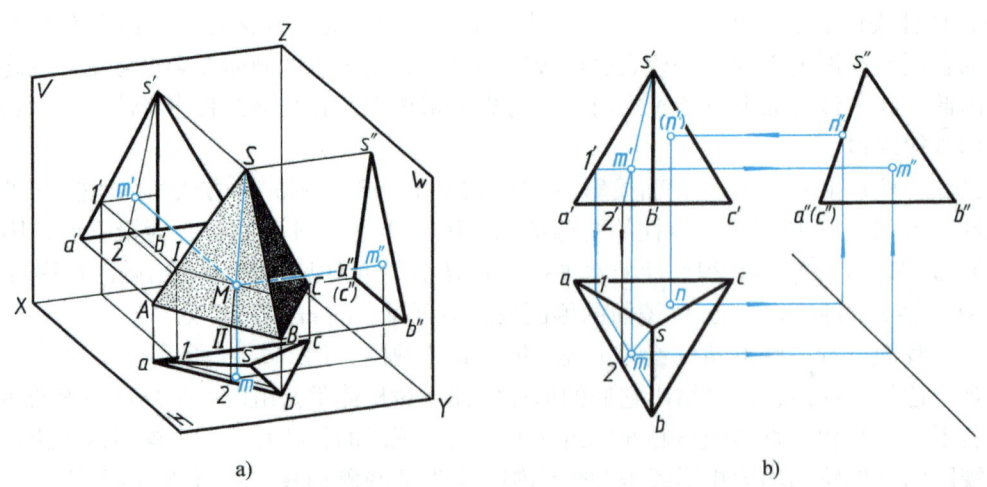

图 2-27 正三棱锥的三视图及表面上的点

按其相对位置画出这些表面的三面投影,即为正三棱锥的三视图,如图 2-27b 所示。

(2) 棱锥体表面上的点 如图 2-27 所示,已知棱面 △SAB 上点 M 的正面投影 m'和棱面 △SAC 上点 N 的水平投影 n,试求点 M、N 的其他投影。棱面 △SAC 是侧垂面,它的侧面投影 s"a"(c")具有积聚性,因此 n"必在 s"a"(c")上,可直接由 n 作出 n",再由 n"和 n 求出(n')。棱面 △SAB 是一般位置平面,过锥顶 S 及点 M 作一辅助线 S Ⅱ(图 2-27b 中即过 m'作 s'2',其水平投影为 s2),然后根据直线上点的投影特性,求出其水平投影 m,再由 m'、m 求出侧面投影 m"。若过点 M 作一水平辅助线 ⅠM,同样可求得点 M 的其余两面投影。

图 2-28 所示为一些常见的正棱锥体及其三视图。从中可总结出它们的形体特征:正棱锥体由一个正多边形底面和若干个具有公共顶点的等腰三角形侧面所组成,且锥顶位于过底面中心的垂直线上。其三视图的特征是,一个视图的外形轮廓为正多边形,其他两个视图的外形轮廓均为三角形线框(图形内的线为某些侧棱线的投影,三角形为某些侧表面的投影)。

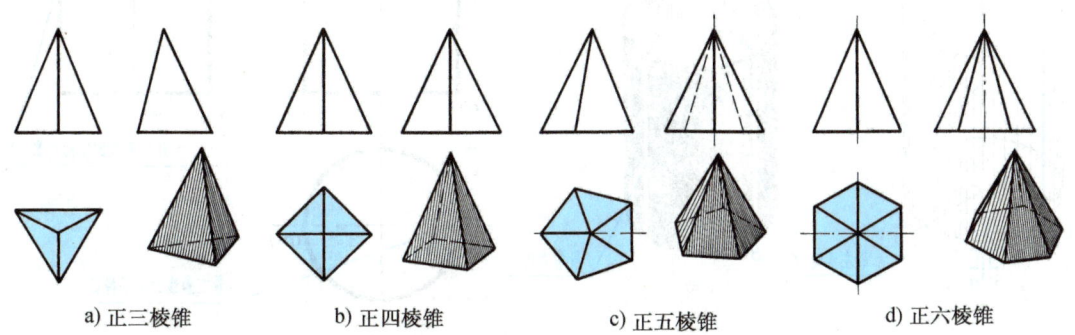

a) 正三棱锥   b) 正四棱锥   c) 正五棱锥   d) 正六棱锥

图 2-28 常见的正棱锥体及其三视图

画棱锥体的三视图,应先画底面多边形的三面投影,再画锥顶点的三面投影,将锥顶点与底面各顶点的同面投影用直线连接起来,即得棱锥体的三视图。

棱锥体被平行于底面的平面截去其上部,所剩的部分叫作棱锥台,简称棱台,如图 2-29 所示。其三视图的特征是,一个视图的内、外形轮廓为两个相似的正多边形,其他两个视图的外形轮廓均为梯形线框。

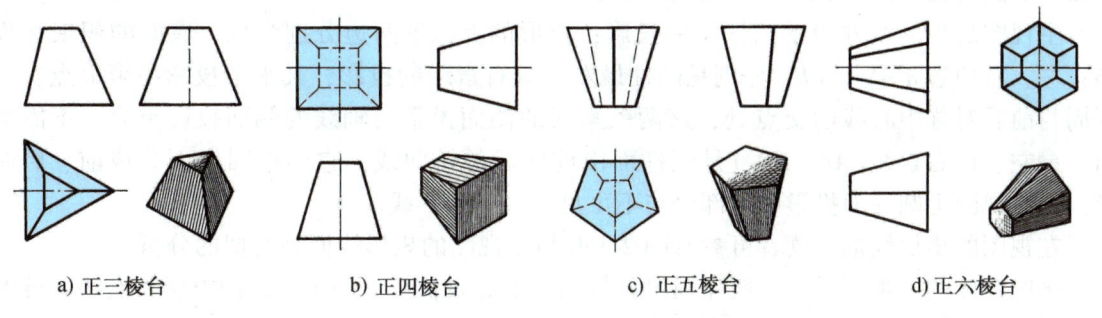

a) 正三棱台   b) 正四棱台   c) 正五棱台   d) 正六棱台

图 2-29 棱台及其三视图

二、曲面立体

由一条母线(直线或曲线)围绕轴线回转而形成的表面,称为回转面;由回转面或回转面与平面所围成的立体,称为回转体。

画回转体的三视图时,轴线的投影用细点画线绘制,圆的中心线用相互垂直的细点画线绘制，其交点为圆心。所画的细点画线均应超出轮廓线 3~5mm。

圆柱、圆锥、圆球等都是回转体，它们的画法和回转面的形成条件有关。下面分别介绍。

1. 圆柱体

（1）圆柱体的形成　如图 2-30a 所示，圆柱面可看作一条直线 AB 围绕与它平行的轴线 OO 回转而成。OO 称为回转轴，直线 AB 称为母线，母线转至任一位置时称为素线。

圆柱体的表面由圆柱面和上、下底圆平面所围成。

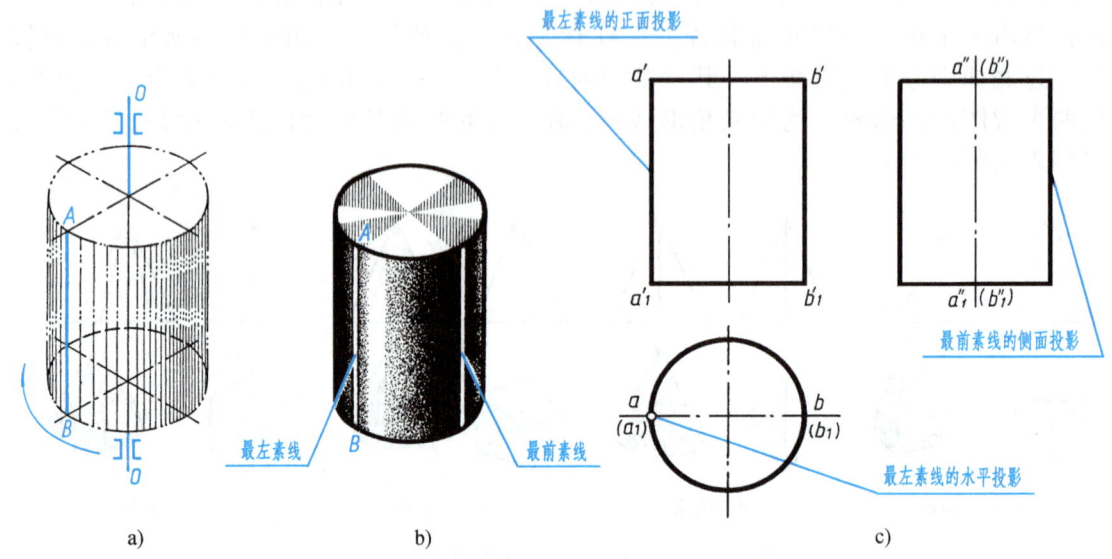

图 2-30　圆柱体的形成及三视图画法

（2）圆柱体的三视图　图 2-30c 所示为圆柱体的三视图。俯视图为一圆线框。圆柱轴线是铅垂线，圆柱面上所有直素线都是铅垂线，因此，圆柱面的水平投影有积聚性，成为一个圆。也就是说，圆周上的任一点，都对应圆柱面上某一位置直素线的水平投影。同时，圆柱顶面、底面的投影（反映实形），也与该圆相重合。

主视图的矩形线框表示圆柱面的投影；矩形的上、下两边分别为顶、底面的积聚性投影；左、右两边 $a'a'_1$、$b'b'_1$ 分别是圆柱最左、最右素线的投影，其水平投影积聚成点，在圆周与前后对称中心线的交点处，这两条素线的侧面投影与轴线的侧面投影重合，不需画出。最左、最右素线（AA_1、BB_1）是圆柱面由前向后的转向线，它们把圆柱面分成前、后两半，是主视图上圆柱面投影可见部分与不可见部分的分界线。

左视图的矩形线框，读者可参看图 2-30b 与主视图的矩形线框做类似的分析。

画圆柱体的三视图时，一般先画出各投影的中心线，然后画出圆柱面投影具有积聚性的圆，最后根据圆柱体的高度和投影规律画出其他两个视图。

（3）圆柱体表面上的点　如图 2-31 所示，已知圆柱体表面上点 M 的正面投影 m'，求另两面投影 m 和 m''。根据给定的 m'（可见）的位置，可判定点 M 在前半圆柱面的左半部分；因为圆柱面的水平投影有积聚性，所以 m 必在前半圆周的左部，m''（可见）可根据 m' 和 m 求得。

又知圆柱面上点 N 的侧面投影 n″，求另两面投影 n 和 n′。其求法及可见性请读者自行分析。

2. 圆锥体

（1）圆锥体的形成　如图 2-32a 所示，圆锥面可看作由一条直母线 SA 围绕和它相交的轴线回转而成。

圆锥体的表面由圆锥面和一个垂直于轴线的底圆平面所围成。

（2）圆锥体的三视图　图 2-32c 所示为圆锥体的三视图。俯视图的圆形反映圆锥体底面的实形，同时也表示圆锥面的投影。

主、左视图的等腰三角形线框，其下边为圆锥底面的积聚性投影。主视图中三角形的左、右两边，分别表示圆锥面最左、最右素线 SA、SB（反映实长）的投影，它们是圆锥面正面投影可见与不可见部分的分

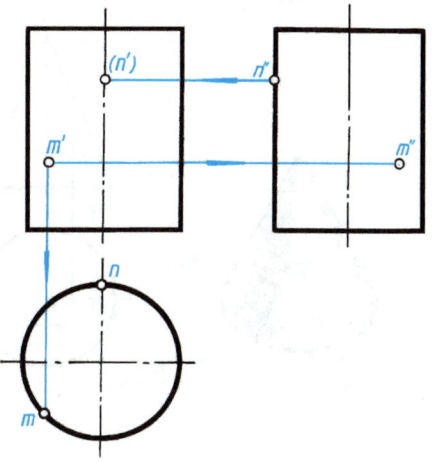

图 2-31　圆柱体表面上点的求法

圆柱体的三视图及表面上的点

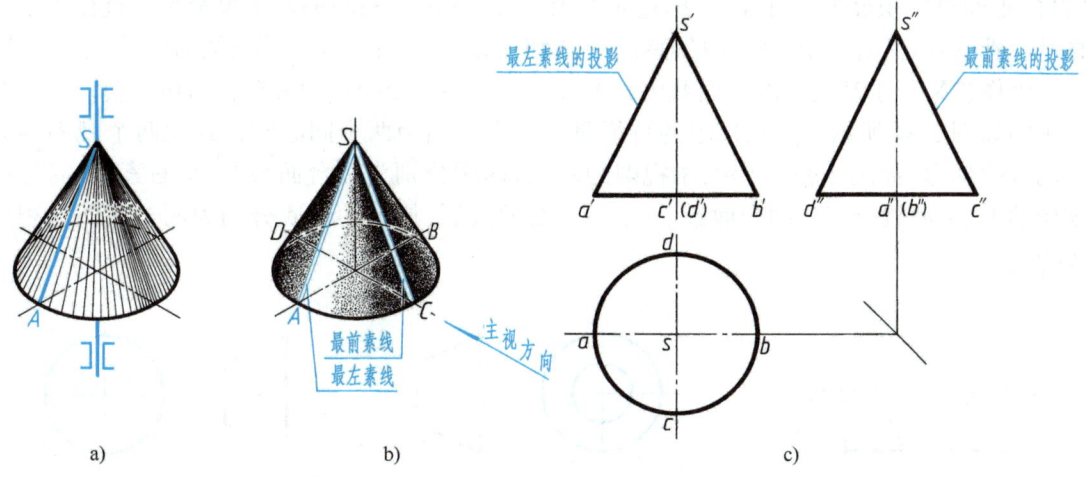

图 2-32　圆锥面的形成及三视图的画法

界线；左视图中三角形的两边分别表示圆锥面最前、最后素线 SC、SD 的投影（反映实长），它们是圆锥面侧面投影可见与不可见部分的分界线。上述四条线的其他两面投影（图 2-32b），请读者自行分析。

画圆锥的三视图时，先画出圆锥底面的各个投影，再画出圆锥顶点的投影，然后分别画出特殊位置素线的投影，即完成圆锥的三视图。

（3）圆锥体表面上的点　如图 2-33 所示，已知圆锥体表面上点 M 的正面投影 m′，求 m 和 m″。根据 M 的位置和可见性，可判定点 M 在前、左圆锥面上，因此，点 M 的三面投影均为可见。

作图可采用如下两种方法：

1）辅助素线法。如图 2-33a 所示，过锥顶 S 和点 M 作一辅助素线 S Ⅰ，即在图 2-33b 中连接 s′m′，并延长到与底面的正面投影相交于 1′，求得 s1 和 s″1″；再由 m′根据点在线上的投影规律求出 m 和 m″。

圆锥体的三视图及表面上的点

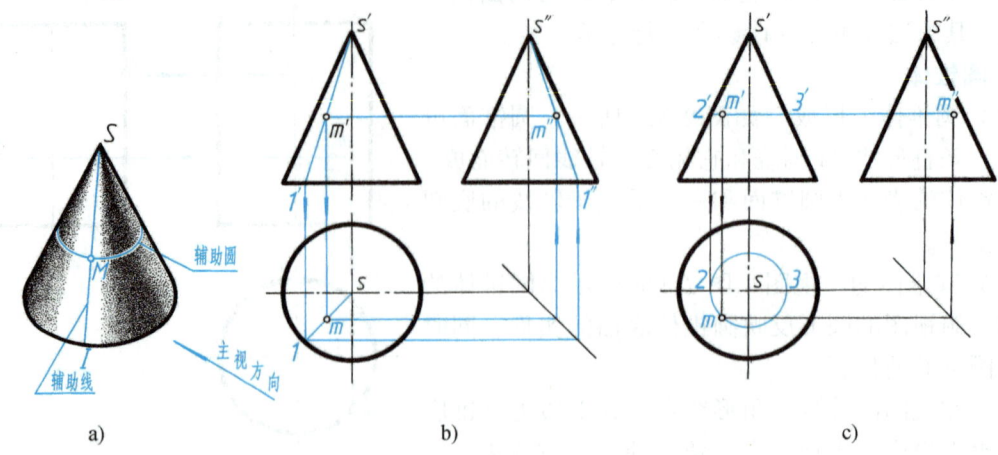

图 2-33 圆锥体表面上的点的求法

2) 辅助圆法。如图 2-33a 所示，过点 M 在圆锥面上作垂直于圆锥轴线的水平辅助圆（该圆的正面投影积聚为一直线），即过 m' 所作的 2'3'（图 2-33c）的水平投影为一直径等于 2'3'的圆，圆心为 s，由 m' 作 OX 轴的垂线，与辅助圆的交点即为 m。再根据 m'和 m 求出 m"。

圆锥体被平行于其底面的平面截去其上部，所剩的部分叫作圆锥台，简称圆台。圆台及其三视图如图 2-34 所示，其三视图的特征是：一个视图为两个同心圆，其他两个视图均为相等的等腰梯形（如图 2-34b 所示，俯视图的左、右两腰分别为圆台面最左、最右素线的投影，左视图的上、下两腰分别为圆台面最上、最下素线的投影，梯形的两底分别为两个底面的积聚性投影）。

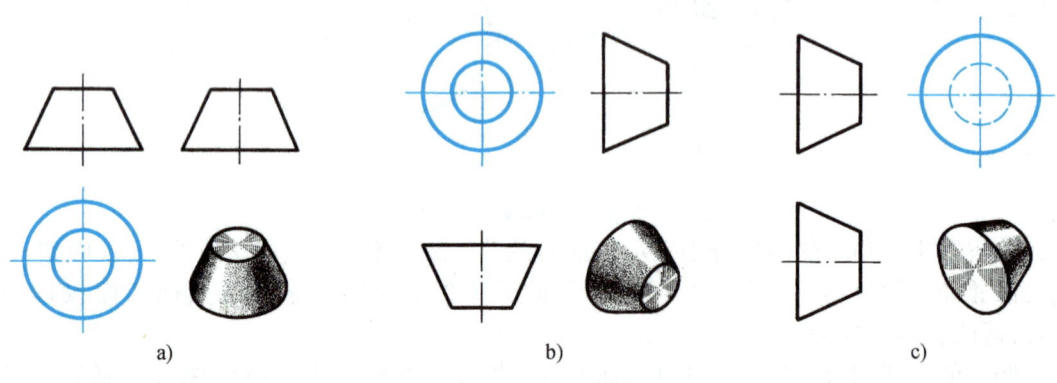

图 2-34 圆台及其三视图

3. 圆球

（1）圆球面的形成　如图 2-35a 所示，圆球面可看作一圆母线围绕它的直径回转而成（球面的任何直径都可视为回转轴线）。

（2）圆球的三视图　图 2-35b 所示为圆球的投射情况，图 2-35c 所示为圆球的三视图。它们都是与圆球直径相等的圆，均表示圆球面的投影。圆球面的各个投影虽然都是圆形，但各个圆的意义却不相同。主视图中的圆是平行于 V 面的圆素线 I（前、后两半球的分界线，圆球面正面投影可见与不可见的分界线）的投影（图 2-35b）；按此做类似的分析，俯视图中的圆是平行于 H 面的圆素线 Ⅱ 的投影，左视图中的圆是平行于 W 面的圆素线 Ⅲ 的投影。这三条圆素线的其他两面投影，都与圆的相应中心线重合。

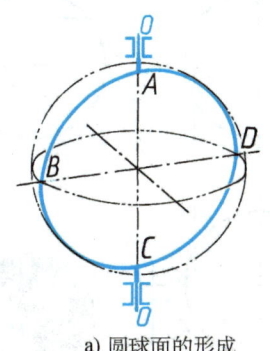

a) 圆球面的形成

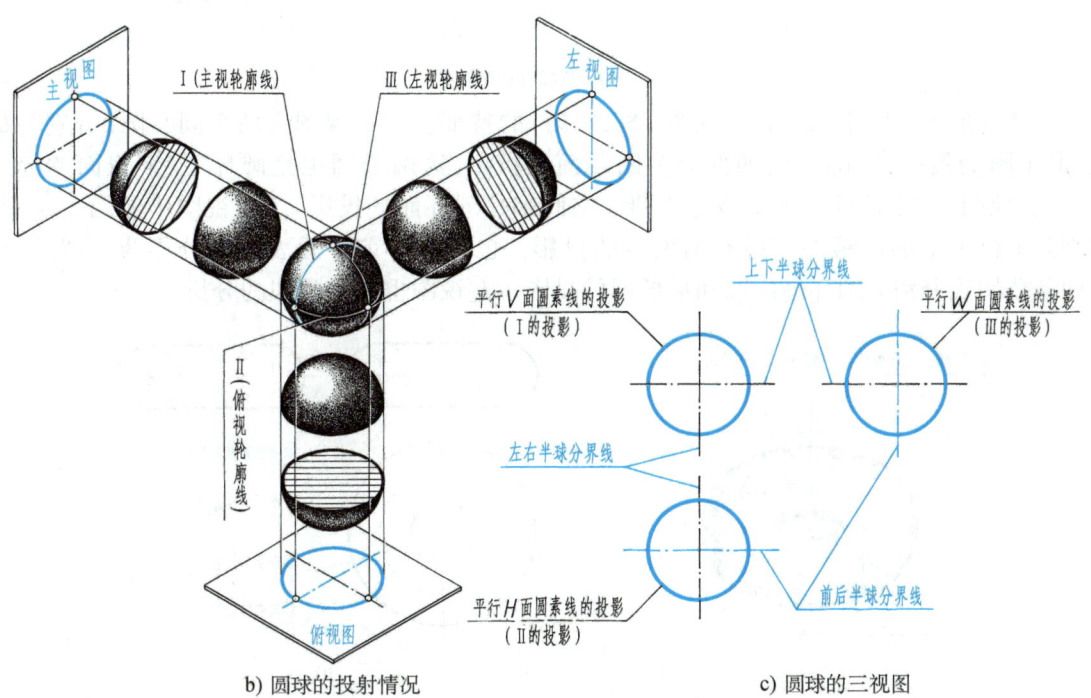

b) 圆球的投射情况　　c) 圆球的三视图

图 2-35　圆球的形成、三视图的画法及圆球表面上点的求法

（3）圆球面上的点　如图 2-36a 所示，已知圆球面上点 M 的水平投影 m，求其他两面投影。根据 M 的位置和可见性，可判定点 M 在前半球的左上部分，因此点 M 的三面投影均为可见。

作图应采用辅助圆法，即过点 M 在球面上作一平行于正面的辅助圆（也可作平行于水平面或侧平面的圆）。因点在辅助圆上，故点的投影必在辅助圆的同面投影上。

作图时，先在水平投影中过 m 作 ef∥OX，ef 为辅助圆在水平投影面上的积聚性投影，再画正面投影为直径等于 ef 的圆，由 m 作 OX 轴的垂线，其与辅助圆正面投影的交点（因 m 可见，应取上面的交点）即为 m'，再由 m、m' 求得 m"（图 2-36b）。

4. 圆环

如图 2-37a 所示，圆环面可看作由一圆母线绕一条与圆平面共面但不通过圆心的轴线回转而成。

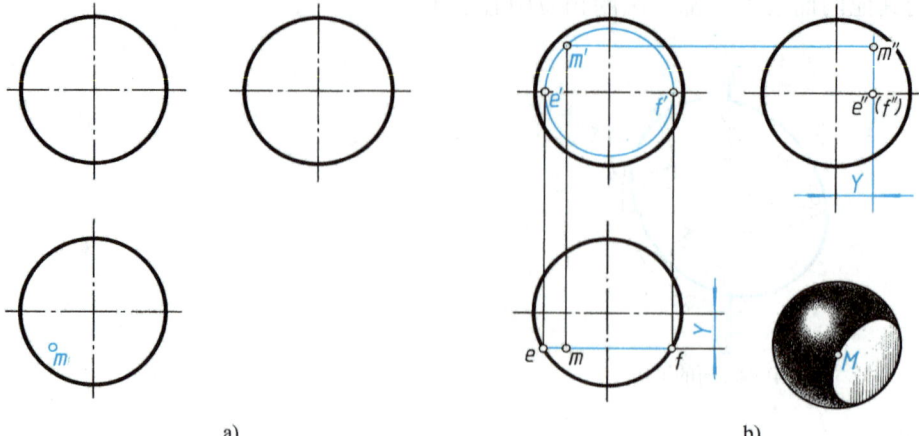

圆球的三视图及表面上的点

图 2-36　圆球面上的点

圆环的形体如同手镯。其三视图(图 2-37b)的特征：一个视图为两个同心圆(分别为最大、最小圆的投影，两圆之间的部分为圆环面的投影，这两个圆也是圆环上、下表面的分界线)；其他两个视图的外轮廓均为长圆形(它们都是圆环面的投影)。主视图中的两个小圆，分别是平行于 V 面的最左、最右圆素线的投影，也是圆环前、后表面的分界线。圆的上、下两条公切线分别为圆环最高圆和最低圆的投影。左视图也应做类似的分析。

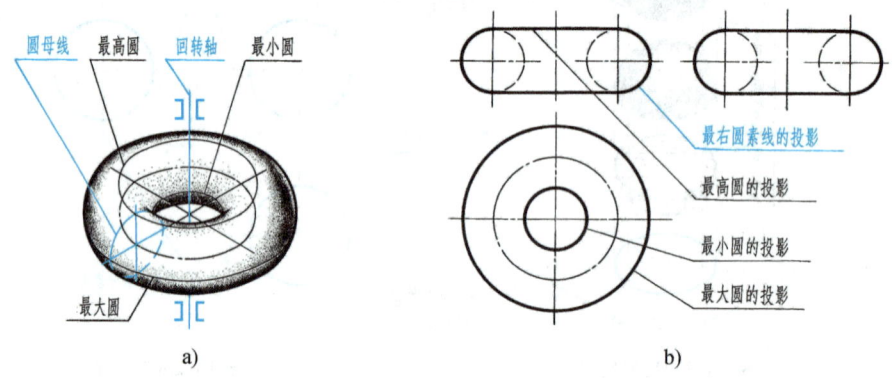

图 2-37　圆环面的形成及其视图分析

5. 不完整的几何体

几何体作为物体的组成部分不都是完整的，也并非总是直立的。多看、多画些形体不完整、方位多变的几何体及其三视图，熟悉它们的形象，对提高看图能力非常有益。为此，下面给出了多种形式的不完整回转体及其三视图供读者识读，如图 2-38 和图 2-39 所示。

阅读不完整回转体的三视图时，应先看具有特征形状的视图，即先看具有圆(或其一部分)的视图，再根据其他两视图的外形轮廓线，先分析它是哪种回转体，属于哪一部分，然后再假想将它归属于完整回转体及其三视图的方位之中。这样，在整体的提示下进行局部想象，往往会收到很好的学习效果。

值得一提的是，在看物记图、看图想物的过程中，不应忽略图中的细点画线。它往往是物体对称中心面、回转体轴线的投影或圆的中心线，在图形中起着基准或定位的重要作用。

弄清这个道理，对看图、画图、标注尺寸等都很有帮助。

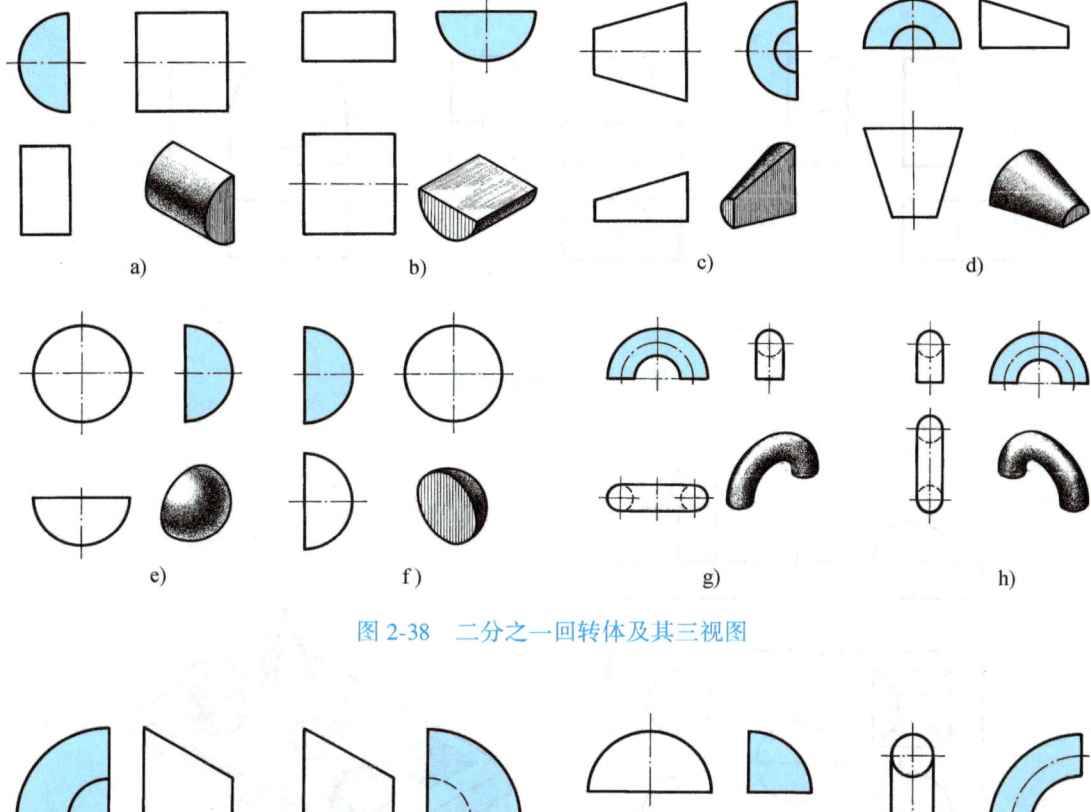

图 2-38　二分之一回转体及其三视图

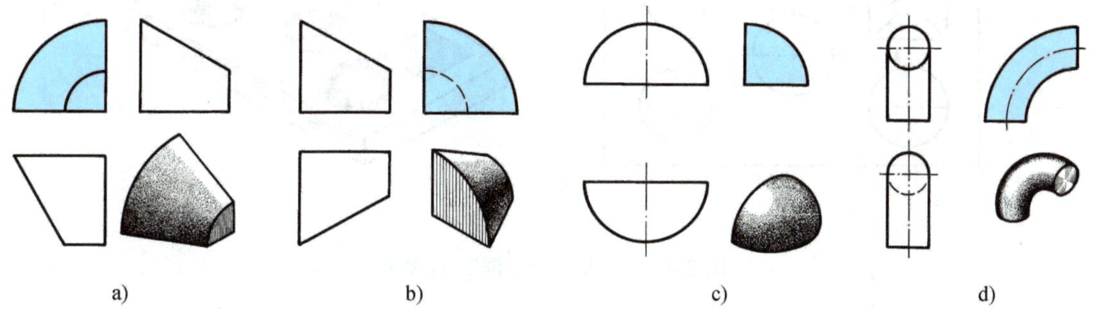

图 2-39　四分之一回转体及其三视图

第七节　识读一面视图

视图是由若干个封闭线框组成的。搞清线框的含义，是学习看图必须具备的基本知识。

一、线框的含义

1）视图中每一个封闭的线框，都表示物体上的一个表面[平面、曲面（图 2-40a、b），或其组合面（图 2-40c）]或孔（图 2-40c）。

2）视图中相邻的两个封闭线框，都表示物体上位置不同的两个表面，如图 2-40a、b 所示。

3) 在一个大封闭线框内所包括的各个小线框，一般是表示在大平面体（或曲面体）上凸出或凹下的各个小平面体（或曲面体），如图 2-40c、图 2-41a 所示。

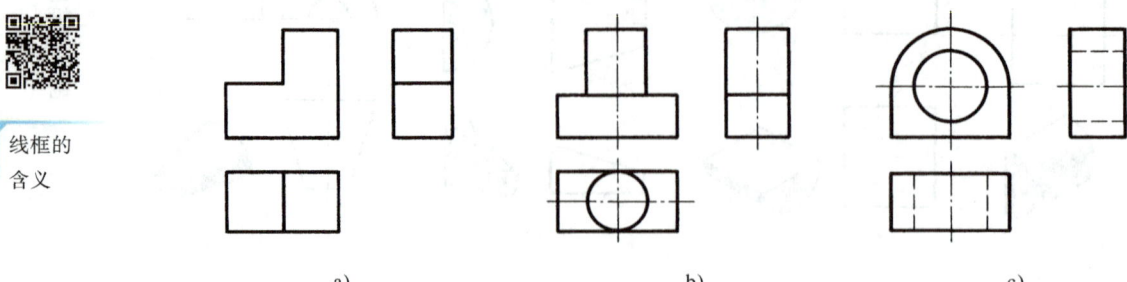

图 2-40 线框的含义

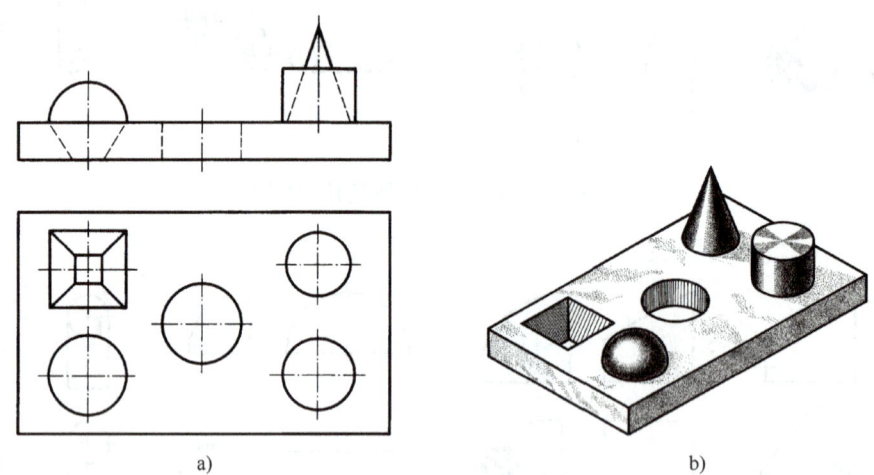

图 2-41 "大框套小框"的含义

在运用线框分析看图时，应注意以下两点：

① 几何体的视图大多是一个线框，如三角形、矩形、梯形和圆形等，因此，看图时可先假定"一个线框表示的就是一个几何体"，然后根据该线框在其他视图中的对应投影，再确定此线框表示的是哪种几何体。这样就可以利用我们熟悉的几何体视图形状想象出其立体形状（或按"面"的投影特性分析出该面的空间位置）。

② 线框的分法应根据视图形状而定。分的块可大可小，一个线框可作为一块，几个相连的线框也可以作为一块，只要与其他视图相对照，看懂该部分形体的形状就达到目的了。就是说，"线框的含义"是通过看图实践总结出的属于约定俗成的结论，故不要硬抠字眼和死板套用，当所看的视图难以划分线框或经线框分析不能奏效时，就不应采用此法，而应按"线、面"的投影特性去分析，进而将图看懂。

二、识读一面视图

下面，以识读图 2-42 所示的主视图为例加以说明。

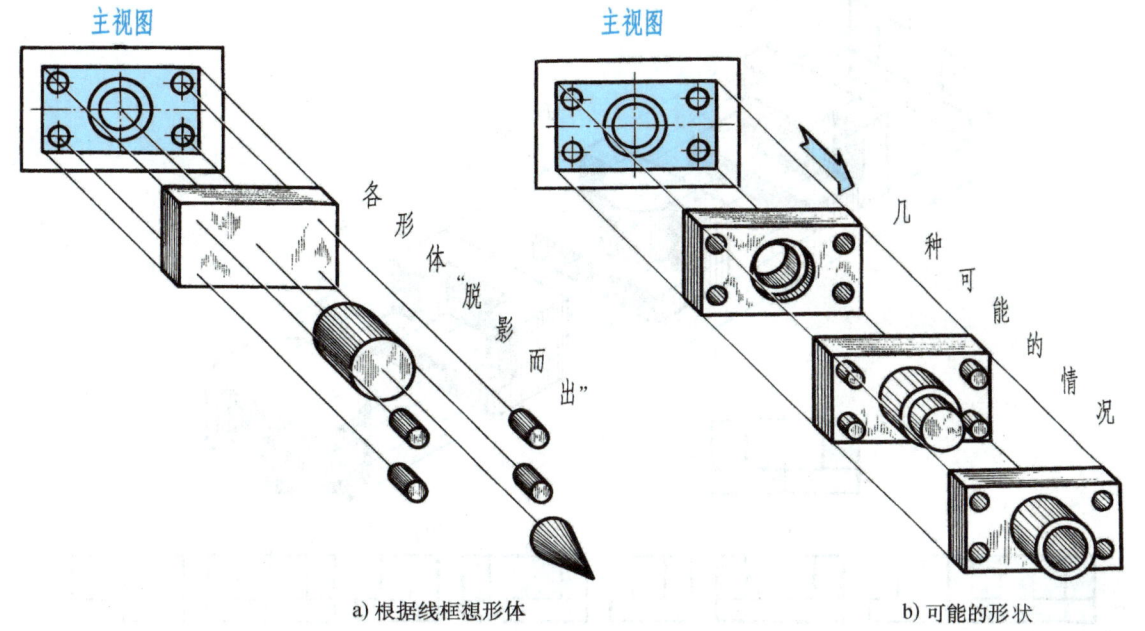

图 2-42 识读主视图的思维方法

主视图是物体在正立投影面上的一面缩影，它是将属于该物体表面上的面、线、点由前向后径直地"压缩"而成的平面图形。主视图不反映物体的高度，而若想出形状又必须搞清其前后，因此，读图时就应像拉杆天线被拉出那样，使视图中每一线框表示的形体反向沿投射线脱"影"而出（图 2-42a）。可是，哪些形体凸出、凹下或是挖空，它们究竟凸起多高、凹下多深，仅此一面视图是无法确定的，因为常常具有几种可能性（图 2-42b）。由此可见，为了确定物体的形状，必须由俯、左视图加以配合。

由此可总结出识读一面视图的方法步骤：

1）先假定一个线框表示的就是一个"体"，将平面图形看成是"起鼓"（凸、凹）的"立体图形"。

2）尽量多地想出物体的可能形状（图 2-42 中只列出了三种）。

3）补画其他视图，将想出物体的各个组成部分定形、定位。

例 2-4 根据同一主视图（图 2-43），构思出四种不同形状的物体，并补画俯视图、左视图。

识读主视图时，应将线框所示的"体"（或"面"）向前拉出，以确定体与体之间的凹凸关系（或面与面之间的前后位置），其思维方法及补画的视图如图 2-43 所示。

例 2-5 根据同一俯视图（图 2-44），构思出四种不同形状的物体，并补画主视图、左视图。

先假想将水平面向上旋回 90°，然后再将其所表示的"体"向上升起，以确定体与体之间的凹凸关系，其思维方法及补画的视图如图 2-44 所示。

例 2-6 根据同一左视图（图 2-45），构思出四种不同形状的物体，并补画主视图、俯视图。

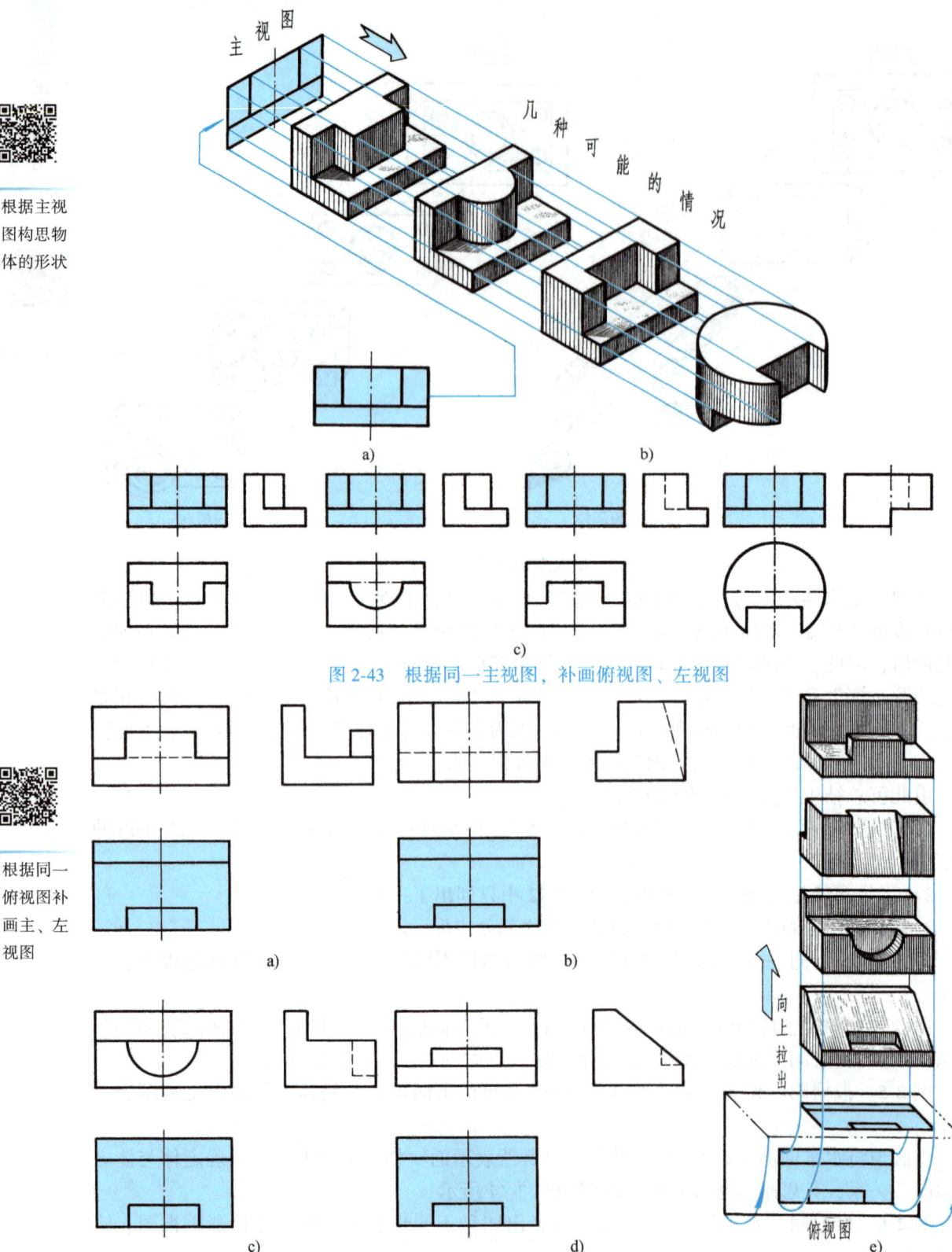

图 2-43 根据同一主视图，补画俯视图、左视图

图 2-44 根据同一俯视图，补画主视图、左视图

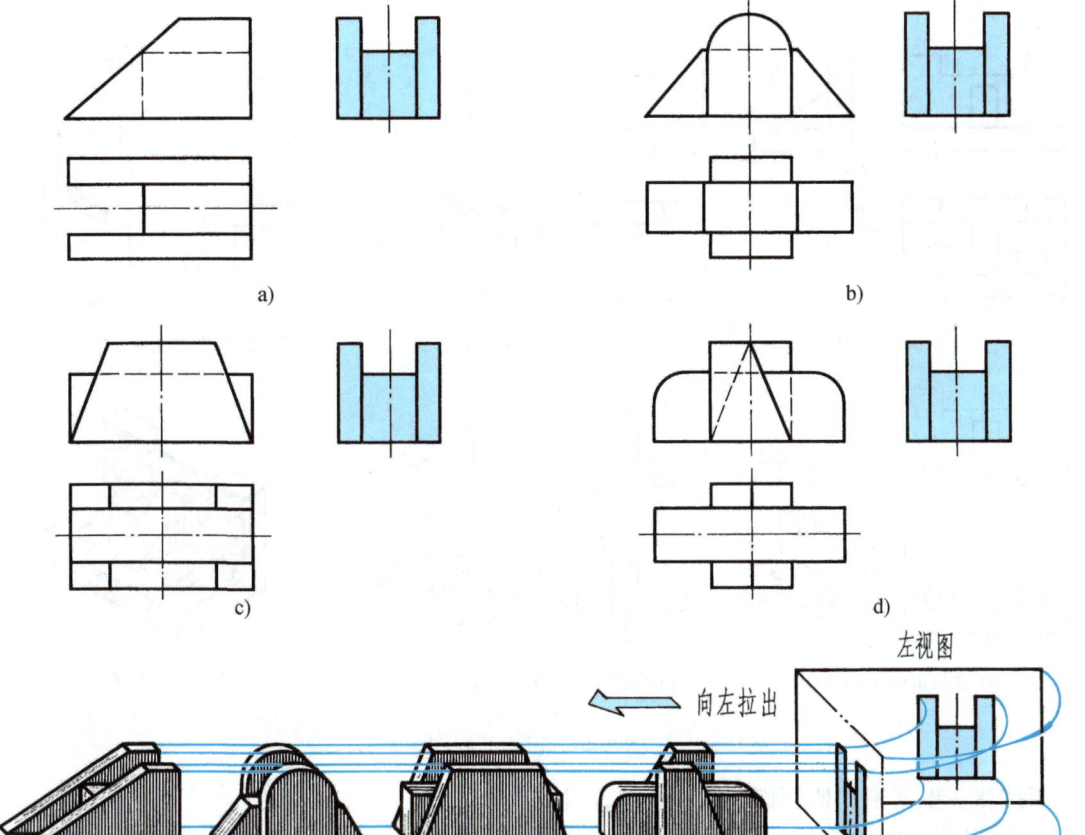

图 2-45　根据同一左视图，补画主视图、俯视图

补画视图的方法步骤与例 2-5 相类似。只须注意：先假想将侧面向左旋回 90°，再将线框所示的"体"向左横移。其思维方法及补画的视图如图 2-45 所示。

通过作图可知，一面视图所反映的物体形状具有不确定性（一题多解）。可见，识读一面视图并不是目的，而是将它作为提高空间想象力、强化投影可逆性训练和打通看图思路的一种手段。因此，为掌握看图技巧，看三视图时就应有意进行这种演练，即先遮住两个，只看一个（或其一部分）。如此练习，可以收到很好的学习效果。

三、看简单体的三视图

看三视图实际上也是从某一个视图或其某一部分开始看起的（为掌握其看图技巧，每个视图都应有意这样看），故做看图练习时应先"遮住"两个，只看一个或其一部分，想出其可能形状后，再与其他视图相对照，用"分线框、对投影"的方法，以确定物体各组成部分的形状和相对位置，最后将其加以综合，即可想象出物体的整体形状。

下面，通过两个例题练习一下。

例 2-7　看懂图 2-46 所示的三视图。

本例的主、俯、左三视图，可分别将它们当作"一面视图"来识读。看图的方法、步骤如图 2-46 所示。

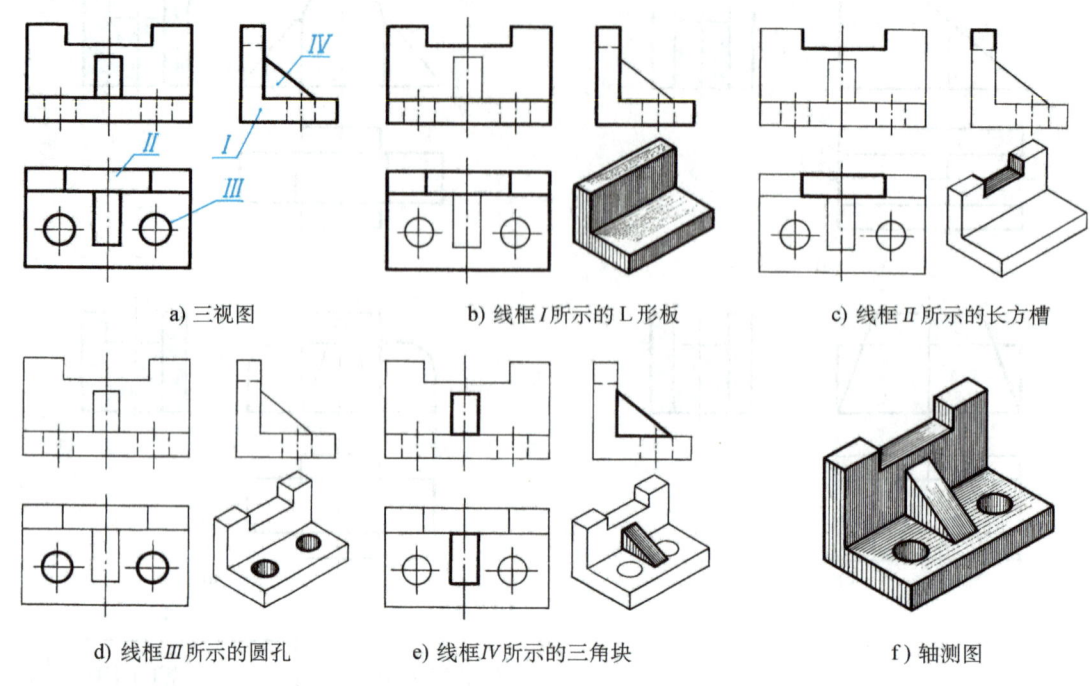

a) 三视图 b) 线框Ⅰ所示的L形板 c) 线框Ⅱ所示的长方槽

d) 线框Ⅲ所示的圆孔 e) 线框Ⅳ所示的三角块 f) 轴测图

图 2-46 识读三视图

例 2-8 根据主、俯视图（图 2-47a），补画左视图。

补画视图应按"分线框、对投影、想形状"的方法，一部分一部分地补画。具体作图步骤如图 2-47 所示。

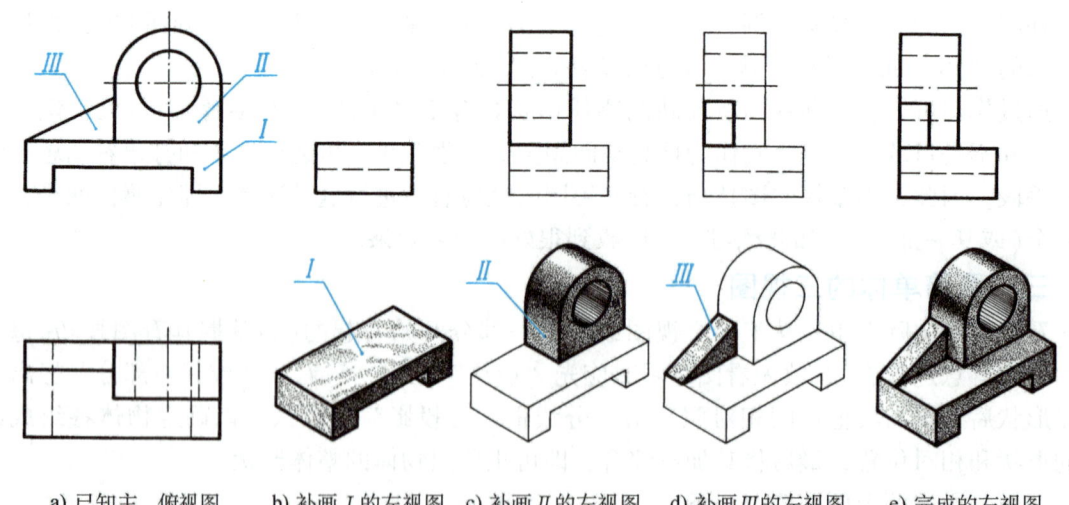

a) 已知主、俯视图 b) 补画Ⅰ的左视图 c) 补画Ⅱ的左视图 d) 补画Ⅲ的左视图 e) 完成的左视图

图 2-47 根据主、俯视图，补画左视图

第八节　几何体的轴测图

在机械图样中，主要是用正投影图来表达物体的形状和大小，但正投影图缺乏立体感，因此在机械图样中有时也用轴测图来表达物体的形状，以帮助人们看懂图。

一、轴测图的基本知识

将物体连同其参考直角坐标体系，沿不平行于任一坐标平面的方向，用平行投影法将其投射在单一投影面上所得的具有立体感的图形，称为轴测投影(或轴测图)。

图 2-48 所示为一四棱柱的三视图。图 2-49 所示为同一四棱柱的两种轴测图(图 2-49a 所示为正等轴测图,简称正等测;图 2-49b 所示为斜二等轴测图,简称斜二测)。

通过比较不难发现，三视图与轴测图是有一定关系的，其主要异同点如下：

(1) 图形的数量不同　视图是多面投影图，每个视图只能反映物体长、宽、高三个尺度中的两个。轴测图是单面投影图，它能同时反映出物体长、宽、高的三个尺度，因此具有立体感。

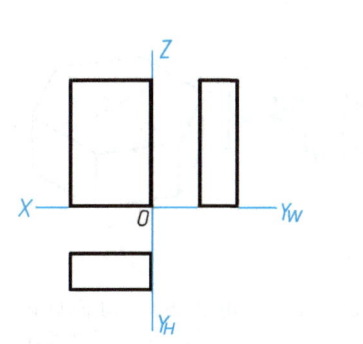

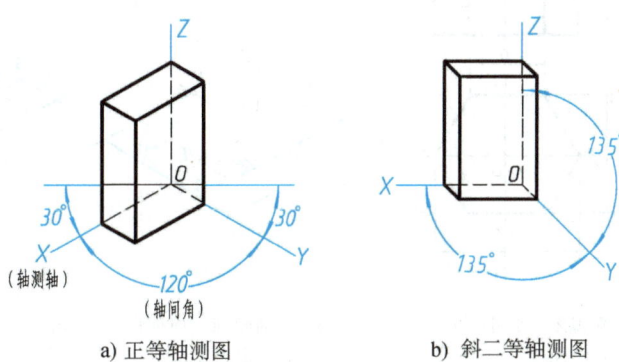

图 2-48　四棱柱的三视图　　　　图 2-49　四棱柱的轴测图

(2) "轴"的方向不同　视图中的三根投影轴 OX、OY、OZ 互相垂直；轴测图中的三根轴测轴 OX、OY、OZ 之间的夹角(轴间角)如图 2-49 所示。

(3) 线段的平行关系相同　物体上平行于坐标轴的线段，在三视图中仍平行于相应的投影轴，在轴测图中也平行于相应的轴测轴(图 2-48 和图 2-49)；物体上互相平行的线段(如 AB∥CD)，在三视图和轴测图中仍然互相平行，如图 2-50a、c 所示。

通过上述分析、比较可知，依据三视图画轴测图时，只要抓住与投影轴平行的线段可沿轴向对应取至轴测图中(斜二等轴测图的 OY 轴除外)这一基本性质，轴测图就不难画出了。但必须指出，三视图中与投影轴倾斜的线段(如图 2-50a 中的 $a'b'$、$c'd'$)不可直接量取，只能依据该斜线两个端点的坐标，先定点，再连线，其作图过程如图 2-50b、c 所示。

二、平面立体的轴测图画法

画轴测图常用坐标法。作图时，先按坐标画出物体上各点的轴测图，再由点连成线，由

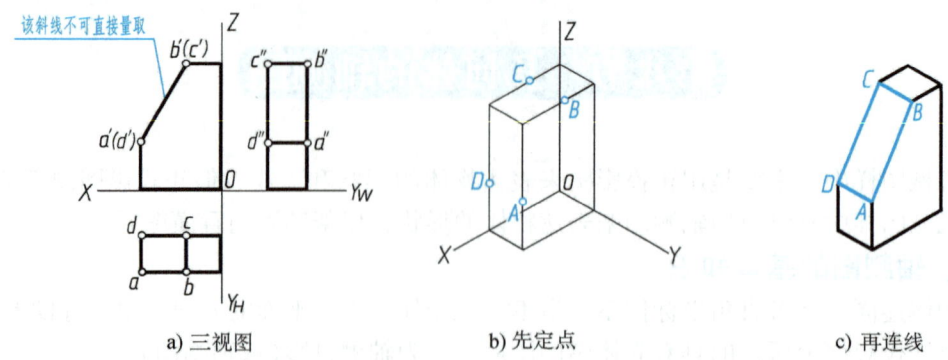

a) 三视图   b) 先定点   c) 再连线

图 2-50　物体上"斜线"的轴测图画法

线连成面,从而绘出物体的轴测图。

1. 正等轴测图画法

例 2-9　作正六棱柱的正等轴测图(图 2-51)。

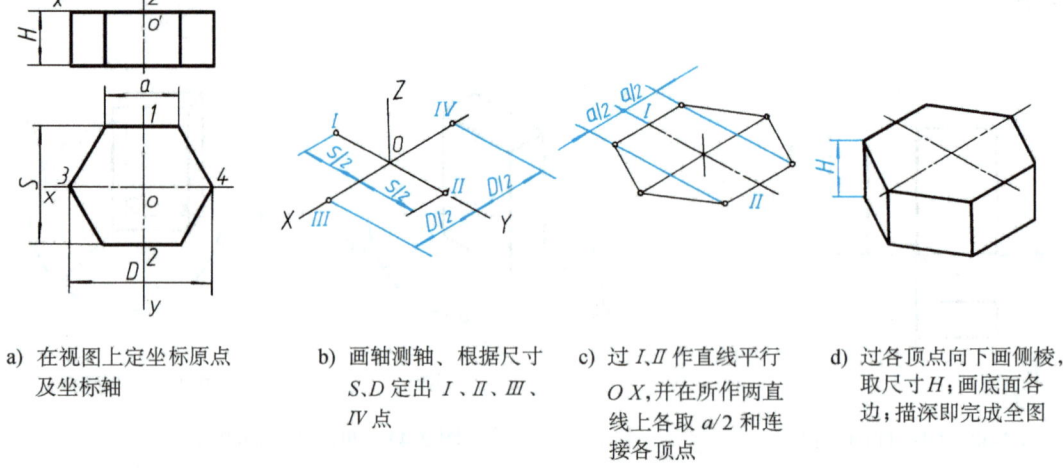

a) 在视图上定坐标原点及坐标轴
b) 画轴测轴、根据尺寸 S、D 定出 Ⅰ、Ⅱ、Ⅲ、Ⅳ 点
c) 过 Ⅰ,Ⅱ 作直线平行 OX,并在所作两直线上各取 a/2 和连接各顶点
d) 过各顶点向下画侧棱,取尺寸 H;画底面各边;描深即完成全图

图 2-51　正六棱柱正等轴测图的作图步骤

分析　图 2-51a 所示的正六棱柱,其前后、左右对称,故将坐标原点定在上底面正六边形的中心,以前、后对称线作为 X 轴,以左、右对称线作为 Y 轴,Z 轴则与正六棱柱的中心线重合。

作图　其具体作图步骤如图 2-51 所示。

2. 斜二等轴测图画法

例 2-10　根据正六棱柱的主、俯视图(图 2-52a),画斜二等轴测图。

画斜二等轴测图时应注意:Z 轴仍为铅垂线,X 轴为水平线,Y 轴与水平线成 45°角,且宽度尺寸应取其一半。具体作图步骤如图 2-52b、c、d 所示。

从上述两例的作图过程中可知,画平面立体的轴测图时,一般总是先画出物体上一个主要表面的轴测图。通常是先画顶面再画底面;有时需要先画前面再画后面,或者先画左面再画右面。这样,往往可避免多画不必要的作图线。

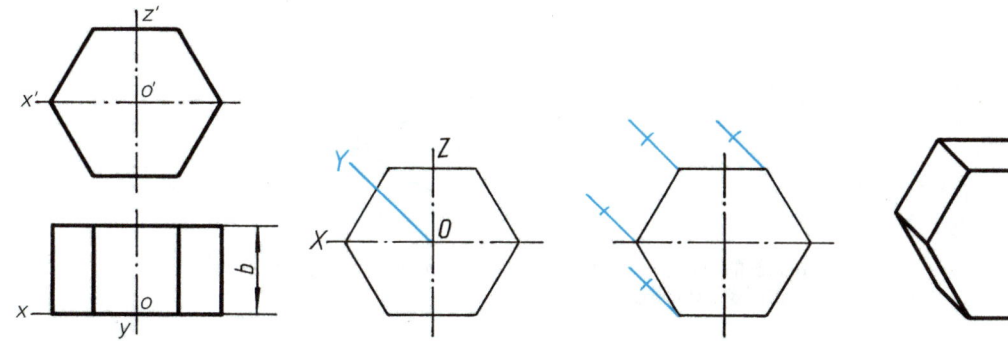

a) 在视图上选好坐标轴　b) 画轴测轴，作前面的轴测图　c) 过角点作 Y 轴平行线，取 b/2 得点　d) 连线并描深（细虚线不画）

图 2-52　正六棱柱斜二测画法

三、回转体的轴测图画法

1. 正等轴测图画法

（1）圆的正等轴测图画法　平行于各坐标面的圆的正等轴测图都是椭圆，如图 2-53 所示。它们除了长、短轴的方向不同外，其画法都是一样的。

作圆的正等轴测图时，必须弄清椭圆的长、短轴方向。如图 2-53 所示，椭圆的长、短轴分别与圆的两条中心线的轴测投影的小角、大角的平分线重合。因此，作图时必须搞清圆平行于哪个坐标面，再画出该圆两条中心线的轴测投影，则椭圆的长、短轴方向即可确定。

椭圆可用四心法近似地画出，即在大角间对称地画两个大圆弧，在小角间对称地画两个小圆弧，其圆心分别位于短轴、长轴上，其切点在圆的两条中心线的轴测投影上。

下面以平行于 H 面的圆（图 2-54）为例，说明其正等轴测图——椭圆的画法，如图 2-55 所示。

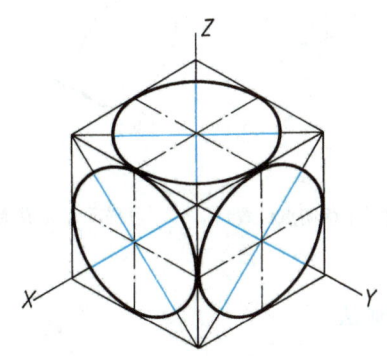

图 2-53　圆的正等轴测图画法

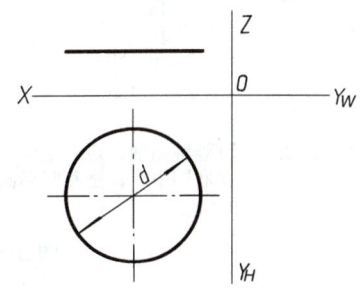

图 2-54　平行于 H 面的圆的两面投影

（2）回转体正等轴测图画法
1）圆柱的正等轴测图画法：作图步骤如图 2-56 所示。
2）圆台的正等轴测图画法：作图步骤如图 2-57 所示。

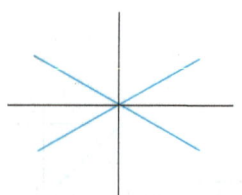

a) 画圆的两条中心线的轴测投影(轴测轴)　　　b) 画大、小角的角平分线

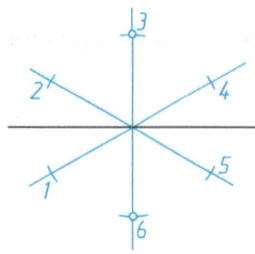
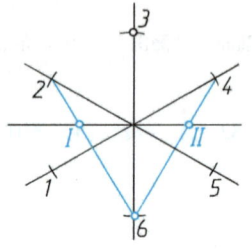
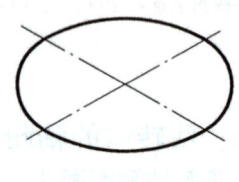

c) 以交点为圆心，以 $d/2$ 为半径画弧，在轴测轴上取切点 1,2,4,5，在短轴上取圆心 3,6　　d) 连 2,6 和 4,6 交长轴于 I、II 两点　　e) 以 3,6 为圆心，以 35 为半径画两大弧，以 I、II 为圆心，以 II 为半径画两小弧即得

图 2-55　椭圆的近似画法

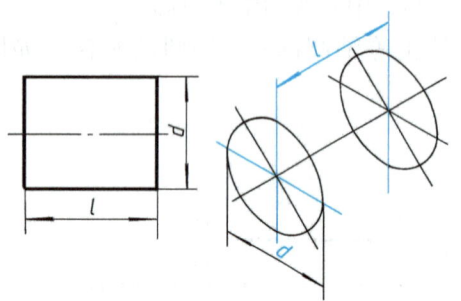
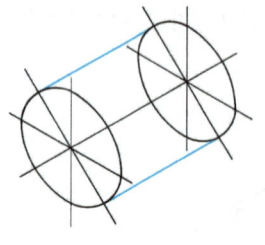
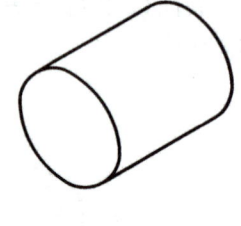

a) 圆柱的视图　　b) 画轴测轴，定左、右底圆中心，画两底椭圆　　c) 作出两边轮廓线(注意切点位置)　　d) 描深，完成全图

图 2-56　圆柱正等轴测图画法

2. 斜二等轴测图画法

平行于 V 面的圆的斜二等轴测图仍是一个圆，反映实形，而平行 H 面和 W 面的圆的斜二等轴测图都是椭圆，且该椭圆比较难画。因此，当物体上具有较多平行于一个坐标面的圆时，画斜二等轴测图比较方便。

例 2-11　根据图 2-58a 所示的两视图，画斜二等轴测图。

具体作图步骤如图 2-58 所示。

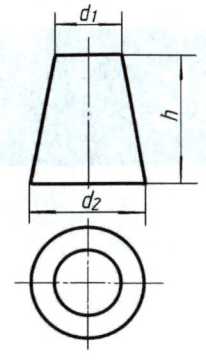 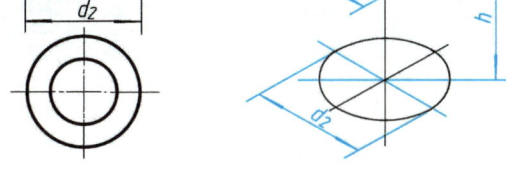 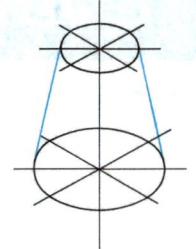 

a) 圆台的两视图　　b) 画轴测轴，定上、下底圆中心，画上、下底椭圆　　c) 画两椭圆公切线（注意切点位置）　　d) 描深，完成全图

图 2-57　圆台正等轴测图画法

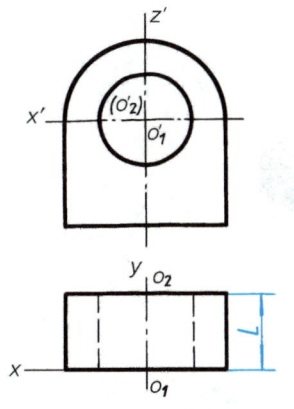 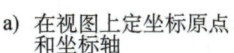 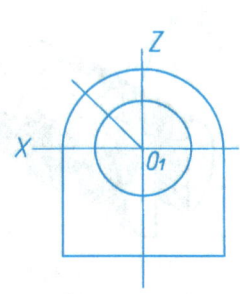 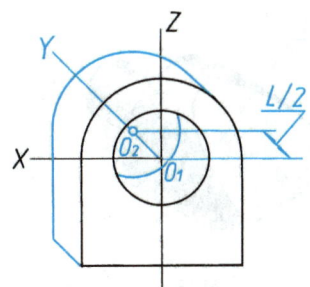 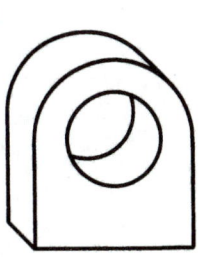

a) 在视图上定坐标原点和坐标轴　　b) 画轴测轴，再画物体的前面（与主视图相同）　　c) 画物体的后面（宽度尺寸取其一半）　　d) 描深，完成全图

图 2-58　物体斜二等轴测图的画法

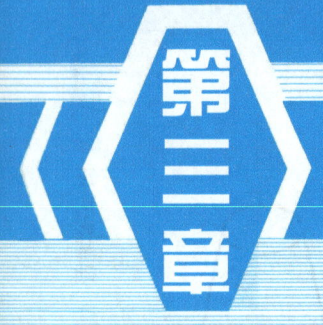

第三章 立体的表面交线

在机件上常见到一些交线。在这些交线中，有的是平面与立体表面相交而产生的交线——截交线，如图3-1a、b所示；有的是两立体表面相交而形成的交线——相贯线，如图3-1c、d所示。了解这些交线的性质并掌握交线的画法，将有助于正确地表达机件的结构形状，也便于读图时对机件进行形体分析。

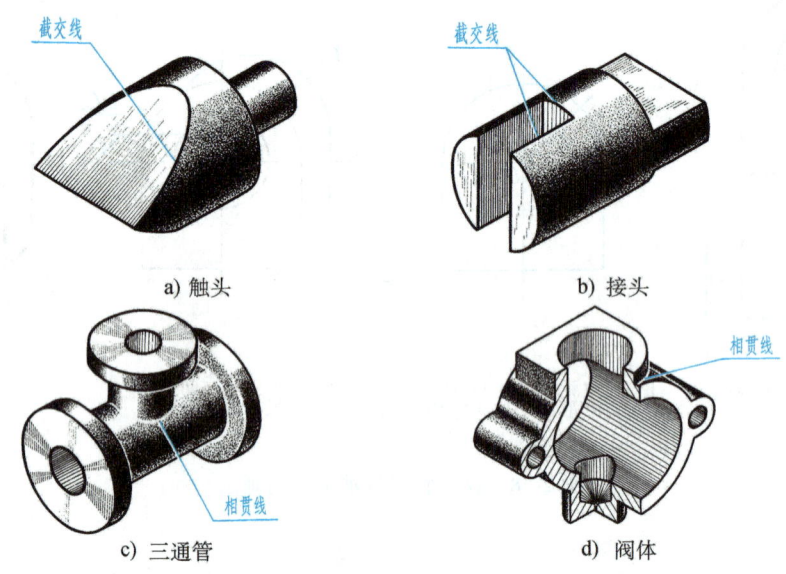

a) 触头　　　　　　　　　b) 接头

c) 三通管　　　　　　　　d) 阀体

图 3-1　截交线与相贯线的实例

第一节　截　交　线

平面与立体表面的交线，称为截交线。截切立体的平面，称为截平面(图3-2a)。

立体的形状和截平面的位置不同，因此截交线的形状也各不相同，但它们都具有下面的两个基本性质：

1) 截交线是一个封闭的平面图形。

2）截交线既在截平面上，又在立体表面上，因此截交线是截平面和立体表面的共有线，截交线上的点都是截平面与立体表面上的共有点。

一、平面立体的截交线

1. 平面立体截交线的画法

平面立体的截交线是一个封闭的平面多边形（图3-2a），它的顶点是截平面与平面立体的棱线的交点，它的边是截平面与平面立体表面的交线。因此，求平面立体截交线的投影，实质上就是求截平面与立体各被截棱线的交点的投影。

例3-1　求正六棱锥截交线的三面投影（图3-2a）。

分析　截平面 P 为正垂面，它与正六棱锥的六条棱线和六个棱面都相交，故截交线是一个六边形。因为截平面 P 的正面投影有积聚性（积聚成一直线 P_V——截平面 P 与 V 面的交线），所以正六棱锥各侧棱线与截平面 P 的六个交点的正面投影 a'、b'、c'、d'、(e')、(f') 都在 P_V 上，可直接求出，故本题主要是求截交线的水平面投影和侧面投影。

作图

1）利用截平面的积聚性投影，先求出截交线各顶点的正面投影 a'、b'……；再根据点在线上的投影规律，求出各顶点的水平面投影 a、b……及侧面投影 a''、b''……（图3-2b）。

2）依次连接各顶点的同面投影，即为截交线的投影。此外，还需考虑形体其他轮廓线投影的可见性问题，直至完成三视图（图3-2c）。

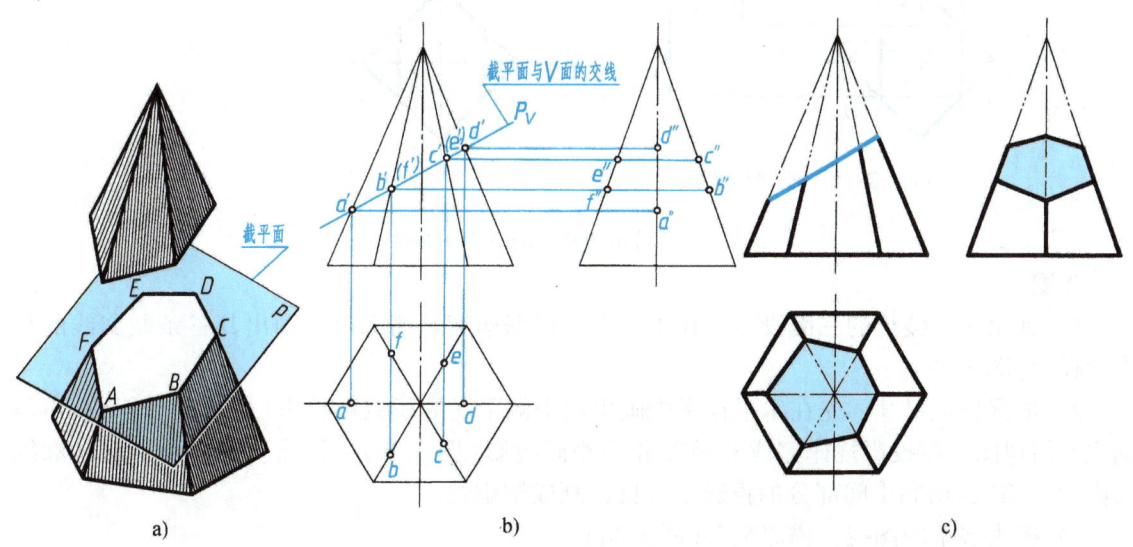

截交线的作图步骤

图3-2　截交线的作图步骤

当用一个或多个截平面截切立体时，将会在立体上出现切口、凹槽或穿孔等情况，这样的立体称为切割体。此时作图，不但要逐个画出各个截平面与立体表面截交线的投影，而且要画出各截平面之间交线的投影，进而完成整个切割体的投影。

例3-2　根据图3-3a所示的开槽正四棱柱，画出其三视图。

分析　该四棱柱上部的通槽是由两个侧平面和一个水平面切割而形成的，侧平面切出的截交线为两个矩形，水平面切出的截交线为六边形。它们都垂直于正面，其投影都积聚为直线，可根据槽宽、槽深尺寸直接画出，因此只需求出截交线的水平投影和侧面投影。

开槽正六棱柱的三视图画法

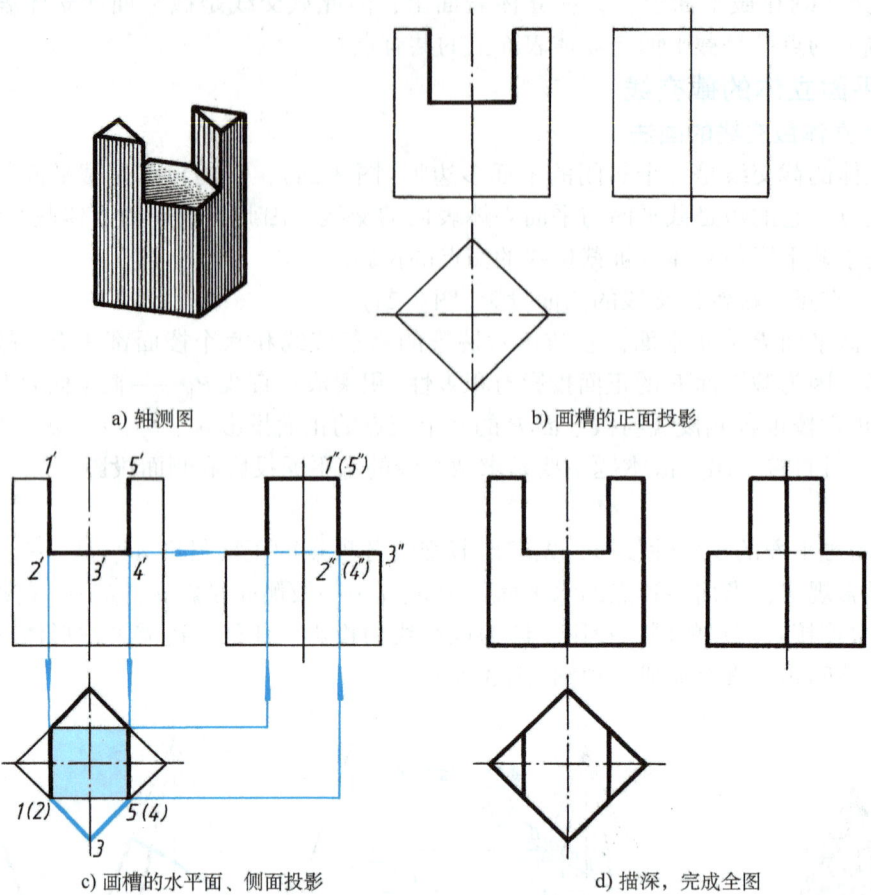

图 3-3 开槽正四棱柱的三视图画法

作图

1) 画出正四棱柱的三面投影。在正面上,根据槽宽、槽深尺寸画出其三条截交线的积聚性投影(图 3-3b)。

2) 根据槽宽尺寸,先在水平投影中画出两个侧平面的积聚性投影(两直线平行);再根据主、俯视图,按投影规律完成开槽部分的侧面投影(图 3-3c)。注意:槽口前、后轮廓线向内"收缩",槽底中间部分的投影不可见,画成细虚线。

3) 擦去多余的图线,描深全图(图 3-3d)。

2. 看平面切割体的三视图

要提高看图能力就必须多看图,并在看图的实践中注意学会投影分析和线框分析,掌握看图方法,积累形体储备。为此,特提供一些切割体的三视图(图 3-4~图 3-7),希望读者自行识读(提示:棱柱、棱锥等穿孔实为相贯,这里可用截交的概念进行分析)。

看图提示:

1) 要明确看图步骤:①根据轮廓为正多边形的视图,确定被切立体的原始形状;②从反映切口、开槽、穿孔的特征部位入手,分析截交线的形状及其三面投影;③将想象中的切割体形状,从无序排列的立体图(表 3-1)中辨认出来并加以对照。

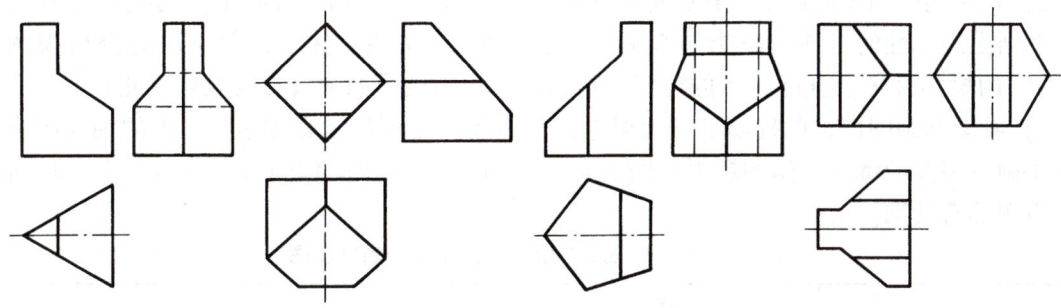

图 3-4　带切口正棱柱体的三视图

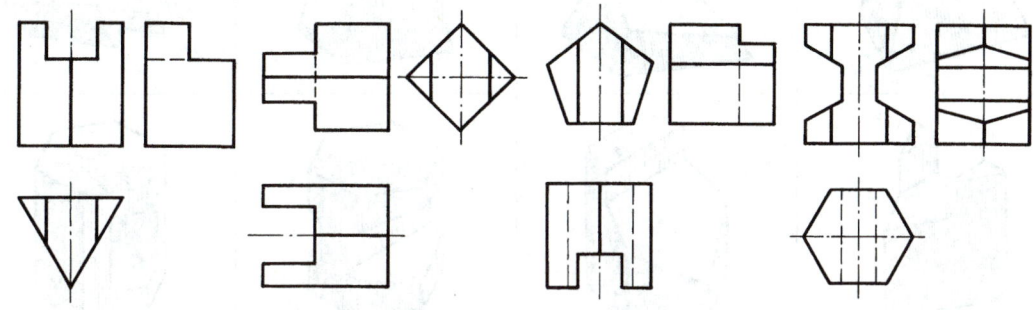

图 3-5　带开槽正棱柱体的三视图

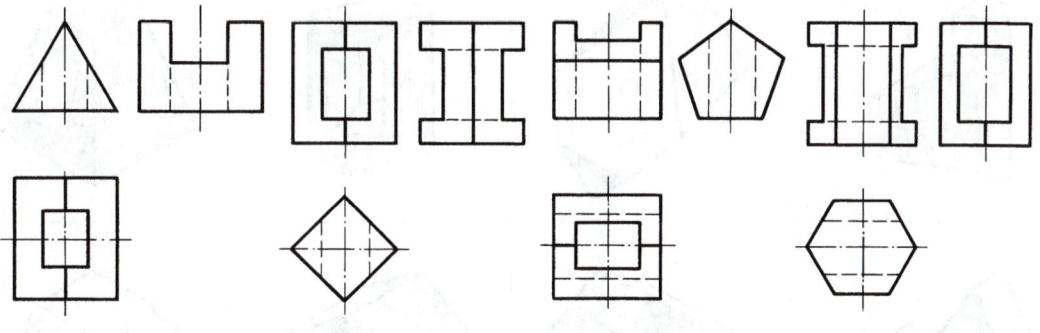

图 3-6　带穿孔正棱柱体的三视图

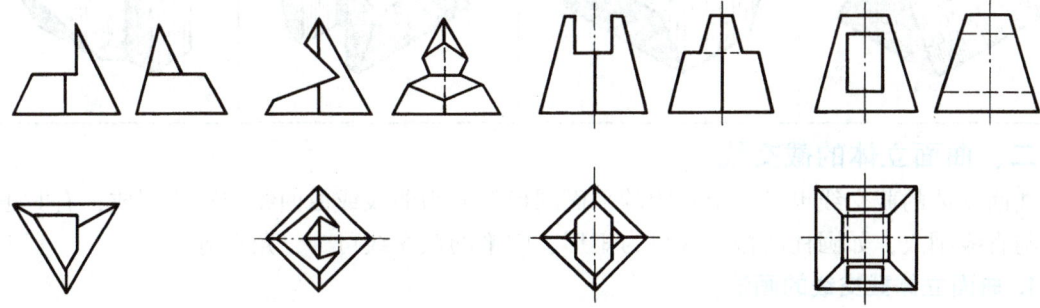

图 3-7　带切口、开槽、穿孔正棱锥体的三视图

2) 要对同一图中的四组三视图进行比较,根据切口、开槽、穿孔部位的投影(图形)特征,总结出规律性的东西,以指导今后的看图(画图)实践。其中,尤应注意分析视图中"斜线"的投影含义(它可谓"点的宝库",该截交线上点的另两面投影均取自于此)。

3) 看图与画图能力的提高是互为促进的。因此,希望读者根据表3-1中的轴测图多做些徒手画三视图的练习,作图后再以图3-4~图3-7中的三视图作为答案加以校正,这对画图、看图都有帮助。

表 3-1　图 3-4~图 3-7 所示平面切割体的轴测图

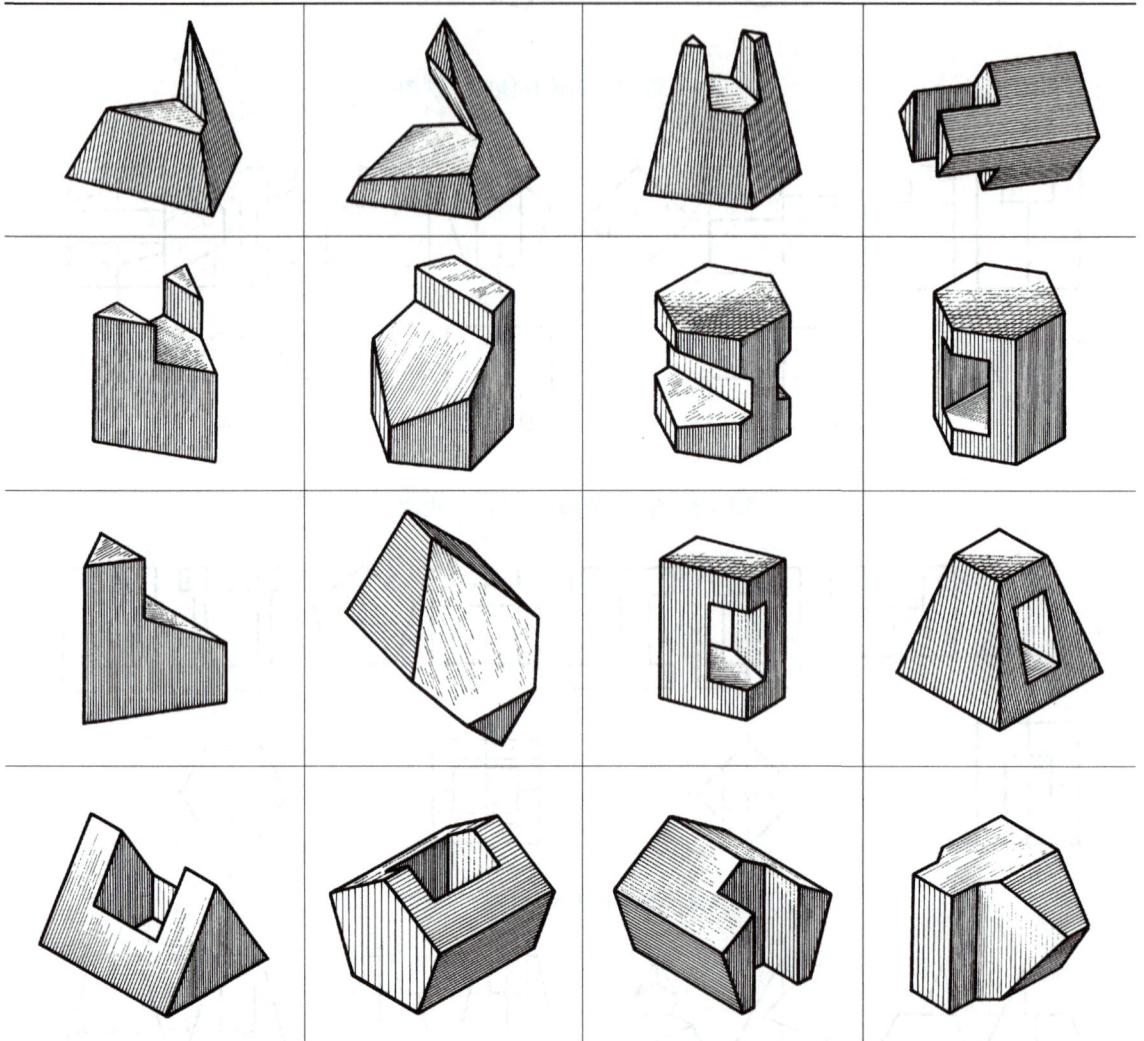

二、曲面立体的截交线

曲面立体的截交线也是一个封闭的平面图形,多为曲线或由曲线与直线围成;有时也由直线与直线围成,如圆柱的截交线可为矩形、圆锥的截交线可为三角形等。

1. 曲面立体截交线的画法

(1) 圆柱体的截交线　截平面与圆柱轴线的相对位置不同,其截交线有三种不同的形状,见表3-2。

表 3-2　截平面和圆柱轴线的相对位置不同时所得的三种截交线

截平面的位置	与轴线平行时	与轴线垂直时	与轴线倾斜时
轴测图			
投影图			
截交线的形状	矩　形	圆	椭　圆

例 3-3　画出开槽圆柱的三视图（图 3-8a）。

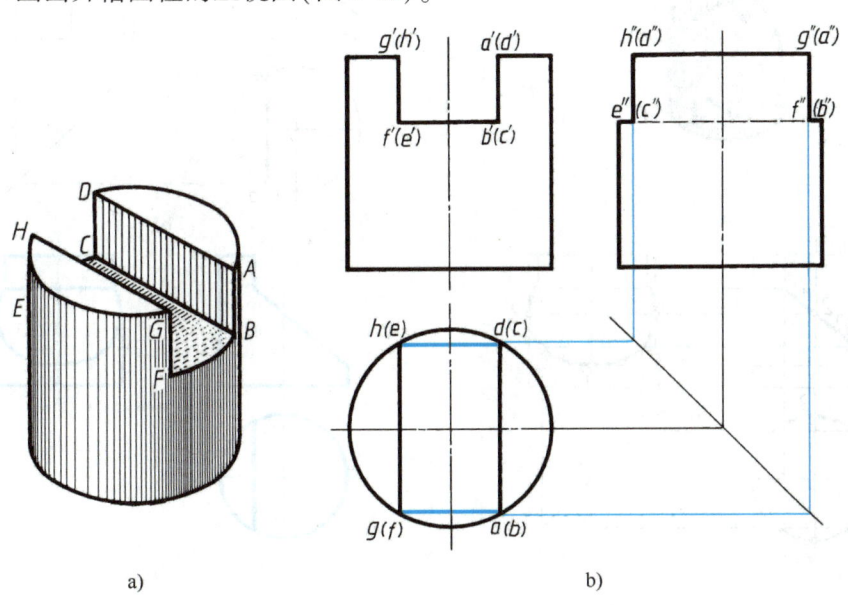

图 3-8　开槽圆柱的三视图画法

分析 圆柱开槽部分是由两个侧平面和一个水平面截切而成的,圆柱面上的截交线(AB、CD、BF、CE……)都分别位于被切出的各个平面上。这些面均为投影面平行面,其投影具有积聚性或显实性,因此截交线的投影应依附于这些面的投影,不需另行求出。

作图 先画出完整圆柱的三视图,按槽宽、槽深尺寸依次画出正面和水平面投影,再依据点、直线、平面的投影规律求出侧面投影。其作图步骤如图3-8b所示。

作图时,应注意以下两点:①因圆柱的最前、最后素线均在开槽部位被切去一段,故左视图的外形轮廓线在开槽部位向内"收缩",其收缩程度与槽宽有关;②注意区分槽底侧面投影的可见性,槽底是由两段直线、两段圆弧构成的平面图形,其侧面投影积聚为一直线,中间部分($b'' \to c''$)是不可见的,画成细虚线。

例3-4 画出图3-9a所示形体的三视图。

分析 该形体由一个侧平面和一个正垂面截切圆柱而成。侧平面切得的截交线AB、CD分别为矩形的前、后两边,正面投影重合为一条线,水平面投影分别积聚成一个点重合在圆周上;正垂面切出的截交线为椭圆(一部分),其正面投影与此椭圆面的积聚性投影(直线)重合,水平面投影与圆周重合,故只需求出侧面投影。

作图 先画出完整圆柱的三视图,再按截平面的位置尺寸依次画出侧平面(矩形)和正垂面(椭圆)的正面投影和水平面投影,据此求出侧面投影(矩形面的投影按点的投影规律求出);椭圆面则需先找特殊点的投影$1''$、$2''$、$3''$(分别在圆柱最左、最前、最后素线上),再求一般点(为便于连线任找的点)的投影$4''$、$5''$(图3-9c),然后光滑连线而成(注意与两截平面交线端点投影b''、c''的连接)。其作图步骤如图3-9b、c、d所示。

切割圆柱的视图画法

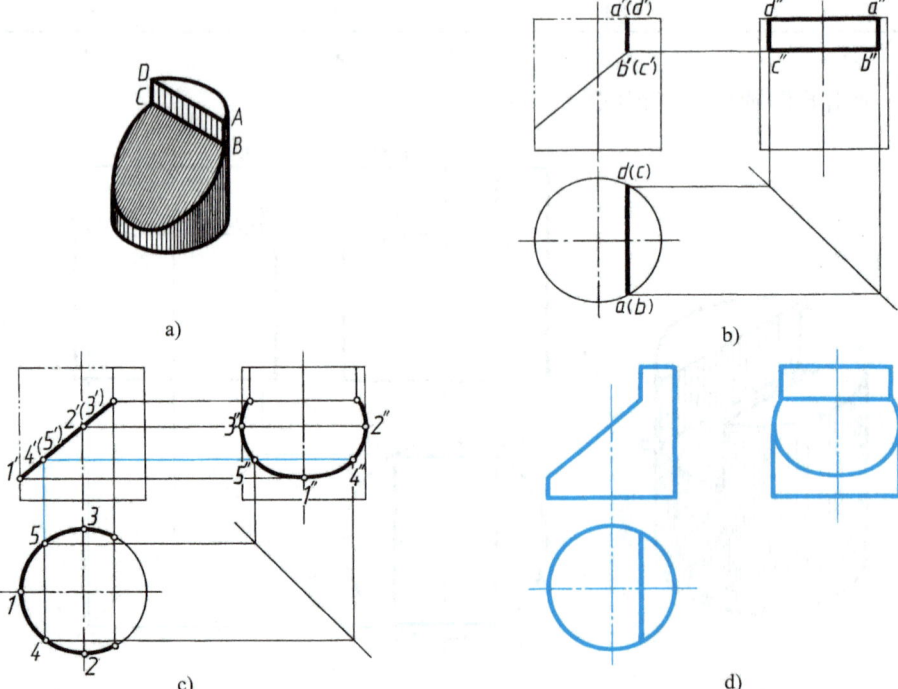

图3-9 切割圆柱的视图画法

(2)圆锥体的截交线 圆锥体的截交线有五种情况,见表3-3。

表 3-3 圆锥体的截交线

截平面的位置	与轴线垂直	过圆锥顶点	平行于任一素线	与轴线倾斜	与轴线平行
轴测图					
投影图					
截交线的形状	圆	等腰三角形	封闭的抛物线①	椭圆	封闭的双曲线①

① "封闭"是指以直线(截平面与圆锥底面的交线)将在圆锥面上形成的抛物线、双曲线加以封闭，构成一个平面图形。当截交线为椭圆弧时，也将出现相同的情况。

例 3-5 求正平面截切圆锥(图 3-10a)的截交线的投影。

分析 因为截平面为正平面，与圆锥的轴线平行，所以截交线为一条以直线加以封闭的双曲线。其水平投影和侧面投影分别积聚为一直线，只需求出正面投影。

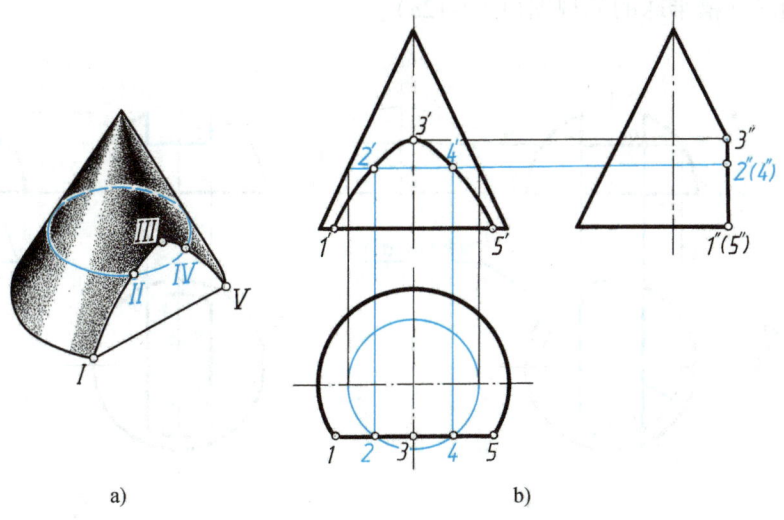

正平面截切圆锥的截交线

a) b)

图 3-10 正平面截切圆锥的截交线

作图

1) 求特殊点。点 Ⅲ 为最高点，它在最前素线上，故根据 3″ 可直接作出 3 和 3′。点 Ⅰ、Ⅴ为最低点，也是最左、最右点，其水平面投影 1、5 在底圆的水平面投影上，据此可求出 1′、5′。

2) 求一般点。可利用辅助圆法（也可用辅助素线法），即在正面投影 3′ 与 1′、5′ 之间画一条与圆锥轴线垂直的水平线，与圆锥最左、最右素线的投影相交，以两交点之间的长度为直径，在水平面投影中画一圆，它与截交线的积聚性投影——直线相交于 2 和 4，据此求出 2′、4′。

3) 连线。依次将 1′、2′、3′、4′、5′ 连成光滑的曲线，即为截交线的正面投影（图 3-10b）。

(3) 圆球的截交线　圆球被任意方向的平面截切，其截交线都是圆。当截平面为投影面的平行面时，截交线在所平行的投影面上的投影为一圆，其余两面投影积聚为直线，如图 3-11 所示。该直线的长度等于圆的直径，其直径的大小与截平面至球心的距离 B 有关。

球被水平面截切的三视图画法

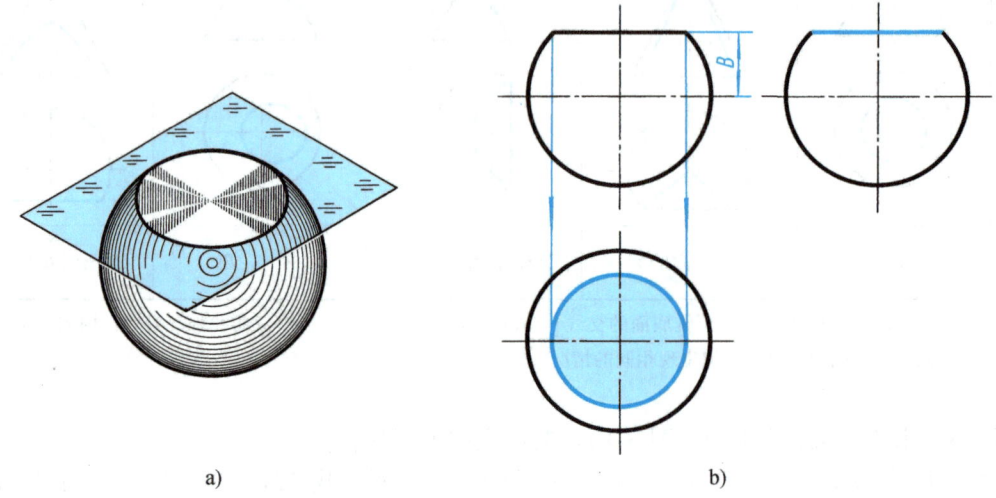

a)　　　　　　　　　　　b)

图 3-11　球被水平面截切的三视图画法

例 3-6　画出开槽半球的三视图（图 3-12a）。

开槽半圆球的三视图画法

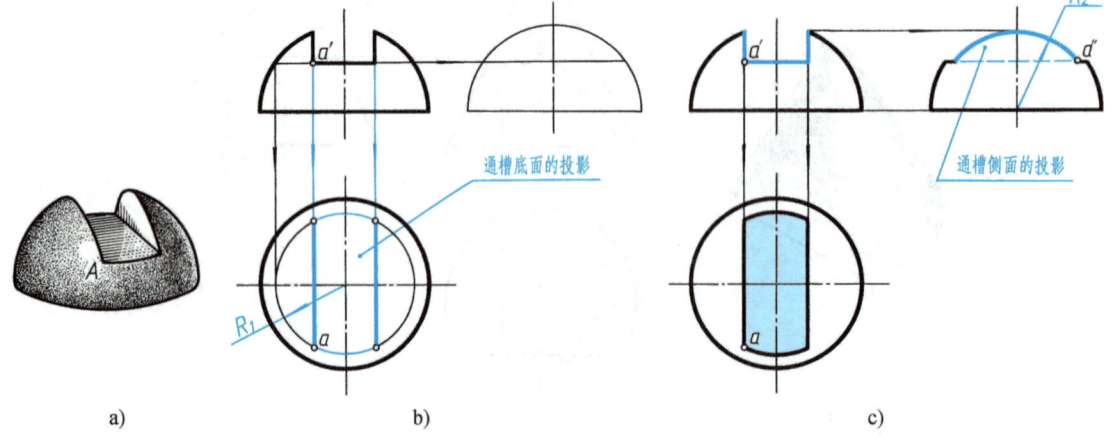

a)　　　　　　b)　　　　　　c)

图 3-12　开槽半球的三视图画法

64

分析 因为半球被两个对称的侧平面和一个水平面所截切,所以两个侧平面与球面的截交线各为一段平行于侧面的圆弧,而水平面与球面的截交线为两段水平的圆弧。

作图 首先画出完整半圆球的三视图,再根据槽宽和槽深尺寸依次画出截交线的正面、水平面和侧面投影,作图的关键在于确定圆弧半径 R_1 和 R_2,具体作法如图 3-12b、c 所示(左视图中外形轮廓线的"收缩"情况和槽底投影的可见性判断,与图 3-8 中左视图的分析类似,故不再赘述)。

2. 看曲面切割体的三视图

看图提示:

看曲面切割体的三视图,与看平面切割体三视图的要求基本相同。此外,再强调以下几点:

1) 要注意分析截平面的位置:一是分析截平面与被切曲面体的相对位置,以确定截交线的形状(如截平面与圆柱轴线倾斜,其截交线为椭圆,与圆锥轴线垂直,其截交线为圆等);二是分析截平面与投影面的相对位置,以确定截交线的投影形状(如球被投影面垂直面切割,截交线圆在另两面上的投影则变成了椭圆等)。

2) 要注意分析曲面体轮廓线投影的变化情况(存留轮廓线的投影不要漏画,被切掉轮廓线的投影不要多画)。此外,还要注意截交线投影的可见性问题。

下面提供几组三视图(图 3-13 ~ 图 3-17),希望读者自行阅读。看图时,应先看懂图形,然后再看轴测图。

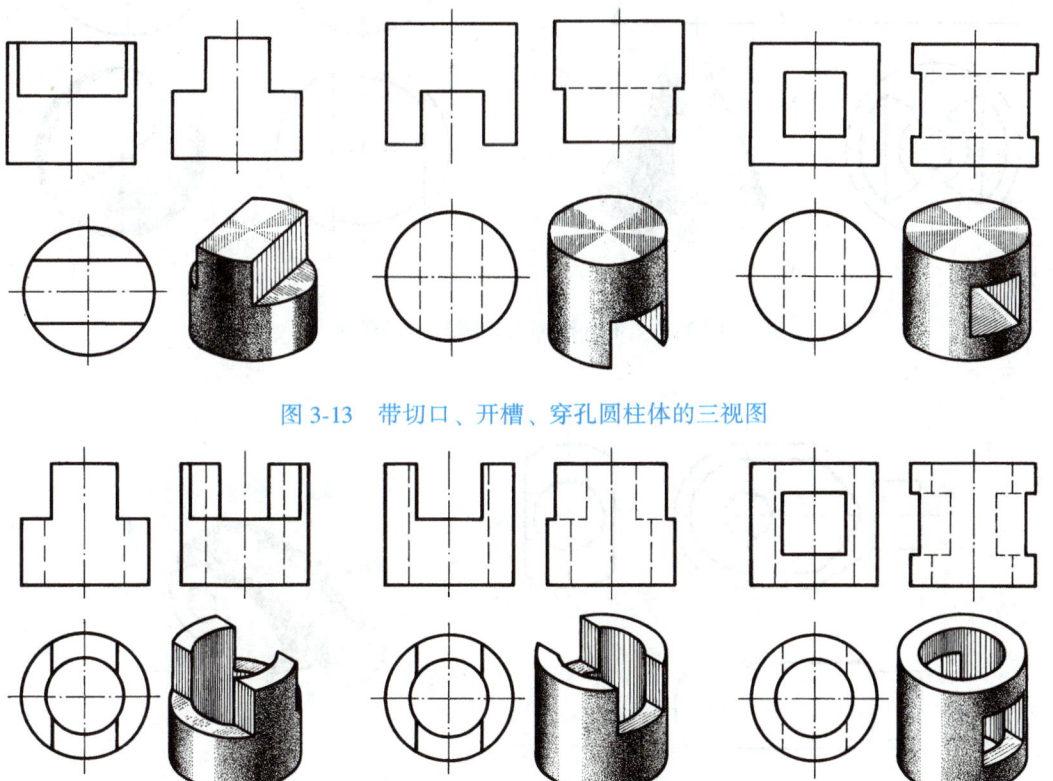

图 3-13 带切口、开槽、穿孔圆柱体的三视图

图 3-14 带切口、开槽、穿孔空心圆柱体的三视图

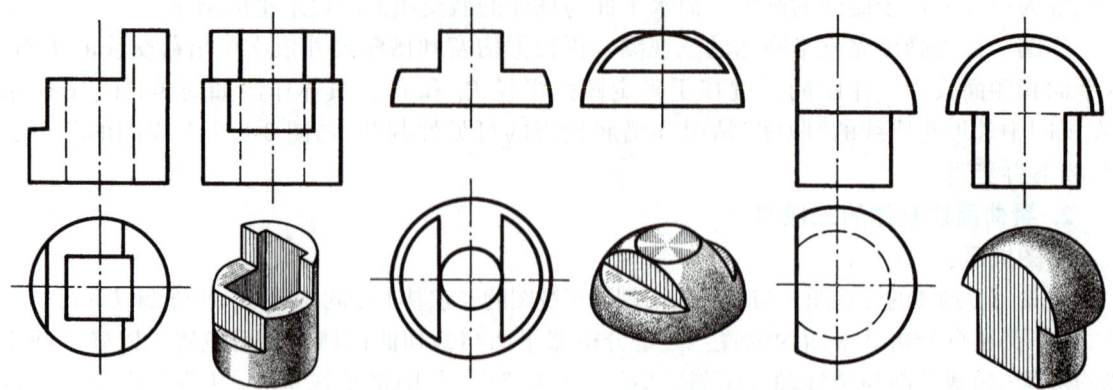

图 3-15 带切口、穿孔圆柱及半球体的三视图

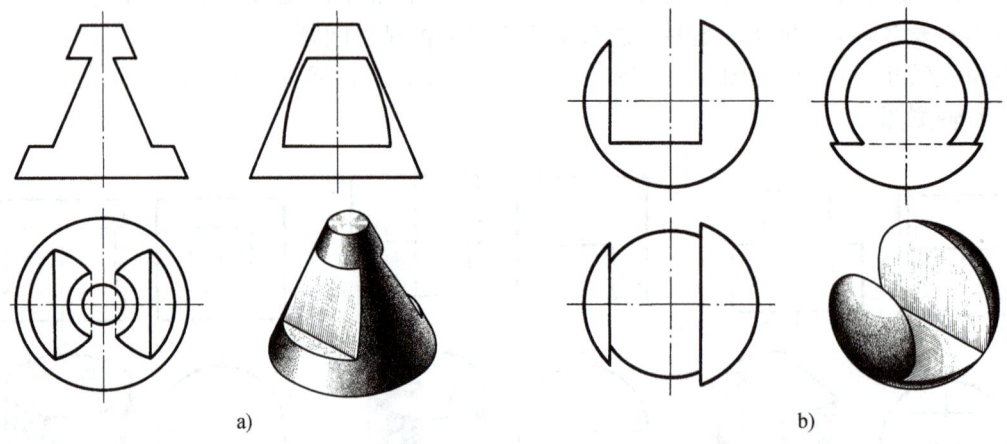

图 3-16 带开槽圆台、圆球的三视图

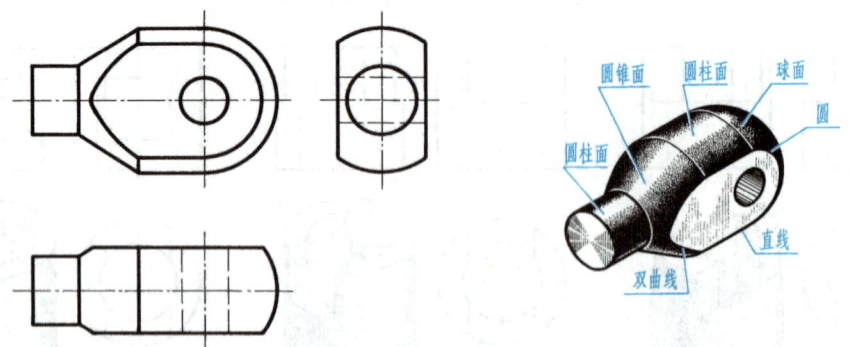

图 3-17 带复合截交线的切割体三视图

第二节 相贯线

两立体相交，在立体表面上产生的交线称为相贯线，如图3-18a所示。

相贯线是两立体表面的共有线，也是两表面的分界线，相贯线上所有的点，都是两立体表面上的共有点。根据这一性质求作相贯线的问题，实际上就可归结为求作两相贯体表面上一系列共有点的问题。按照在体表面上求点的方法，即可求出相贯线的投影。

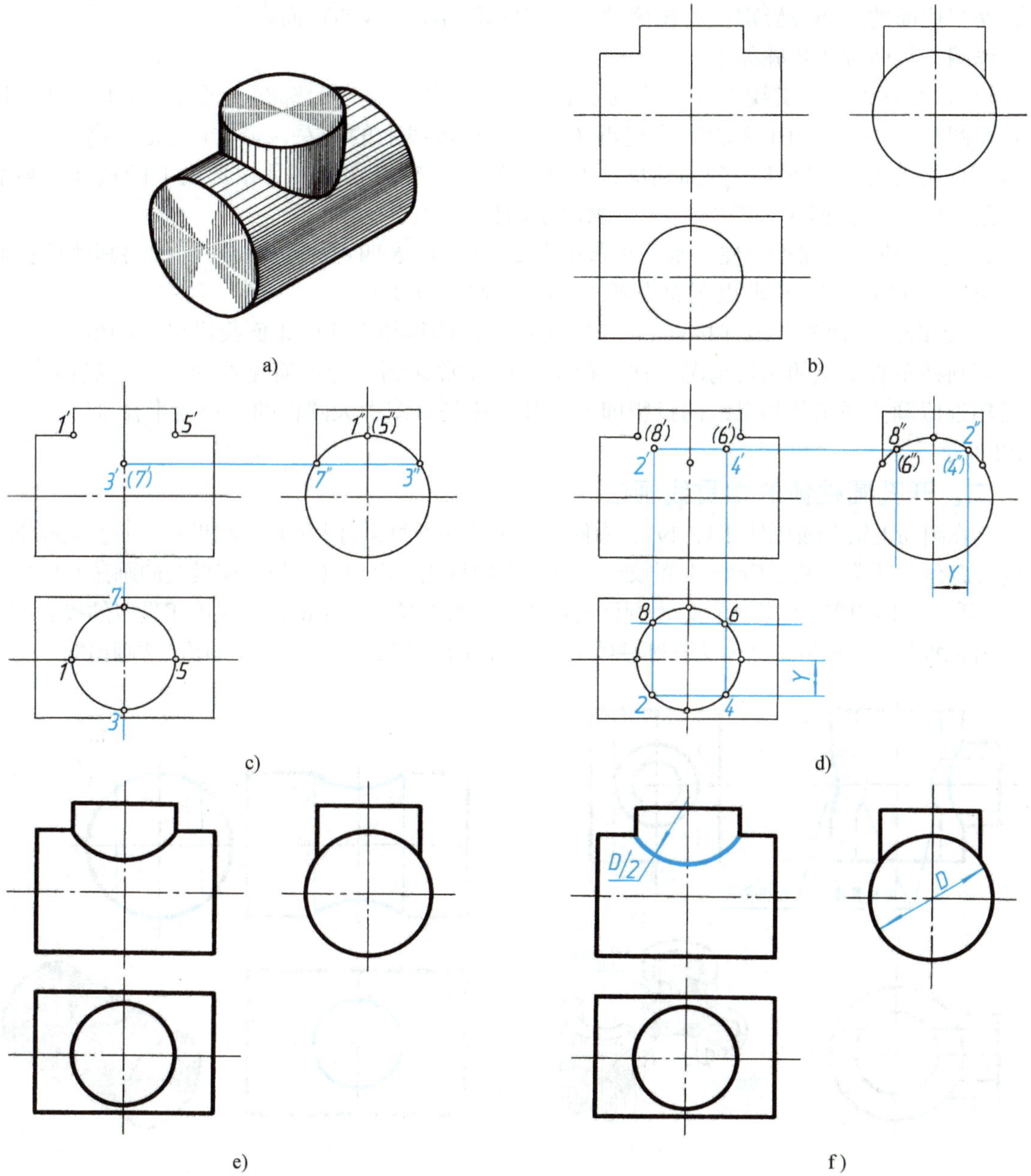

两圆柱轴线正交相贯线的画法

图3-18 两圆柱轴线正交相贯线的画法

因为相交两立体的形状、大小和相对位置不同,所以相贯线的形状及其画法也不同。本节主要讨论两圆柱相交的相贯线画法。

一、正交两圆柱的相贯线画法

两个直径不相等的圆柱,当其轴线垂直相交时,相贯线为一条封闭的空间曲线,在一般情况下,其投影可利用圆柱面投影的积聚性直接求出。

例 3-7 画出两正交圆柱体的三视图(图3-18)。

分析 由图3-18a、b可以看出,两圆柱的轴线垂直正交,小圆柱面的水平投影和大圆柱面的侧面投影都有积聚性,相贯线的水平投影和侧面投影分别与两圆柱的积聚性投影重合,两圆柱面的正面投影都没有积聚性,故只需求出相贯线的正面投影。

作图 具体方法步骤如下:

1) 求特殊点。相贯线上的特殊点主要是处在相贯体转向轮廓线上的点,如图3-18c所示:小圆柱与大圆柱的正面轮廓线交点 1′、5′ 是相贯线上的最左、最右(也是最高)点,其投影可直接定出;小圆柱的侧面轮廓线与大圆柱面的交点 3″、7″ 是相贯线上的最前、最后(也是最低)点。根据 3″、7″ 和 3、7 可求出正面投影 3′(7′)。

2) 求一般点。在小圆柱的水平投影中取 2、4、6、8 四点(图3-18d),作出其侧面投影 2″、(4″)、(6″)、8″,再求出正面投影 2′、4′、(6′)、(8′)。

3) 连线。顺次光滑地连接点 1′、2′、3′……,即得相贯线的正面投影(图3-18e)。

两圆柱垂直正交的相贯情况,在工程实践中经常遇到。为了简化作图,在一般情况下,只需用近似画法画出其相贯线的投影即可,其画法是以图中大圆柱的半径为半径画弧,如图3-18f所示。

二、开孔圆柱体的相贯线画法

当在圆筒上钻有圆孔时(图3-19),右侧孔与圆筒外表面及内表面均有相贯线,而左侧孔则只与内表面有相贯线。在内表面产生的交线,称为内相贯线。内相贯线与外相贯线的画法相同。在图示情况下,内相贯线的投影应以大圆柱内孔的半径为半径画弧而得,且因该相贯线的投影不可见而画成细虚线。图3-20所示为在圆柱体上开圆孔的相贯线的投影,是用近似画法画出的。

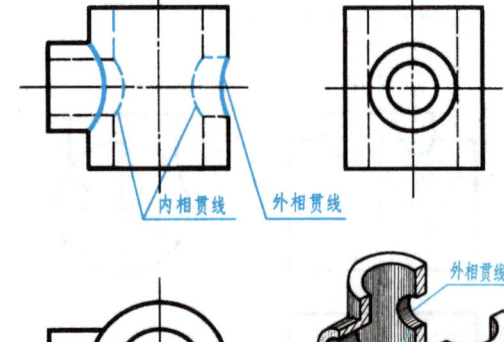

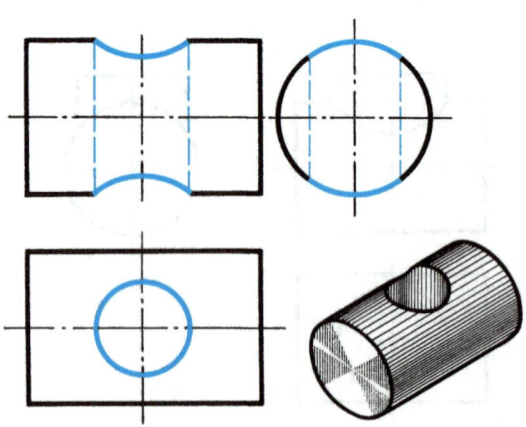

图3-19 在圆筒上开通孔的画法   图3-20 在圆柱体上开通孔的画法

三、相贯线的特殊情况

两回转体相交，在一般情况下，表面交线为空间曲线；但在特殊情况下，其表面交线则为平面曲线或直线，特举如下几例(图3-21)，其中：

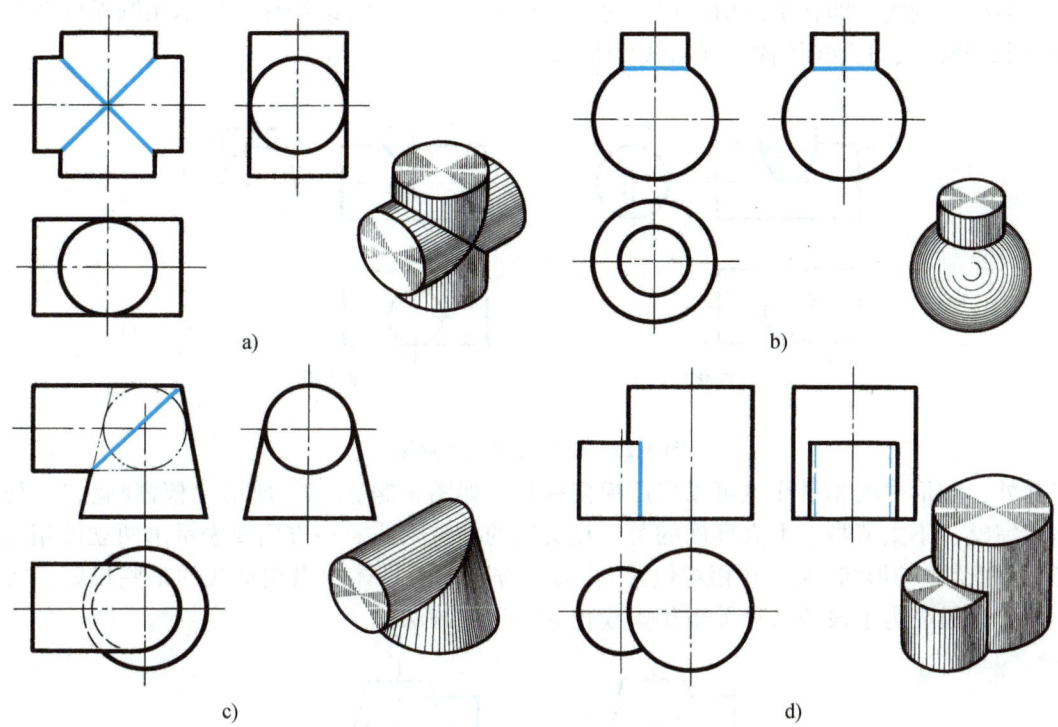

图 3-21 相贯线为非空间曲线的示例

——图 3-21a 所示为直径相等的两个圆柱正交，其相贯线为大小相等的两个椭圆；
——图 3-21b 所示为圆柱与圆球同轴相交，其相贯线为一个圆；
——图 3-21c 所示为圆柱与圆锥正交且公切于一球面，其相贯线为一椭圆；
——图 3-21d 所示为轴线互相平行的两圆柱相交，其相贯线是两条平行于轴线的直线。

下面，看一个同轴回转体相交的案例(水龙头把手的视图和轴测图)，如图 3-22 所示。

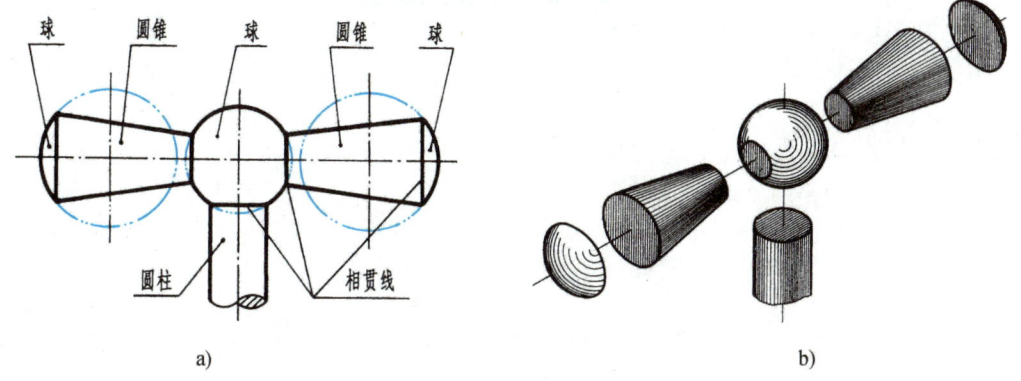

图 3-22 同轴回转体相交案例

四、相贯线的简化画法

从相贯线的形成、相贯线的性质以及相贯线画法的论述中可知,两相交体的形状、大小及其相对位置确定后,相贯线的形状和大小是完全确定的。为了简化作图,国家标准规定了相贯线的简化画法。即在不致引起误解时,图形中的相贯线可以简化。例如用圆弧代替非圆曲线(图 3-18f)或用直线代替非圆曲线(图 3-23)。

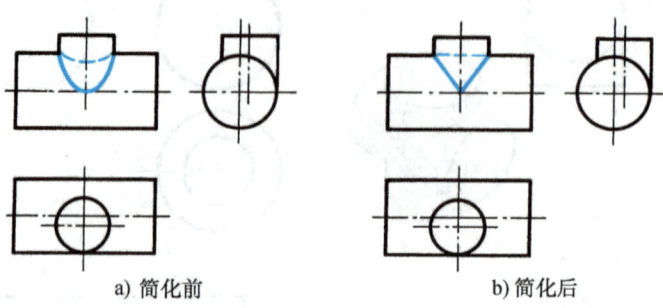

a) 简化前　　　　　　b) 简化后

图 3-23　相贯线的简化画法

此外,图形中的相贯线也可以采用模糊画法,如图 3-24 所示。所谓"模糊画法",是一种不太完整、不太清晰、不太准确的关于相贯线的抽象画法,一方面要表示出两立体相交的状态(两相交体的形状、大小和相对位置),另一方面却不具体画出相贯线的某些投影。实质上,它是以模糊为手段的一种关于相贯线投影的近似画法。

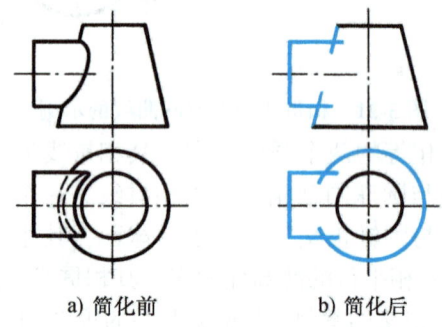

a) 简化前　　　　　　b) 简化后

图 3-24　相贯线的模糊画法

组合体

由两个或两个以上基本几何体所组成的物体，称为组合体。
本章重点讨论组合体视图的画法、看图方法和尺寸注法。

第一节 组合体的形体分析

一、形体分析法

任何复杂的物体，仔细分析起来，都可看成是由若干个基本几何体组合而成的。图 4-1a 所示的轴承座，可看成是由两个尺寸不同的四棱柱、一个半圆柱和两个肋板（图 4-1b）叠加起来后，再切出一个大圆柱体和四个小圆柱体而成的，如图 4-1c 所示。既然如此，画组合体的视图时，就可采用"先分后合"的方法。就是说，先在想象中把组合体分解成若干个基本几何体，然后按其相对位置逐个画出各基本几何体的投影，综合起来即得到整个组合体的视图。这样，就可把一个复杂的问题分解成几个简单的问题加以解决。这种为了便于画

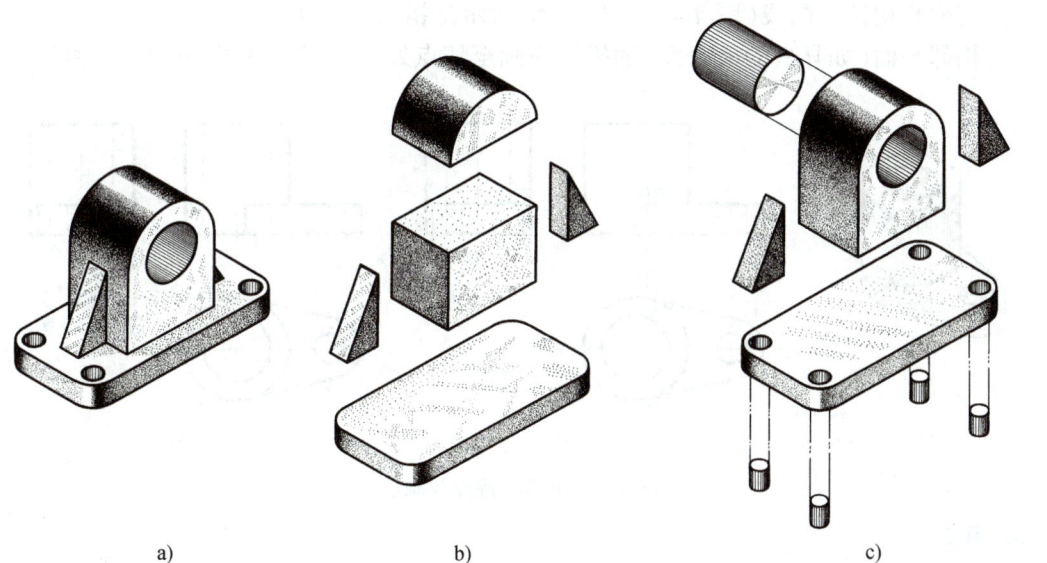

轴承座的形体分析

a)   b)   c)

图 4-1 轴承座的形体分析

图、看图和标注尺寸,通过分析将物体分解成若干个基本几何体,并搞清它们之间相对位置和组合形式的方法,叫作形体分析法。

二、组合体的组合形式

组合体的组合形式,一般可分为叠加、相切、相交和切割等几种。

1. 叠加

图 4-2a 和图 4-3a 所示的物体,其底板和立板之间以平面相接触,属于叠加。

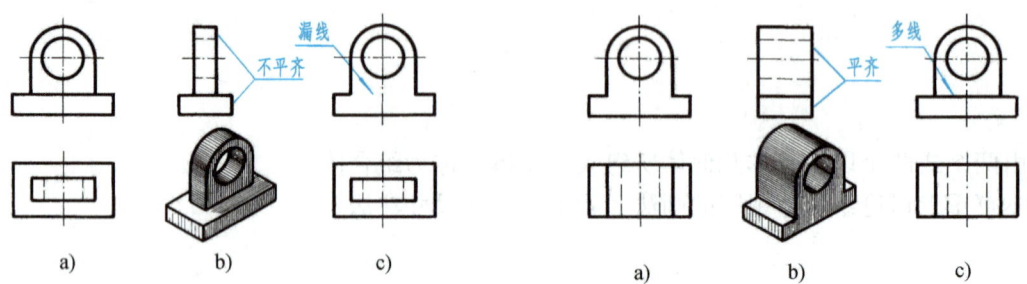

图 4-2　叠加画法(一)　　　　　图 4-3　叠加画法(二)

画图时,对两形体表面之间的接触处,应注意以下两点:

1) 当两形体的表面不平齐时,中间应该画线,如图 4-2a 所示。

图 4-2c 中的错误是漏画了线。因为若两表面投影分界处不画线,就表示成为同一个表面了。

2) 当两形体的表面平齐时,中间不应该画线,如图 4-3a 所示。

图 4-3c 中的错误是多画了线。若多画一条线,就变成两个表面了。

2. 相切

图 4-4a 所示的物体由圆筒和耳板组成。耳板前后两平面与圆筒表面光滑连接,这就是相切。

视图上相切处的画法:

1) 两面相切处不画线(图 4-4b)。图 4-4c 所示是错误的画法。

2) 相邻平面(如耳板的上表面)的投影应画至切点处,如图 4-4b 中的 a'、a'' 和 c''。

相切的特点及画法

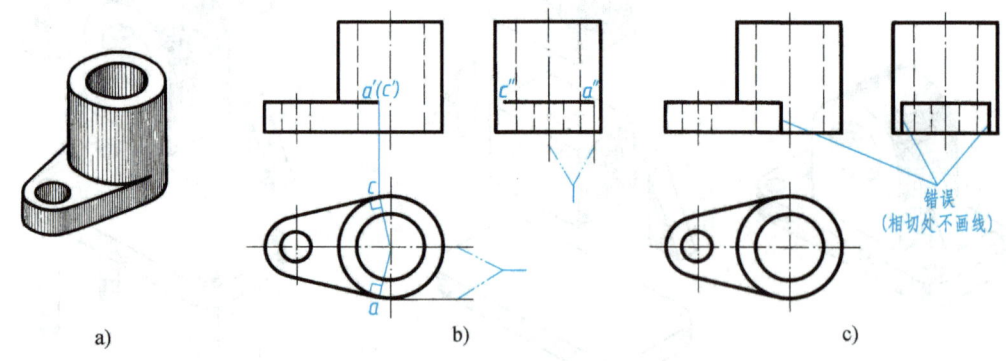

图 4-4　相切的特点及画法

3. 相交

图 4-5a 所示的物体耳板与圆柱属于相交。两个形体相交,其表面交线(相贯线)的投影必须画出,如图 4-5b 所示。图 4-5c 中的错误是漏画了表面交线的投影。

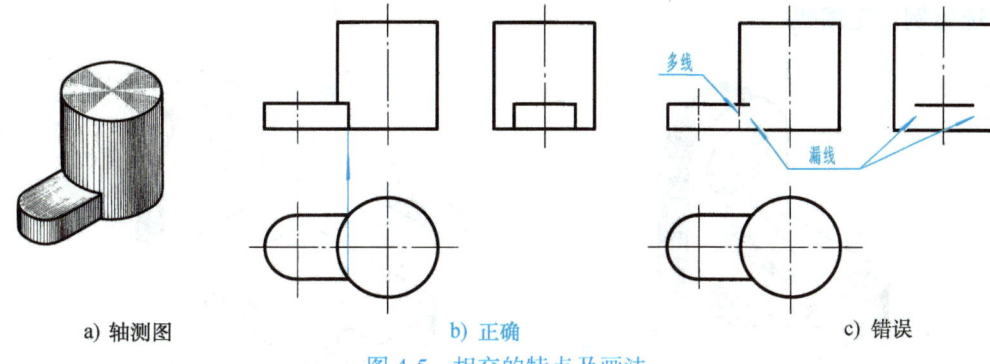

a) 轴测图　　　　　　b) 正确　　　　　　c) 错误

图 4-5　相交的特点及画法

4. 切割

图 4-6a 所示的物体可看成是长方体经切割而形成的（图 4-6b）。画切割体视图的关键是求截交线的投影，如图 4-6c、d 所示。

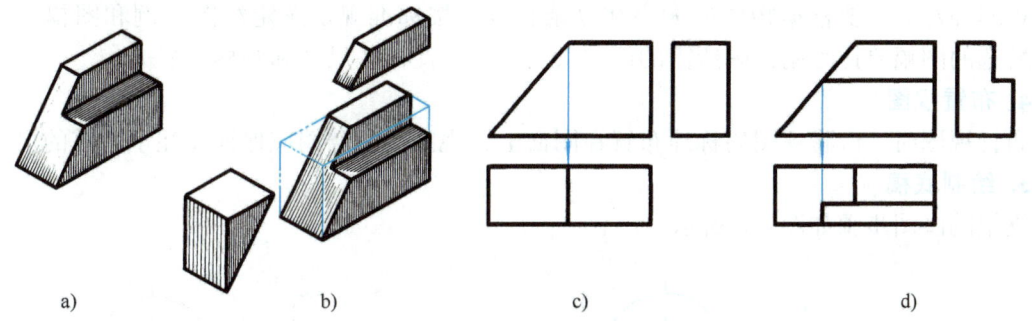

图 4-6　切割型组合体的画法

切割型组合体的画法

当然，在实际画图时，往往会遇到一个物体上同时存在几种组合形式的情况，这就要求我们更要注意分析。无论物体的结构怎样复杂，相邻两形体之间的组合形式仍旧是单一的，只要善于观察和正确地运用形体分析法作图，问题总是不难解决的。

第二节　组合体视图的画法

一、组合体三视图的画法

下面以图 4-7 所示支架为例，说明画组合体三视图的方法和步骤。

1. 形体分析

画图之前，首先应对组合体进行形体分析。图 4-7a 所示支架由底板、立板和肋板组成（图 4-7b）。它们之间的组合形式均为叠加。立板的半圆柱面与和其相接的四棱柱的前、后表面相切；立板与底板的前、后表面平齐；肋板与底板及立板的相邻表面均属相交。此外，在底板和立板上还有通孔，属于切割。

2. 选择主视图

主视图应能明显地反映物体形状的主要特征，还要考虑物体的正常位置，并力求使其主要平面与投影面平行，以便使投影获得实形。该支架以箭头所指作为主视图的投射方向，可满足上述的基本要求。主视方向确定后，俯视图和左视图的投射方向就随之确定了。

3. 选比例、定图幅

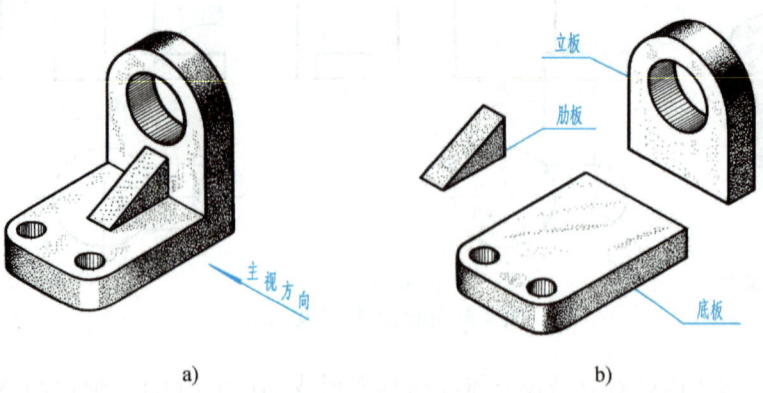

图 4-7 支架的形体分析

视图确定后，要根据物体的大小和复杂程度，按标准规定选定绘图比例和图幅。应注意，所选的图幅要比绘制视图所需的面积大一些，以便标注尺寸和画标题栏等。

4. 布置视图

布置视图时，应将视图匀称地布置在图面上，视图间的空档应保证能注全所需的尺寸。

5. 绘制底稿

支架的画图步骤如图 4-8 所示。

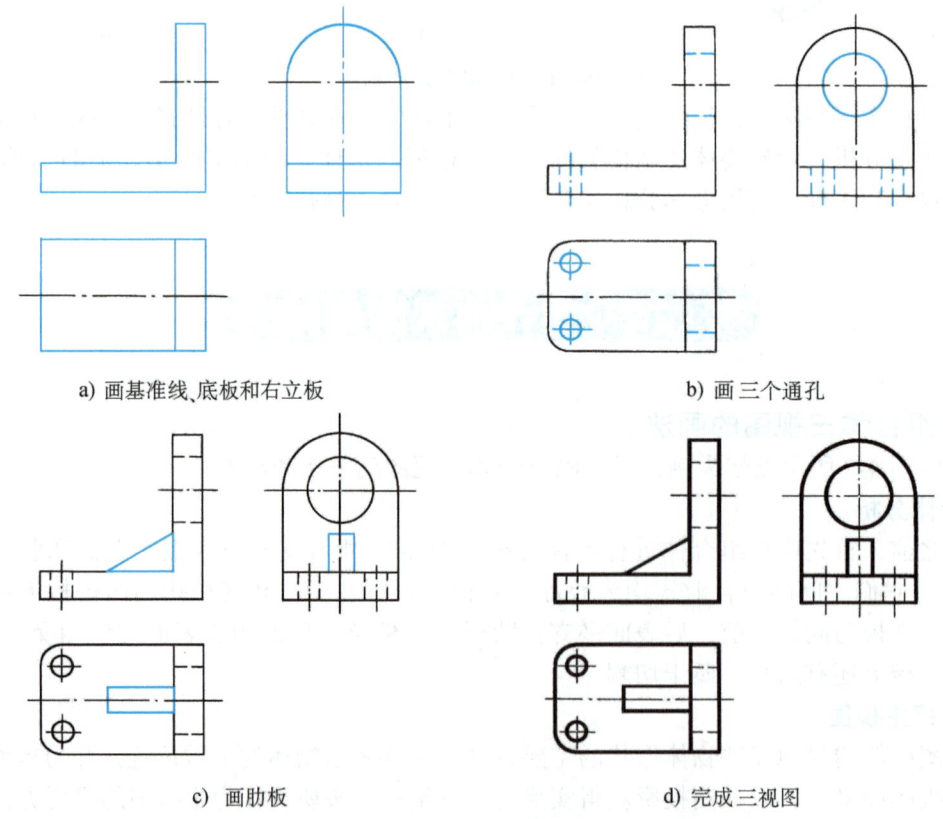

图 4-8 支架的画图步骤

绘制底稿时，应注意以下两点：

1) 一般应从形状特征明显的视图入手。先画主要部分，后画次要部分；先画看得见的部分，后画看不见的部分；先画圆或圆弧，后画直线。

2) 物体的每一组成部分，最好是三个视图配合着画。就是说，不要先把一个视图画完后再画另一个视图。这样既可提高绘图速度，又可避免多线、漏线。

6. 检查、描深

底稿完成后，应认真进行检查：在三视图中依次检查各组成部分的投影对应关系是否正确，分析相邻两形体间接合处的画法有无错误，是否多线、漏线。再以模型或轴测图与三视图对照，确认无误后，再描深图线，完成全图，如图 4-8d 所示。

例 4-1 画出图 4-9a 所示组合体的三视图。

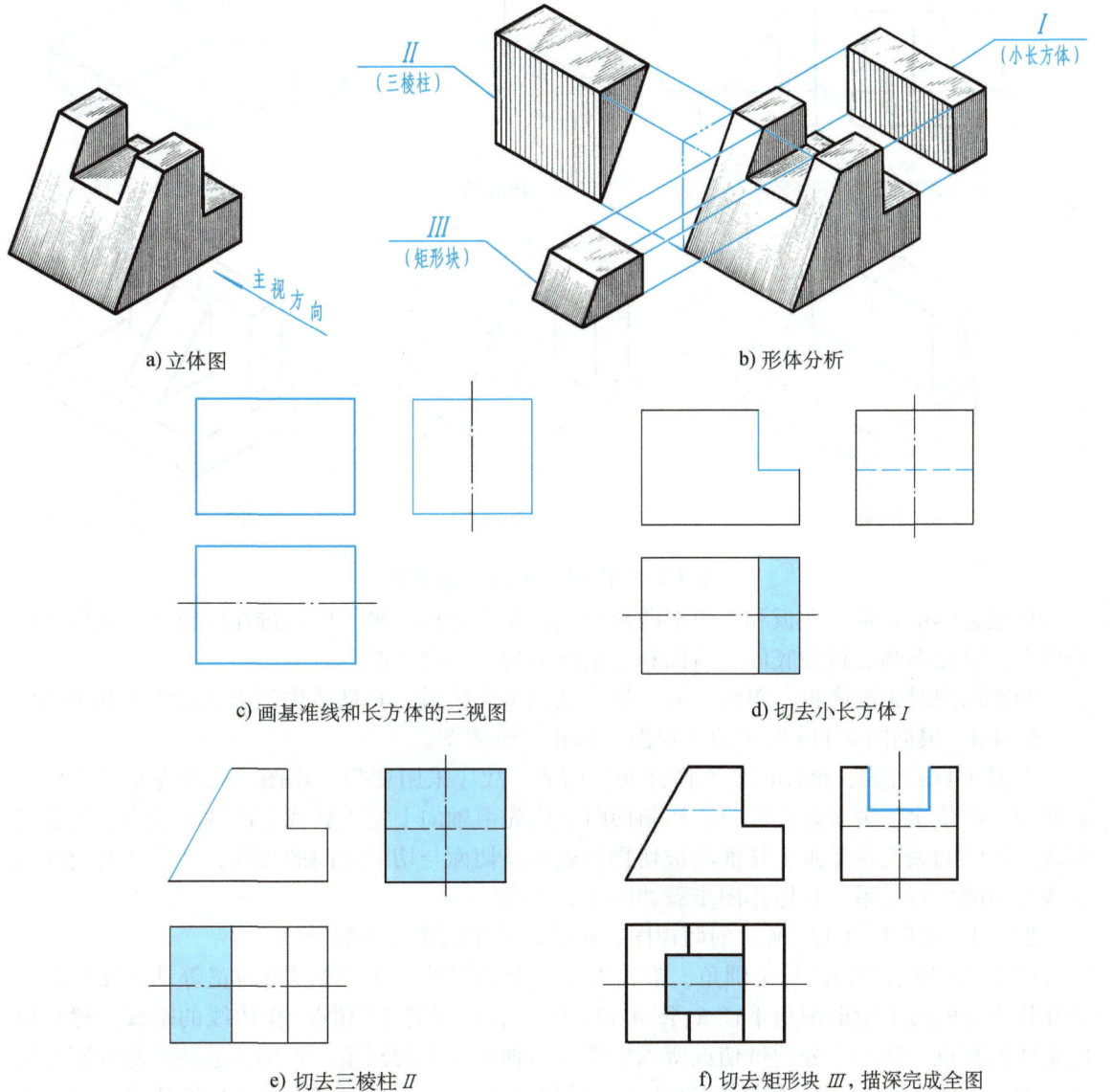

图 4-9 切割型组合体的画图步骤

具体作图步骤，如图 4-9b、c、d、e、f 所示。

二、组合体轴测图的画法

画组合体的轴测图，通常采用以下两种方法：

（1）叠加法　先将组合体分解成若干个基本几何体，然后按其相对位置逐个画出各基本几何体的轴测图，进而完成整体的轴测图。

（2）切割法　先画出完整的几何体的轴测图（通常为方箱），然后按其结构特点逐个切除多余的部分，进而完成形体的轴测图。

例 4-2　根据图 4-10a 所示的两视图，画正等轴测图。

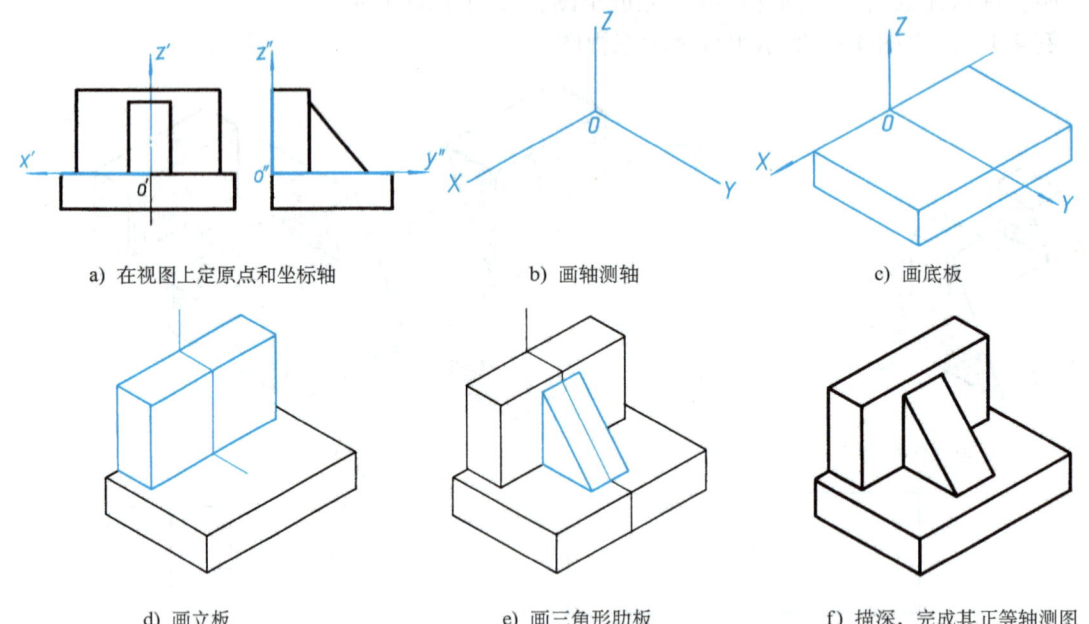

a) 在视图上定原点和坐标轴　　b) 画轴测轴　　c) 画底板

d) 画立板　　e) 画三角形肋板　　f) 描深，完成其正等轴测图

图 4-10　用叠加法画正等轴测图

该组合体由底板、立板和三角形肋板组成，左右对称。坐标原点选在底板上表面后棱线的中点，以免多画底板的底面、后面和右侧面上的一些细虚线。

画轴测图时先画底板，再画立板，最后画三角形肋板。其具体作图步骤如图 4-10 所示。

例 4-3　根据图 4-11a 所示的三视图，画正等轴测图。

由图 4-11a 可知，该体由长方体经切割而成，故应采用切割法作图。先画完整长方体的轴测图，再依次切去多余的部分。画斜面时，应先由轴向上定出斜线上的两个端点，再连其斜线。作图的关键在于画出切面与被切物体表面及切面与切面之间的交线，还应注意交线与交线之间的平行关系。具体作图步骤如图 4-11 所示。

例 4-4　根据图 4-12a 所示的两视图，画带圆角平板的正等轴测图。

图 4-12a 所示平板的每个圆角，都相当于一个整圆的 1/4。画圆角的正等轴测图时，只要在作圆角的边上量取圆角半径 R（图 4-12a、b），自量得的点（切点）作边线的垂线，然后以两垂线的交点为圆心，分别过切点所画的弧即为轴测图上的圆角。再用移心法画底面圆角完成全图，如图 4-12c 所示（所谓"移心法"，是指在画出某一椭圆或椭圆弧后，将其圆心和切点沿其轴线移动至所需的同一距离，再画另一椭圆或椭圆弧）。

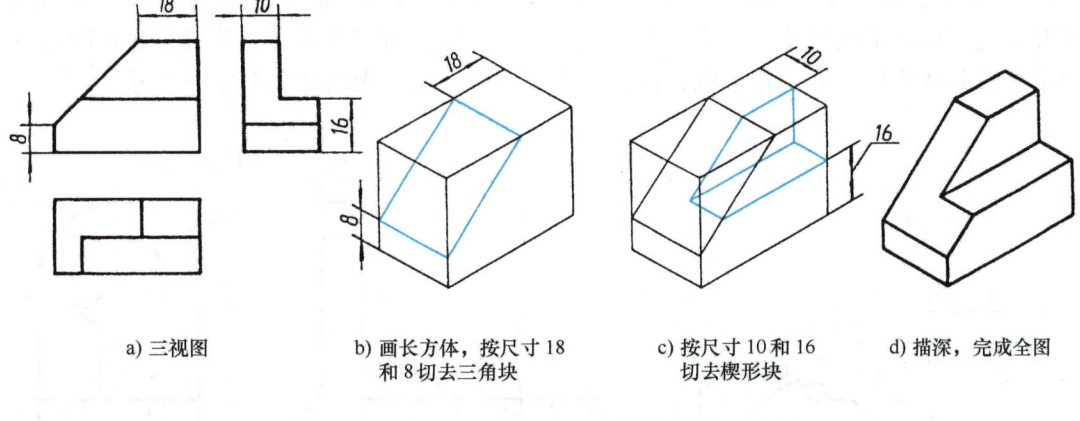

图 4-11 用切割法画正等轴测图

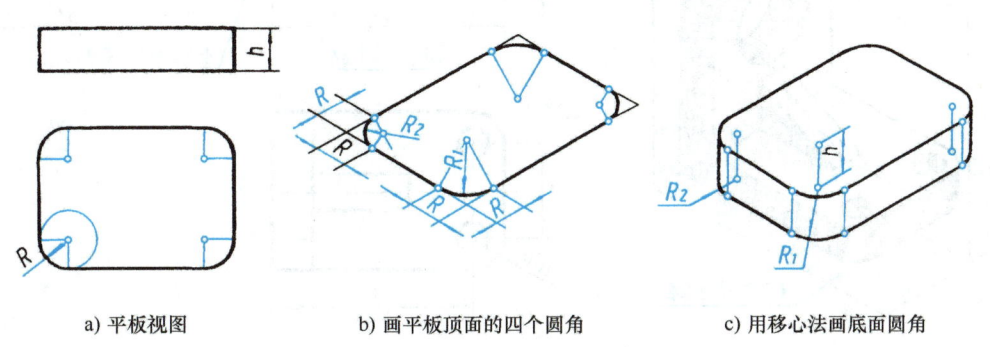

图 4-12 圆角正等轴测图画法

圆角的正等测画法

第三节 组合体的尺寸标注

视图只能表达物体的形状,而物体各部分的大小及相对位置则要通过尺寸来确定。标注组合体尺寸的要求:正确——尺寸注法符合国家标准规定(见第一章第三节);完整——所注尺寸不多、不少、不重复;清晰——尺寸标注在明显部位,排列整齐,便于看图。

一、尺寸种类

1. 定形尺寸⊖

确定组合体各组成部分的长、宽、高三个方向的尺寸即为定形尺寸。图 4-13a 所示支架是由底板、立板和肋板组成的,各部分的定形尺寸如图 4-14 所示:底板的定形尺寸为长 80、宽 54、高 14、圆孔直径 φ10 及圆弧半径 R10;立板的定形尺寸为长 15、宽 54、圆孔直径 φ32 和圆弧半径 R27;肋板的定形尺寸为长 35、宽 12 和高 20。

2. 定位尺寸

表示组合体各组成部分相对位置的尺寸即为定位尺寸。如图 4-13b 所示:左视图中的尺

⊖ 标注组合体的尺寸时,其各组成部分——各基本几何体,一般都需标注长、宽、高的尺寸;截交线是平面与体相交、相贯线是两体相交时自然形成的,因此截交线和相贯线及其投影,都不可直接标注尺寸。

寸 60 为立板上轴孔高度方向的定位尺寸；俯视图中的尺寸 70 和 34 分别为底板上两圆孔的长度和宽度方向的定位尺寸；因为立板与底板的前、后、右三面靠齐，肋板与底板的前后对称面重合，并和底板、立板相接触，位置已完全确定，所以无需注出其定位尺寸。

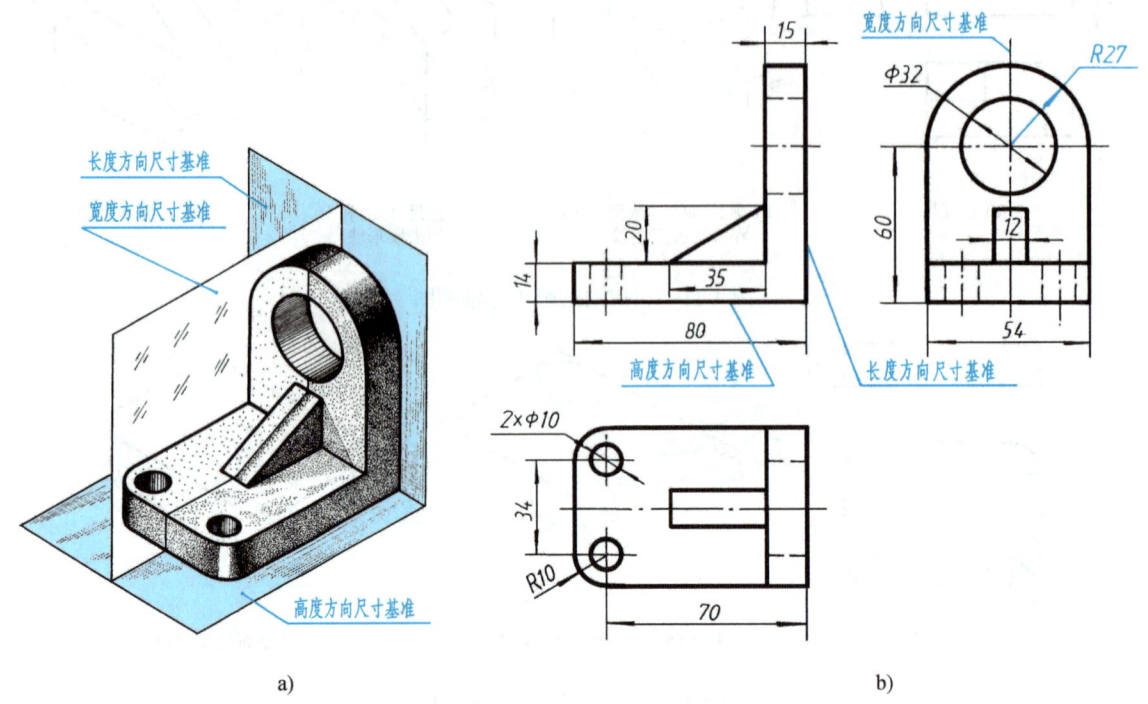

图 4-13 支架的尺寸分析

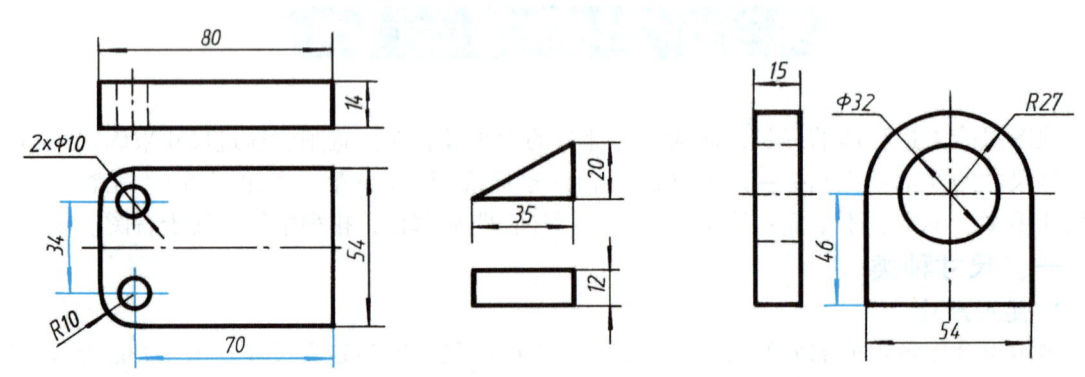

图 4-14 支架各组成部分的尺寸

3. 总体尺寸

表示组合体外形大小的总长、总宽和总高的尺寸即总体尺寸。如图 4-13b 所示，底板的长度 80 为支架的总长尺寸，底板的宽度 54 为支架的总宽尺寸，支架的总高尺寸由 60 和 R27 决定，支架的三个总体尺寸已全。在这种情况下，总高是不直接注出的，即组合体的一端或两端为回转体时，必须采取这种标注形式，否则就会出现重复尺寸。

二、尺寸基准

确定尺寸位置的几何元素，称为尺寸基准。因为组合体有长、宽、高三个方向的尺寸，所以每个方向至少应该有一个尺寸基准。一般可选择组合体的对称平面、底面、重要端面及回转体的轴线等，作为尺寸基准。基准选定后，组合体的主要尺寸一般就应从基准出发进行标注。如图 4-13b 所示，主、俯视图中的尺寸 80、70、15 都是从支架右侧面这个长度方向的尺寸基准出发标注的；以支架的前后对称面作为宽度方向的尺寸基准，标注了 54、34、12 这三个尺寸；以底板的底面作为高度方向的尺寸基准，标注了尺寸 60 和 14。

三、尺寸标注的基本要求

1. 尺寸标注必须完整

形体分析法也是标注尺寸的基本方法。因此，只要在形体分析的基础上，逐个地注出各组成部分的定形尺寸、它们之间的定位尺寸和总体尺寸，即可达到完整的要求。

2. 尺寸标注必须清晰

1）各基本形体的定形、定位尺寸不要分散，要尽量集中标注在反映该形体特征和明显反映各形体相对位置的视图上。

2）为了使图形清晰，应尽量将尺寸注在视图外面。与两视图有关的尺寸，最好注在两视图之间。

3）尽量避免将尺寸注在细虚线上。

4）同心圆的尺寸，最好注在非圆视图上。

具体标注尺寸时，一般应采取如下步骤：对组合体进行形体分析→确定尺寸基准→标注定形尺寸→标注定位尺寸→标注总体尺寸→检查。

微课：看组合体视图的方法

第四节　看组合体视图的方法

通过第二章中"识读一面视图"的学习，我们已经初步掌握了看图要领和看图方法，如一面视图表达物体形状的不确定性、线框的含义、构形的思维方法和按物体的组成分步看图等。本节将在此基础上，深入讨论带有交线的组合体看图题，并以练为主，进一步熟悉看图要领，掌握看图方法，丰富空间想象力，提高看图技能。

一、看图是画图的逆过程

图 4-15 和图 4-16 两个直观图分别示出了画图与看图之间的关系。仔细分析发现，画图与看图的过程正好相反。

由此可见，看图是画图的逆过程。也就是说，看图的实质，就是通过这种正向、逆向反复交叉的思维活动，经过分析、判断、想象，在头脑中呈现物体立体形象的过程。

二、看图的方法和步骤

1. 形体分析法

形体分析法是看组合体视图的基本方法。形体分析法的着眼点是"体"，即组成物体的各基本体，如柱、锥、球、环等；核心是"分部分"即按"一个线框表示一个体"的含义，将组成物体的各个基本体分解出来，并将其加以综合，想象出物体的整体形状。

例 4-5 看轴承座的三视图(图 4-17)。

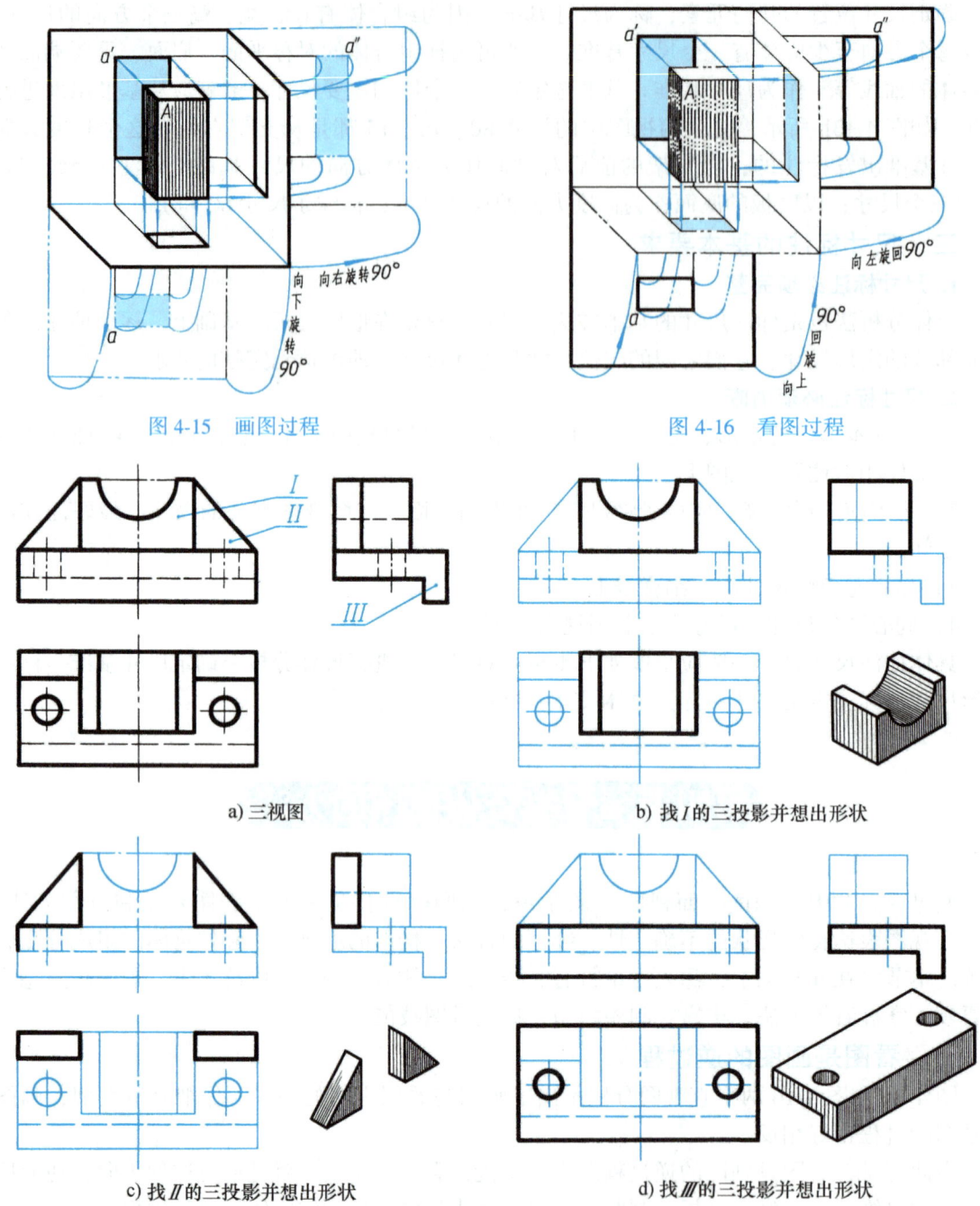

图 4-15　画图过程　　　　　　图 4-16　看图过程

图 4-17　运用形体分析法看图

看图步骤如下：

(1) 抓住特征分部分　通过分析可知，主视图较明显地反映了形体 Ⅰ、Ⅱ 的特征，而左视图则较明显地反映了形体 Ⅲ 的特征。据此，该轴承座可大体分为三部分(图 4-17a)。

(2) 对准投影想形状　形体 Ⅰ、Ⅱ 从主视图出发、形体 Ⅲ 从左视图出发，依据"三等"规律分别在其他视图上找出对应的投影，如图 4-17b~d 中的粗实线所示，然后经旋转归位即可想出各组成部分的形状,如图 4-17b~d 中的轴测图所示。

(3) 综合起来想整体 将各部分形体按其相对位置加以组合,即可想象出该体的整体形状,如图 4-18 所示。

应该指出,"分部分"通常应从主视图入手,但物体上每一组成部分的特征并非总是全部集中在主视图上,因此,在抓住特征"分部分"时,无论哪个视图或视图中的哪个部位,只要其形状特征明显,就应从那里入手(图 4-18),而能够看懂的部分则没有必要细分。

此外,看图时应先看主要部分,后看次要部分;先看容易确定的部分,后看难以确定的部分,先看大体形状,后看细部形状。

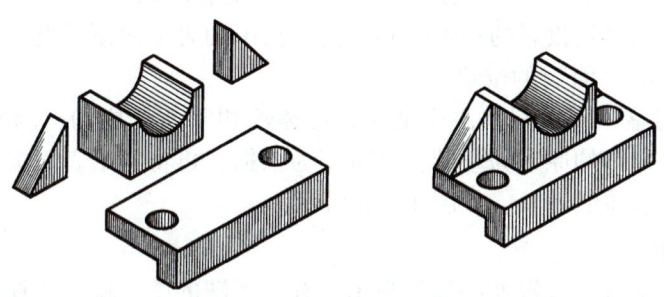

图 4-18 轴承座的轴测图

2. 线面分析法

将物体的表面进行分解,弄清各个表面的形状和相对位置的分析方法,称为线面分析法。

运用线面分析法看图,其实质就是以线框分析为基础,通过分析"面"的形状和位置来想象物体的形状。线面分析法常用于分析视图中局部投影复杂之处,将它作为形体分析法的补充。但在看切割体的视图时,主要利用线面分析法。

例 4-6 看懂图 4-19a 所示的三视图。

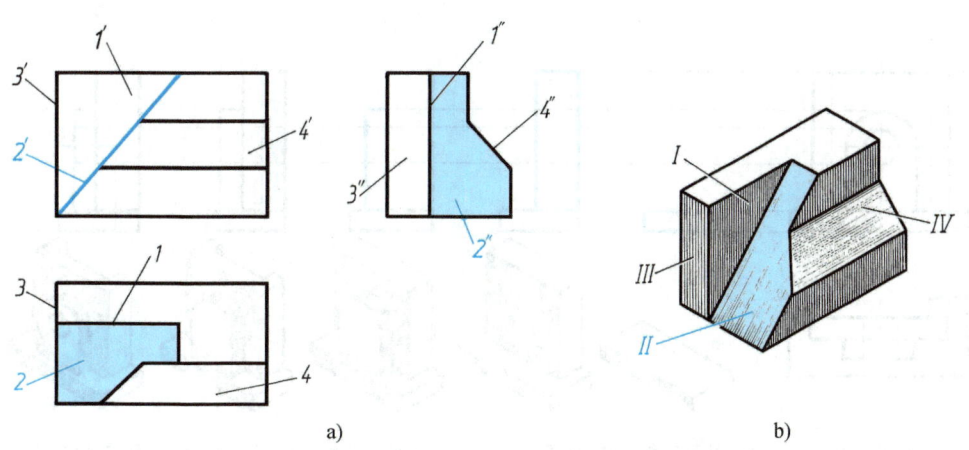

图 4-19 利用线面分析法看图

粗略一看便知,该体的原始形状为长方体,它经多个平面切割而成,属于切割体,采用线面分析法看图为宜。

线面分析法的着眼点是"面"。看图时，一般可采用以下步骤：

（1）分线框，定位置 在视图中"分线框、定位置"是为了识别"面"的形状和空间位置。凡"一框对两线"，则表示投影面平行面；"一线对两框"，则表示投影面垂直面；"三框相对应"，则表示一般位置平面。熟记其特点，便可以很快地识别出面的形状和空间位置。

分线框可从平面图形入手，如从三角形 *1′* 入手，找出对应投影 *1* 和 *1″*（一框对两线，表示 Ⅰ 为正平面）；也可从视图中较长的"斜线"入手，如从 *2′* 入手，找出 *2* 和 *2″*（一线对两框，表示 Ⅱ 为正垂面）。同样，从长方形 *3″* 入手，找出 *3* 和 *3′*（表示侧平面），从斜线 *4″* 入手，找出 *4* 和 *4′*（表示侧垂面）。其中，尤其应注意视图中的长斜线（特征明显），它们一般为投影面垂直面的投影，抓住其投影的积聚性和另两面投影均为平面原形类似形的特点，便可很快地分出线框，判定出"面"的位置。

（2）综合起来想整体 切割体往往是由几何体经切割而形成的，因此，在想象整个物体的形状时，应以几何体的原形为基础，以视图为依据，再将各个表面按其相对位置综合起来，即可想象出整个物体的形状，如图 4-19b 所示。

三、看图举例

在看图练习中，常常要求根据已知的视图，补画所缺的第三视图或补画视图中所缺的图线，这是培养和检验看图能力的两种有效方法。下面，将举例说明"补图"和"补线"的方法和步骤。

1. 由两视图补画第三视图

补画所缺的第三视图，可以先将已知的两视图看懂再补画，也可以边看、边想、边画。作图时，要按物体的组成，先"大"后"小"一部分一部分地补画，看懂一处，补画一处。整个视图补完后，再与给出的两视图相对照，去掉多线，补出漏线（尤其要注意相邻两形体间表面接触处的画法），直至完成。

例 4-7 根据主、俯视图（图 4-20a），补画左视图。

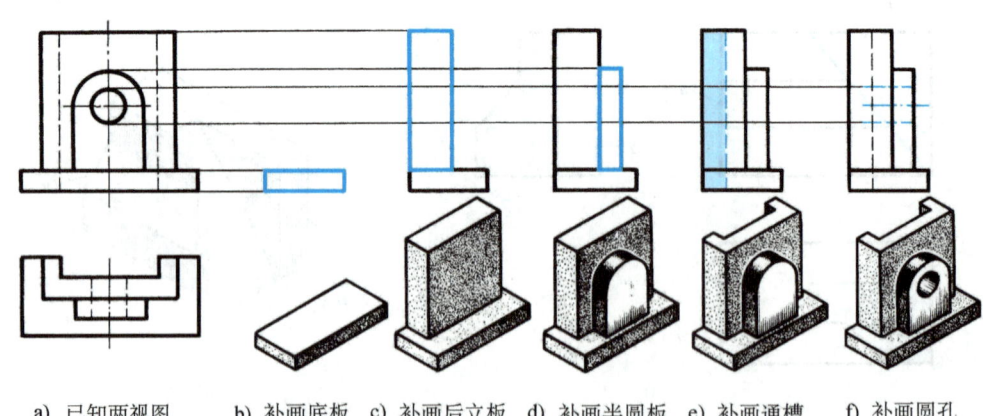

a) 已知两视图　　b) 补画底板　c) 补画后立板　d) 补画半圆板　e) 补画通槽　f) 补画圆孔

图 4-20 由已知两视图补画第三视图的步骤

根据主、俯视图，经过线框分析可以看出，该物体是由底板、前半圆板和后立板叠加起来后，又切去一个通槽、钻一个通孔而形成的。

其具体作图步骤如图 4-20b、c、d、e、f 所示。

例 4-8 由图 4-21 所示的两视图，补画左视图。

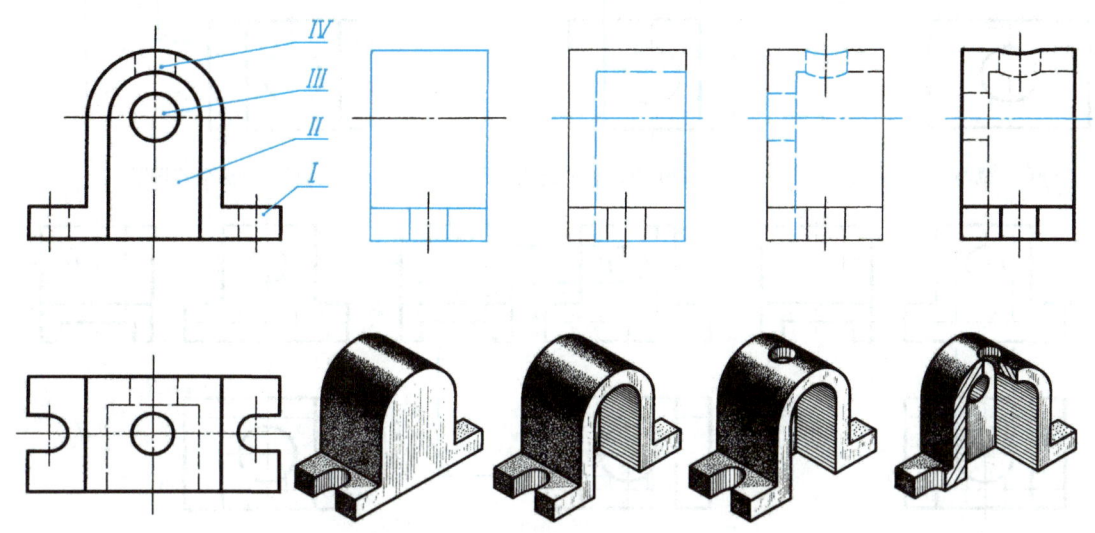

a) 已知主、俯视图，补画左视图　　b) 补画出形体 Ⅰ 的左视图　　c) 补画出形体 Ⅱ 的左视图　　d) 补画出形体 Ⅲ、Ⅳ 的左视图　　e) 综合想整体，完成左视图

图 4-21　根据主、俯视图补画左视图的步骤

由主、俯视图中两个外轮廓线框的投影对应关系看出，该体是由两端开槽的底板和与其左右对称、前后共面的拱形柱两大部分叠加而成的，补画出的左视图如图 4-21b 所示，图 4-21c 则表示在拱形柱的前部分开出一个较深的拱形槽，直至底板的底面；此外，在拱形柱的上部和后端部各钻出一个小圆孔，如图 4-21d 所示。可见，左视图就是按主视图上划分出的线框所表示的"体"分步画出的。完成后的左视图和整个物体的形状如图 4-21d 所示（图 4-21e 所示为其轴测剖视图）。

2. 补画视图中所缺的图线

补画视图中所缺的图线，应从反映物体形状、位置特征最明显的部位入手，按部分对投影，若发现缺线就应立即补画，要勤于下笔。因为补出的缺线越多，物体的形象就越清晰，越容易发现新的缺线。补完缺线之后，再将想象出的物体与三视图相对照，若感到有"不得劲"的地方（往往缺线），还须再推敲、修正，直至完成。

例 4-9 补画图 4-22a 所示三视图中所缺的图线。

补画缺线的具体步骤如下：

如图 4-22a 所示，由三个视图的外形线框可看出，该体是由底板和立在中间的四棱柱两大部分叠加而成的，两体的前表面平齐，其接合处不画线。

如图 4-22b 所示，主视图中两体的左右表面都不平齐，其接合处应画出交线的投影（见俯视图和左视图）。

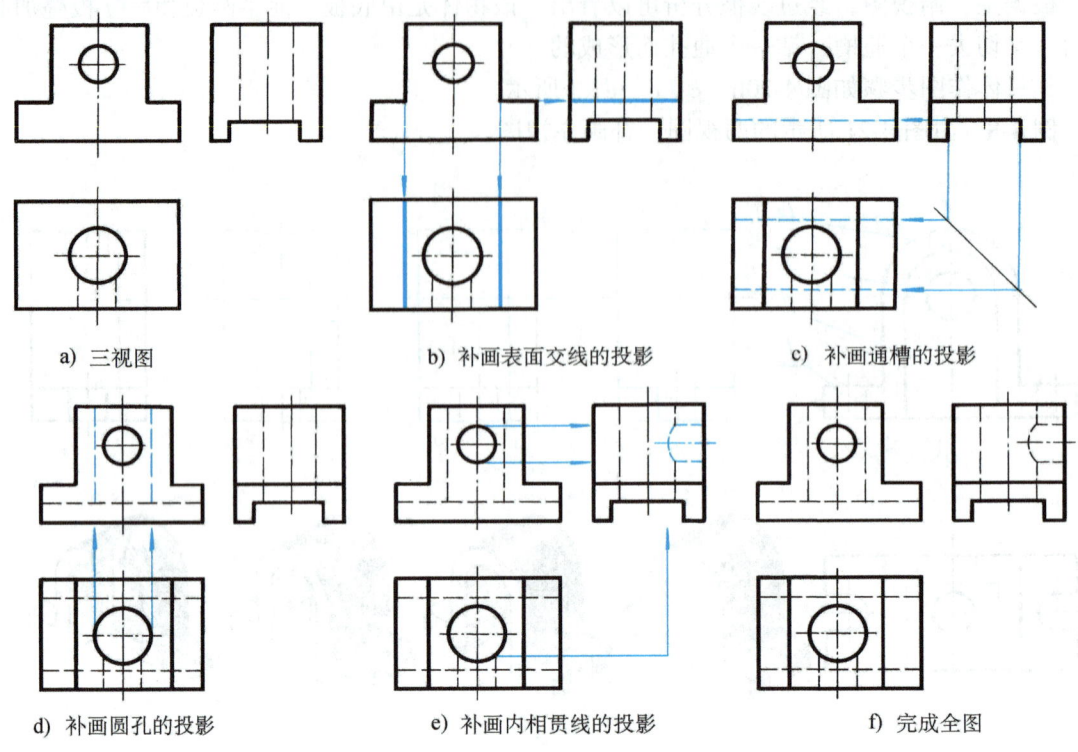

a) 三视图　　　　b) 补画表面交线的投影　　　　c) 补画通槽的投影

d) 补画圆孔的投影　　　　e) 补画内相贯线的投影　　　　f) 完成全图

图 4-22　补画缺线的步骤

如图 4-22c 所示，通槽在左视图中特征很明显。据此，在主视图和俯视图中应补画出对应的投影。

如图 4-22d 所示，补画出圆孔在主视图中的投影。

如图 4-22e 所示，在左视图中补画小圆孔和内相贯线的投影，即完成作图。整个物体的形状如图 4-23 所示。

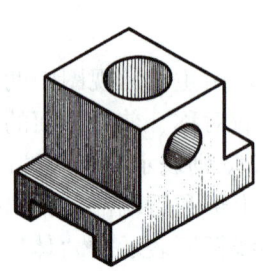

图 4-23　物体的立体图

第五章 机件的表达方法

在生产实际中，机件的形状千变万化，其结构有简有繁。为了完整、清晰、简便、规范地将机件的内外形状结构表达出来，国家标准《技术制图》与《机械制图》中规定了各种画法，如视图、剖视图、断面图、局部放大图、简化画法等，本章将介绍其中的主要内容。

第一节 视 图

微课：
视图

视图（GB/T17451—1998、GB/T4458.1—2002）主要用来表达机件的外部结构和形状，一般只画出机件的可见部分，必要时才用细虚线表达其不可见部分。

视图的种类通常有基本视图、向视图、局部视图和斜视图四种。

一、基本视图

基本视图是机件向基本投影面投射所得的视图。在原有三个投影面的基础上，再增设三个投影面，构成一个正六面体，这六个面称为基本投影面。将机件放在正六面体内，分别向各基本投影面投射，所得的视图即为基本视图。除了前述的三视图外，还有从右向左投射所得的右视图，从下向上投射所得的仰视图，以及从后向前投射所得的后视图。

六个基本投影面的展开方法如图 5-1 所示。

六个基本视图的配置关系如图 5-2 所示。在同一张图纸内照此配置视图时，可不标注视图名称。

如图 5-2 所示，六个基本视图之间仍符合"长对正、高平齐、宽相等"的投影规律。除后视图外，各视图的里侧（靠近主视图的一侧）均表示机件的后面；各视图的外侧（远离主视图的一侧）均表示机件的前面。

二、向视图

向视图是可以自由配置的视图。

为了便于读图，向视图必须进行标注，即在向视图的上方标注"×"（"×"为大写拉丁字母），在相应视图的附近用箭头指明投射方向，并标注相同的字母，如图 5-3 所示。

三、局部视图

当只需表示机件上某一部分的形状时，可不必画出完整的基本视图，而只把该部分的局部结构向基本投影面投射即可。

六个基本
投影面

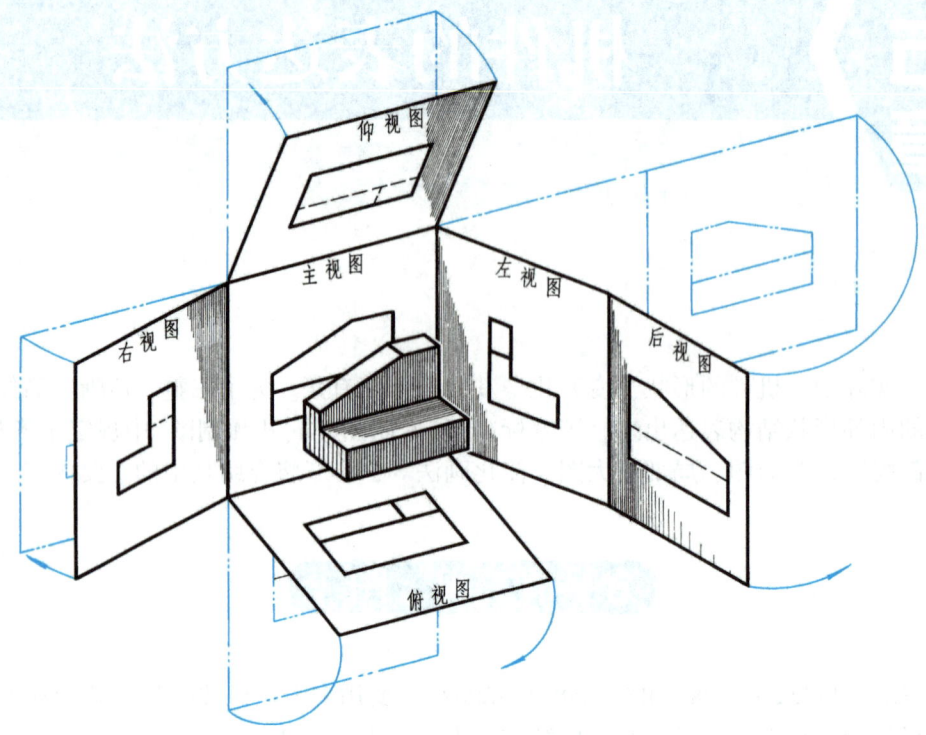

图 5-1 六个基本投影面的展开方法

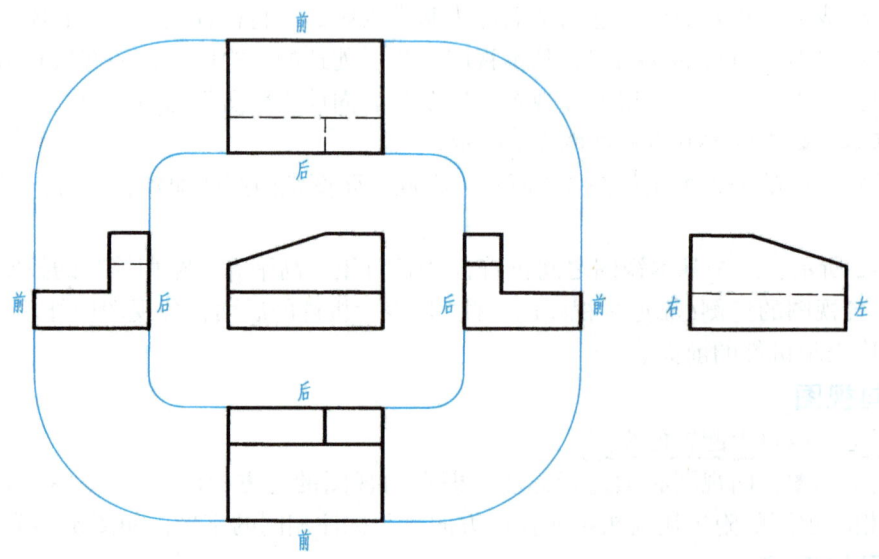

图 5-2 六个基本视图的配置关系

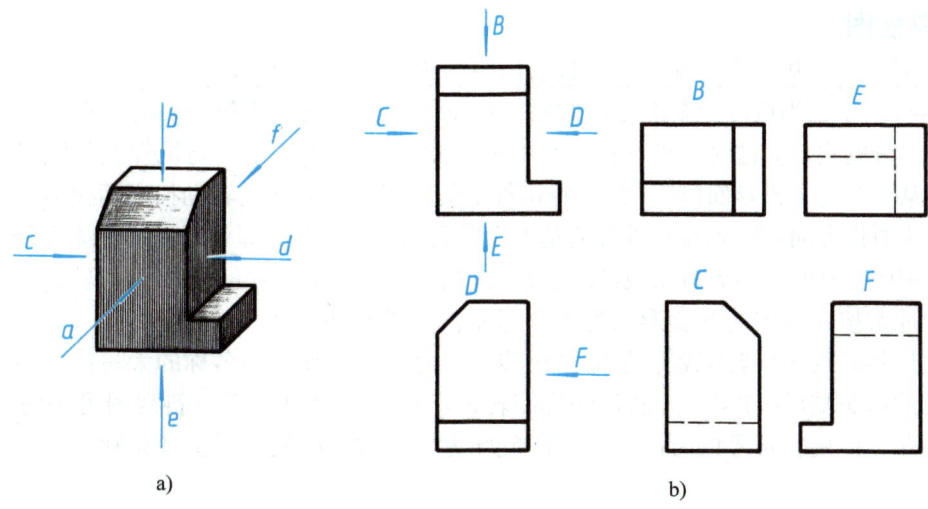

图 5-3 向视图示例

这种将机件的某一部分向基本投影面投射所得的视图,称为局部视图。

如图 5-4 所示的压紧杆,除完整的主视图外,图 5-4b 中的俯视图只画出其中的一部分,右视图只画出反映凸台的部分图形,采用了两个局部视图代替俯、右两个基本视图,即将圆筒及其凸台等部分的形状完整、简明地表示出来,既避免了重复,看图、画图又都很方便。

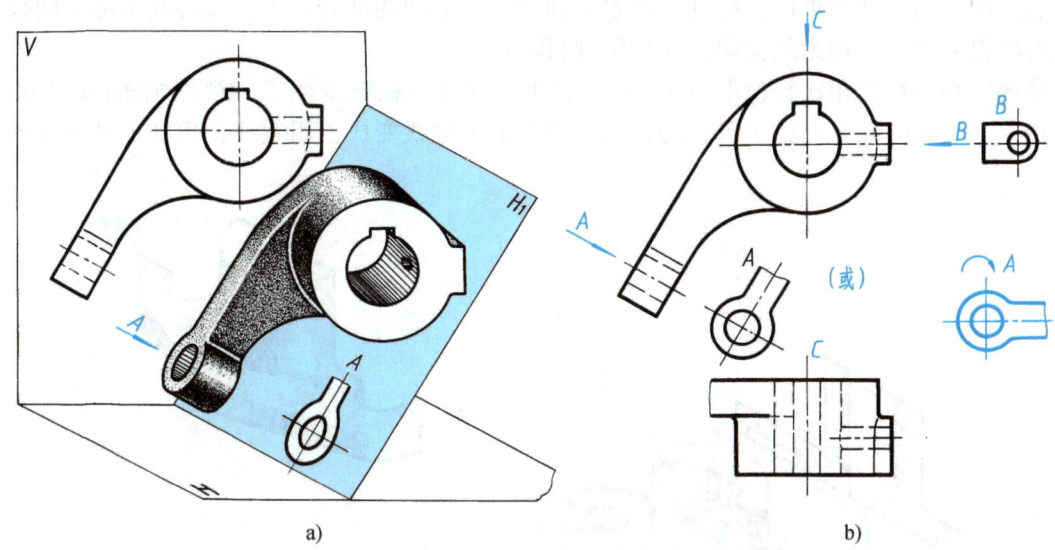

图 5-4 局部视图与斜视图

局部视图的配置形式通常有以下两种:

1)可按基本视图的形式配置如图 5-4b 中的俯视图。当局部视图按投影关系配置,中间又没有其他图形隔开时,可省略标注。

2)可按向视图的形式配置如图 5-4b 中 B 向局部视图。

局部视图的表达形式通常有以下两种:

1)局部视图的断裂边界以波浪线(或双折线)表示,如图 5-4b 中的俯视图。

2)若表示的局部结构是完整的,且外形轮廓为封闭状态,则波浪线可省略不画,如图 5-4b 中的 B 向局部视图。

四、斜视图

机件向不平行于基本投影面的平面投射所得的视图，称为斜视图。

如图 5-4a 所示，当机件上某部分的倾斜结构不平行于任何基本投影面时，在基本视图中不能反映该部分的实形。这时，可选择一个新的辅助投影面 H_1，使它与机件上的倾斜部分平行且垂直于某一个基本投影面(V)。然后将机件上的倾斜部分向新的辅助投影面投射，再将新投影面按箭头所指方向旋转到与其垂直的基本投影面重合的位置，即可得到反映该部分实形的视图，即斜视图，其断裂边界可用波浪线(或双折线)表示，如图 5-4b 中的 A 向视图。

斜视图通常按向视图的配置形式配置并标注，如图 5-4b 中的 A 向视图。

必要时，允许将斜视图旋转配置，但需画出旋转符号；表示该视图名称的大写拉丁字母应靠近旋转符号的箭头端(图 5-4b)，也允许将旋转角度标注在字母之后。斜视图可顺时针旋转或逆时针旋转，但旋转符号的方向要与实际旋转方向一致，以便于看图者识别。

第二节　剖　视　图

一、剖视图（GB/T17452—1998、GB/T4458.6—2002）

假想用剖切面剖开机件，将处在观察者和剖切面之间的部分移去，而将其余部分向投影面投射所得的图形，称为剖视图，简称剖视(图 5-5)。

将视图与剖视图相比较(图 5-6)，可以看出，因为主视图采用了剖视的画法(图 5-6b)，将机件上不可见的部分变成了可见的，图中原有的细虚线变成了粗实线，再加上剖面线的作

剖视图的形成

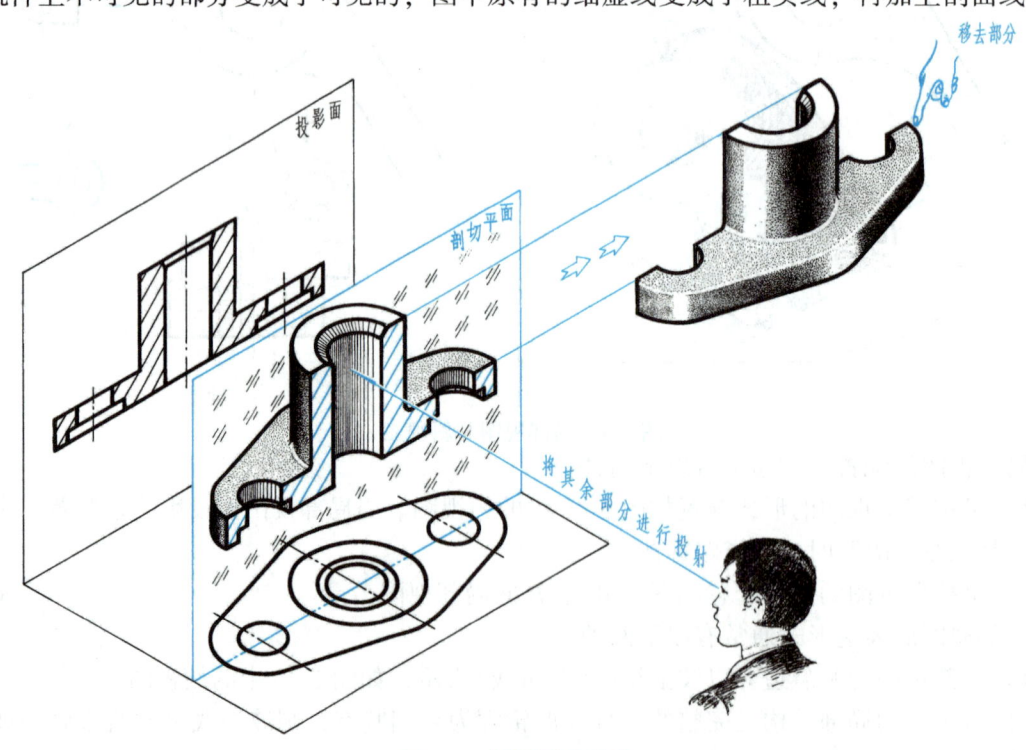

图 5-5　剖视图的形成

用,所以使机件内部结构形状的表达既清晰,又有层次感。同时,画图、看图和标注尺寸也都更为简便。

画剖视图时,应注意以下几点(参看图5-6):

1) 因为剖切是假想的,并不是真把机件切开并拿走一部分,所以,当一个视图取剖视后,其余视图一般仍按完整机件画出。

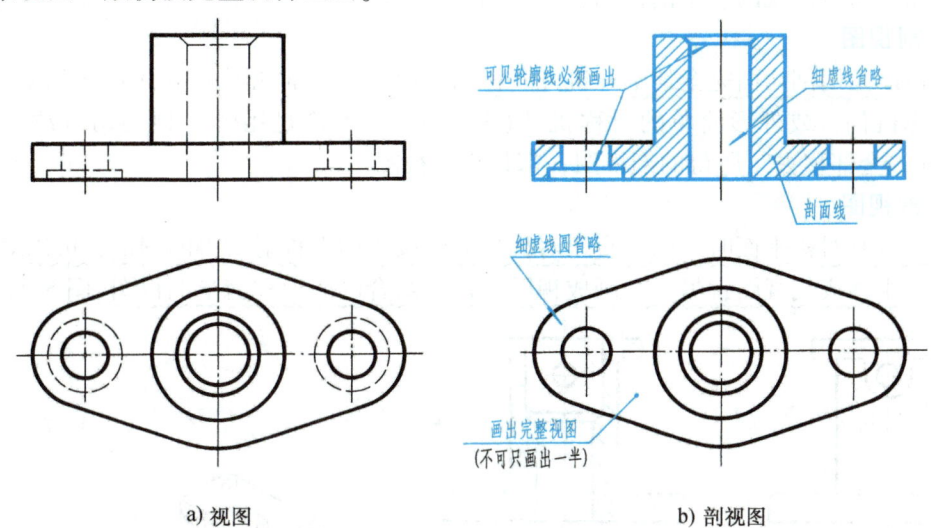

图 5-6 视图与剖视图的比较

2) 剖切面与机件的接触部分,应画上剖面线。各种材料的剖面符号见表5-1。金属材料的剖面线用平行的细实线绘制,最好与主要轮廓线或剖面区域的对称线成45°角。应注意:**同一机件在各个剖视图中,其剖面线的画法均应一致**(间距相等、方向相同)。

表 5-1 材料的剖面符号

材料类别	图例	材料类别	图例	材料类别	图例
金属材料(已有规定剖面符号者除外)		型砂、填砂、粉末冶金、砂轮、陶瓷刀片、硬质合金刀片等		木材纵断面	
非金属材料(已有规定剖面符号者除外)		钢筋混凝土		木材横断面	
转子、电枢、变压器和电抗器等的叠钢片		玻璃及供观察用的其他透明材料		液体	
线圈绕组元件		砖		木质胶合板(不分层数)	
混凝土		基础周围的泥土		格网(筛网、过滤网等)	

3）为使图形清晰，剖视图中看不见的结构形状，在其他视图中已表示清楚时，其细虚线可省略不画（但对尚未表达清楚的内部结构形状，其细虚线不可省略）。

4）在剖切面后面的可见轮廓线，应全部画出，不得遗漏。

二、剖视图的种类

剖视图分为全剖视图、半剖视图和局部剖视图三种。

1. 全剖视图

全剖视图是用剖切面完全地剖开机件所得的剖视图。全剖视图主要用于表达内部形状复杂的不对称机件，或外形简单的对称机件（图 5-6b）。不论是用哪一种剖切方法，只要是"完全剖开，全部移去"所得的剖视图，都是全剖视图。

2. 半剖视图

当机件具有对称平面时，向垂直于对称平面的投影面上投射所得的图形，可以对称中心线为界，一半画成剖视图，另一半画成视图，这种组合的图形称为半剖视图（图 5-7）。

半剖视图的概念

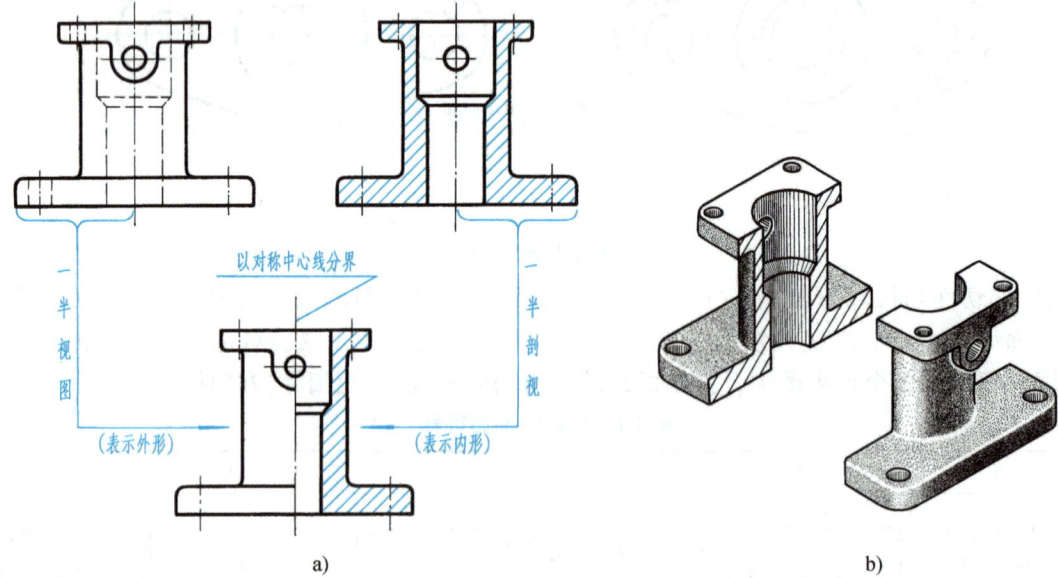

图 5-7 半剖视图的概念

半剖视图的优点在于，一半（剖视图）能够表达机件的内部结构，而另一半（视图）可以表达外形，由于机件是对称的，很容易据此想象出整个机件的内外结构形状（图 5-7a、图 5-8）。

画半剖视图时，应强调以下两点：

1）半个视图与半个剖视图以细点画线为界。

2）在半个剖视图中已表达清楚的内部结构，在另一半视图中表示该部分结构的细虚线不画。

3. 局部剖视图

用剖切面局部地剖开机件所得的剖视图，称为局部剖视图（图 5-9）。

局部剖视图具有同时表达机件内外结构的优点，且不受机件是否对称的限制，在什么位置剖切、剖切范围多大，均可根据需要而定，因此应用比较广泛。

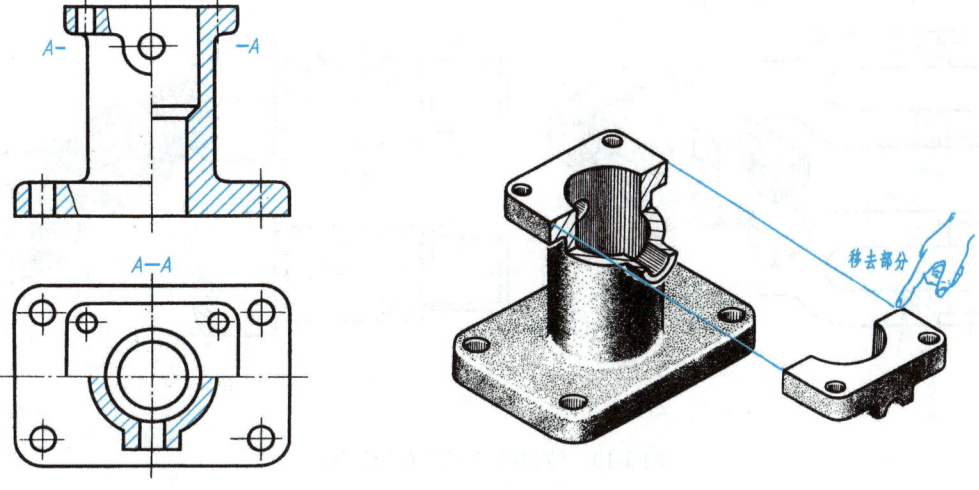

图 5-8 半剖视图

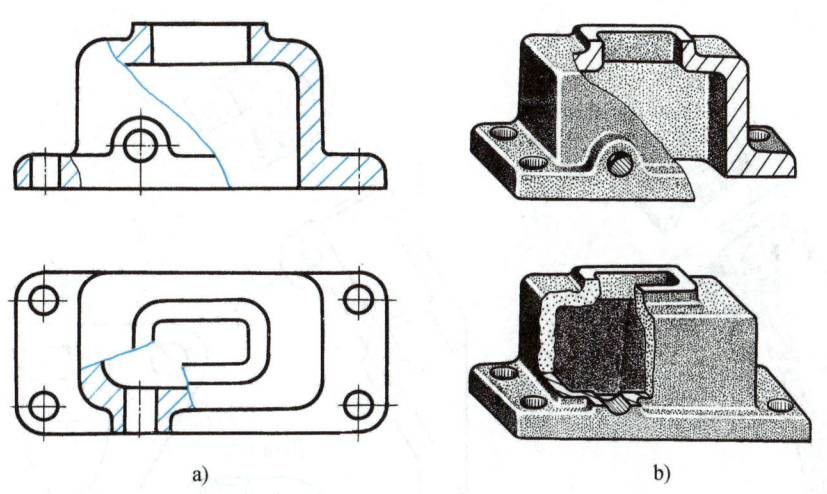

局部剖视图

图 5-9 局部剖视图

画局部剖视图时，应注意以下两点：

1）在一个视图中，局部剖的次数不宜过多，否则就会显得零乱甚至影响图形的清晰度。

2）视图与剖视图的分界线（波浪线）不能超出视图的轮廓线，不应与轮廓线重合或画在其他轮廓线的延长位置上，也不可穿空（孔、槽等）而过，其正误对比图例如图 5-10 所示。

三、剖切面的种类

剖视图能否清晰地表达机件的结构形状，剖切面的选择是很重要的。剖切面共有三种，运用其中任何一种都可得到全剖视图、半剖视图和局部剖视图。在剖视图中，剖切面需用剖切线或剖切符号表示。

剖切线——指示剖切面位置的线（细点画线）。

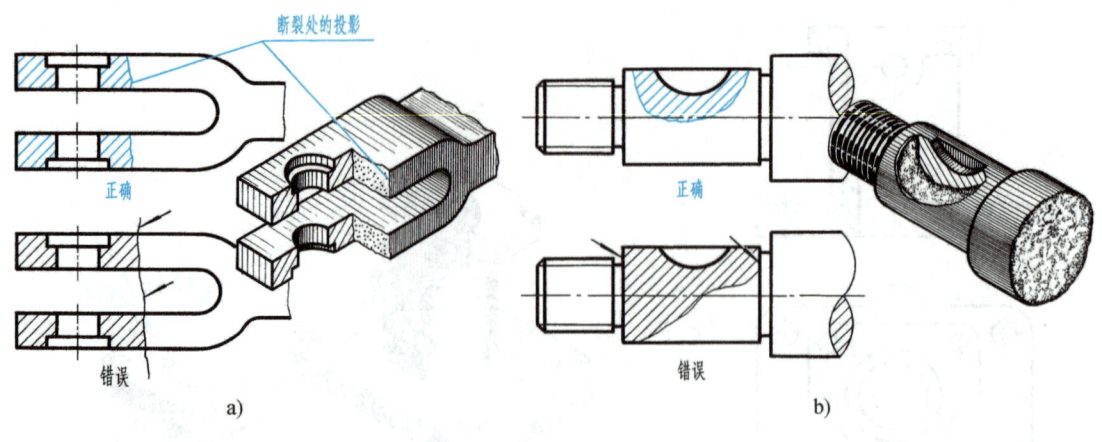

图 5-10　波浪线的正误对比图例

剖切符号——指示剖切面起、讫和转折位置（用粗短画线表示）及投射方向（用箭头表示）的符号，如图 5-11~图 5-14 所示。

单一斜剖切平面获得的全剖视图

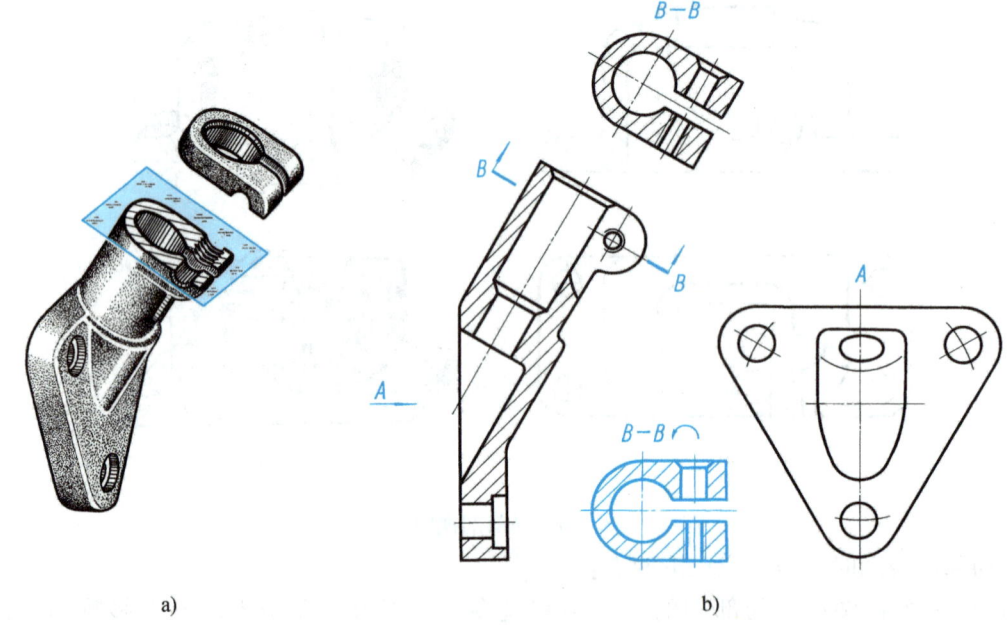

图 5-11　单一斜剖切平面获得的全剖视图

1. 单一剖切面

（1）单一剖切平面　单一剖切平面（平行于基本投影面）是画剖视图时最常用的一种。

本节中前面的图例，无论全剖视图、半剖视图或局部剖视图，它们都是采用单一剖切平面获得的，请读者自行分析。

（2）单一斜剖切平面　单一斜剖切平面的特征是不平行于任何基本投影面，用它来表达机件上倾斜部分的内部结构形状。图 5-11 所示"B—B"即为用单一斜剖切平面剖切获得的全剖视图。

画这种剖视图时，通常按向视图（或斜视图）的配置形式配置并标注。一般按投影关系配置在与剖切符号相对应的位置上（也可平移到其他适当地方）；在不致引起误解的情况下，也允许将图形旋转，如图 5-11 所示。

2. 几个平行的剖切平面

当机件上的几个欲剖部位不处在同一个平面上时，可采用这种剖切方法。几个平行的剖切平面可能是两个或两个以上，各剖切平面的转折处必须是直角，如图 5-12b、c 所示。

画这种剖视图时，应注意以下两点：

1）图形内不应出现不完整要素（图 5-12a）。若在图形内出现不完整要素时，应适当调整剖切平面的位置，如图 5-12b 所示。

2）采用几个平行的剖切平面剖开机件所绘制的剖视图，规定要表示在同一个图形上，因此不能在剖视图中画出各剖切平面的交线，如图 5-12a 所示。图 5-12b 所示为正确画法。

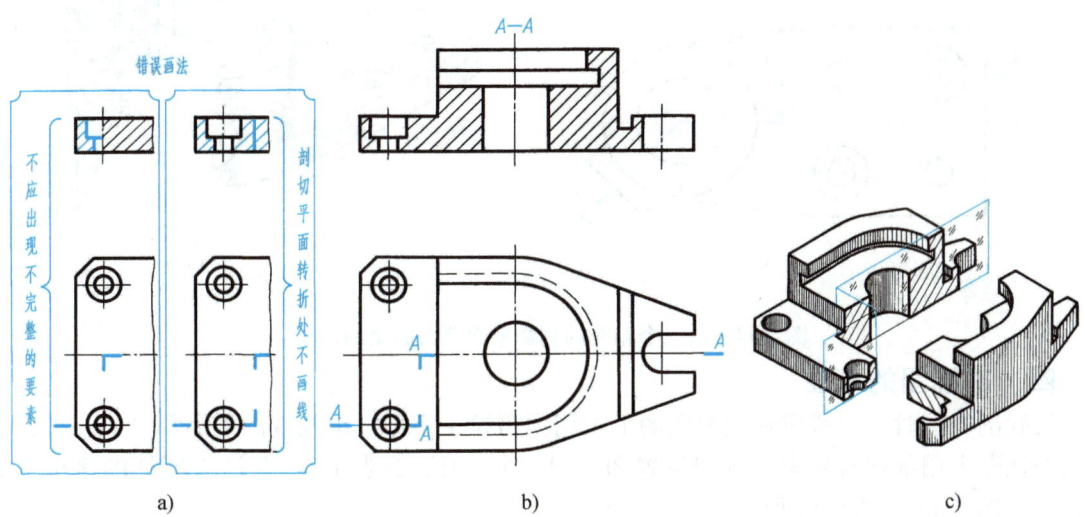

几个平行的剖切平面获得的全剖视图

图 5-12 几个平行的剖切平面获得的全剖视图

3. 几个相交的剖切平面（交线垂直于某一投影面）

画这种剖视图，先假想按剖切位置剖开机件，然后将被剖切平面剖开的结构及其有关部

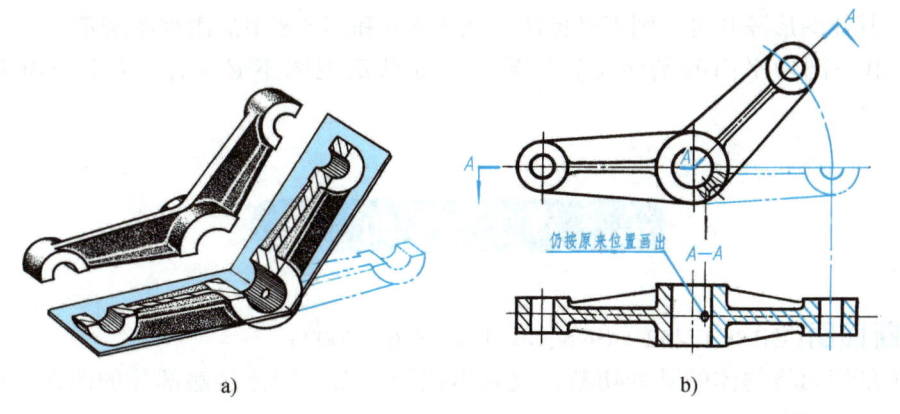

相交剖切面

图 5-13 两个相交的剖切平面获得的全剖视图

分旋转到与选定的投影面平行后再进行投射，如图 5-13 所示（两平面交线垂直于正面）。

画图时应注意：在剖切平面后的其他结构，应按原来的位置投射，如图 5-13 中的油孔。

如图 5-14a 所示的剖视图，它是由两个与投影面平行和一个与投影面倾斜的剖切平面剖切的（图 5-14b），此时，由倾斜剖切平面剖切到的结构，应旋转到与投影面平行后再进行投射。

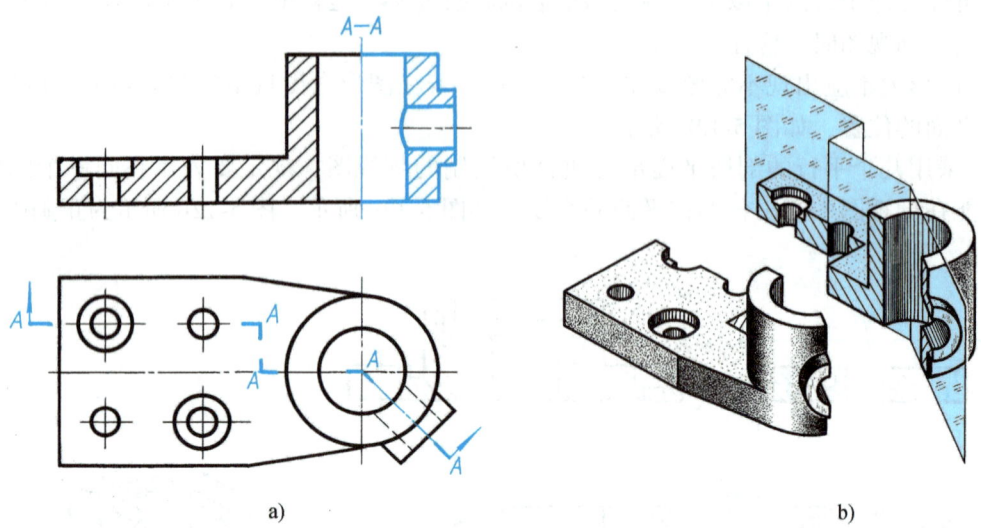

图 5-14　由三个相交的剖切平面获得的全剖视图

四、剖视图的标注

绘制剖视图时，一般应在剖视图的上方用大写拉丁字母标出剖视图的名称"×—×"，在相应的视图上用剖切符号表示剖切位置和投射方向（用箭头表示），并注上同样的字母，如图 5-11、图 5-13 和图 5-14 所示。

以下一些情况可省略标注或不必标注：

1）当剖视图按投影关系配置，中间又没有其他图形隔开时，可省略箭头，如图 5-8 和图 5-12 所示。

2）当单一剖切平面通过机件的对称平面或基本对称平面，且剖视图按投影关系配置，中间又没有其他图形隔开时，则不必标注，如图 5-6 和图 5-8 中的主视图所示。

3）当单一剖切平面的剖切位置明确时，局部剖视图不必标注，如图 5-9 和图 5-10 所示。

第三节　断　面　图

一、断面图（GB/T 17452—1998、GB/T 4458.6—2002）

假想用剖切面将物体的某处切断，仅画出该剖切面与物体接触部分的图形，称为断面图，可简称断面（图 5-15）。

断面图，实际上就是使剖切平面垂直于结构要素的中心线（轴线或主要轮廓线）进行剖切，然后将断面图形旋转90°，使其与纸面重合而得到的，如图5-15所示。该图中的轴，在主视图上表明了键槽的形状和位置，键槽的深度虽然可用视图或剖视图来表达，但通过比较不难发现，用断面表达，图形显得更清晰、简洁，同时也便于标注尺寸。

二、断面图的种类

1. 移出断面

画在视图之外的断面，称为移出断面。移出断面的轮廓线用粗实线绘制（图5-15）。

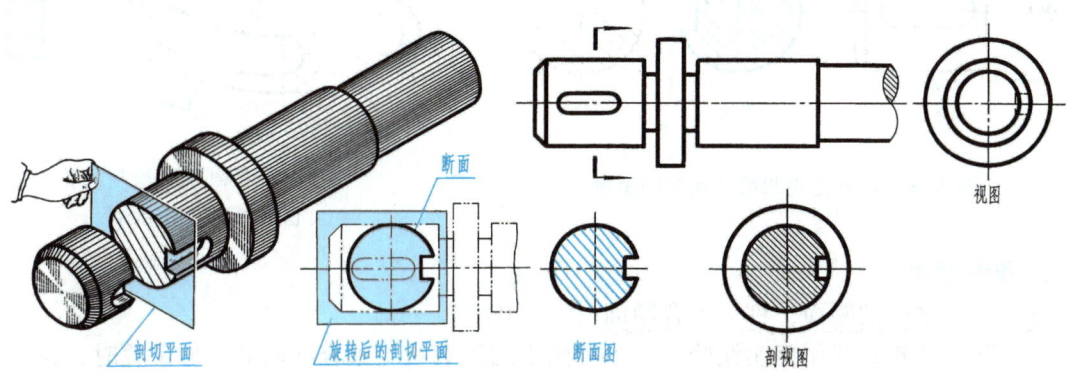

图5-15　断面图的形成及其与视图、剖视图的比较

移出断面通常按以下原则绘制和配置：

1）移出断面可配置在剖切符号的延长线上（图5-15），或剖切线的延长线上（图5-17）。

2）移出断面的图形对称时，也可画在视图的中断处（图5-16）。

3）由两个或多个相交的剖切平面剖切所得出的断面图，中间一般应断开（图5-17）。

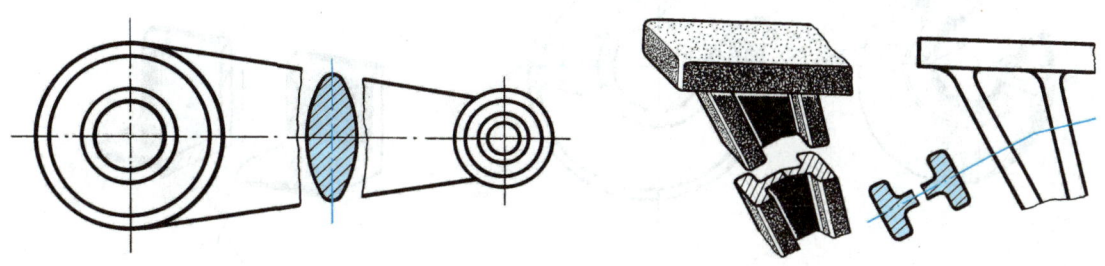

图5-16　移出断面图的配置示例（一）　　图5-17　移出断面图的配置示例（二）

画移出断面图时，应注意以下两点：

1）当剖切面通过回转而形成的孔或凹坑的轴线时，这些结构按剖视图要求绘制，如图5-18所示。

2）当剖切平面通过非圆孔，会导致出现完全分离的剖面区域时，则这些结构按剖视图要求绘制，如图5-19所示。

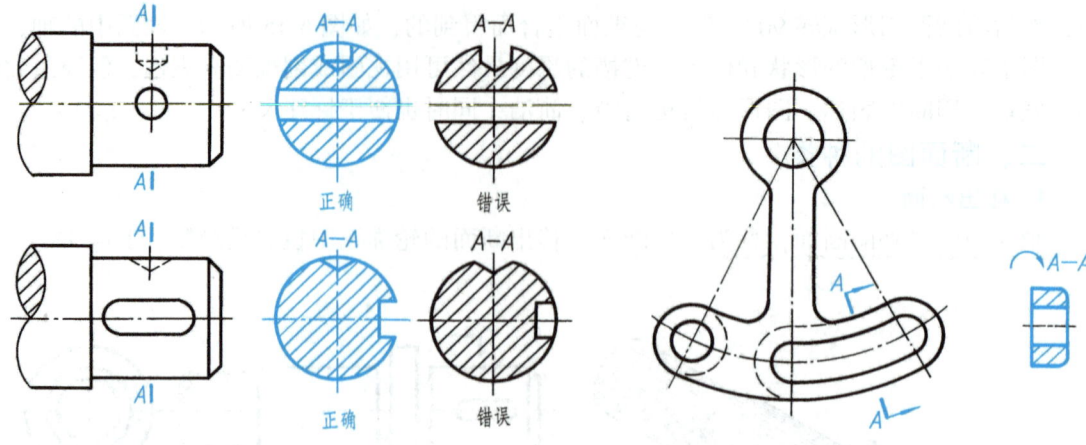

图 5-18 带有孔或凹坑的断面图示例

图 5-19 按剖视图绘制的非圆孔的断面图示例

2. 重合断面

画在视图之内的断面，称为重合断面（图 5-20）。

重合断面的轮廓线用细实线绘制。当视图中的轮廓线与重合断面的图形重叠时，视图中的轮廓线仍应连续画出，不可间断（图 5-20b）。

重合断面图示例

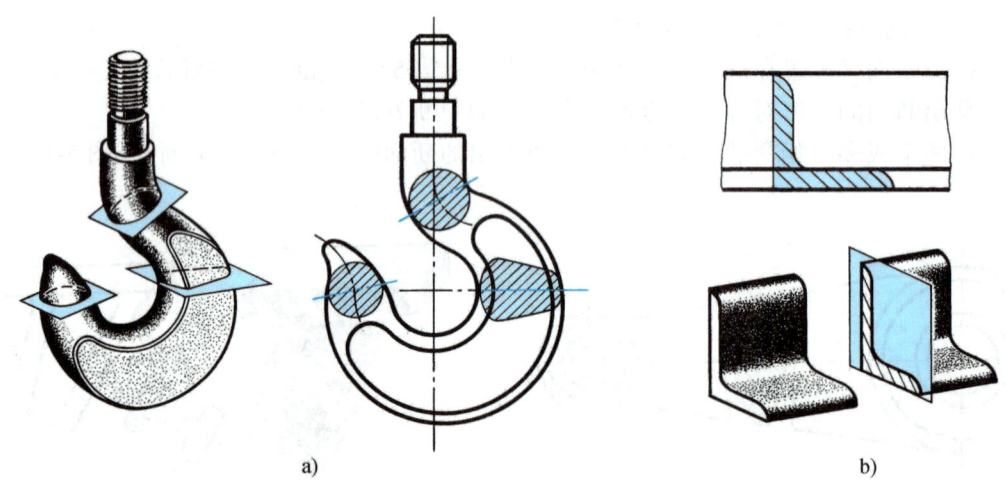

a)　　　　　　　　　　　　　　　b)

图 5-20 重合断面图示例

三、断面图的标注

1）移出断面一般应用剖切符号表示剖切位置和投射方向（用箭头表示），并注上大写拉丁字母，在断面图的上方，用同样的字母标出相应的名称，如图 5-21 中的 B—B。

2）画在剖切符号延长线上的不对称移出断面，要画出剖切符号和箭头，不必注写字母，如图 5-15 所示。

3）对称的重合断面，及画在剖切平面延长线上的对称移出断面，均不必标注，如图

5-20a、图 5-21 左图所示。不对称的重合断面可省略标注,如图 5-20b 所示。

4)不配置在剖切符号延长线上的对称移出断面(图 5-21 中的 A—A),以及按投影关系配置的移出断面(图 5-21 中的 C—C),一般不必标注箭头。

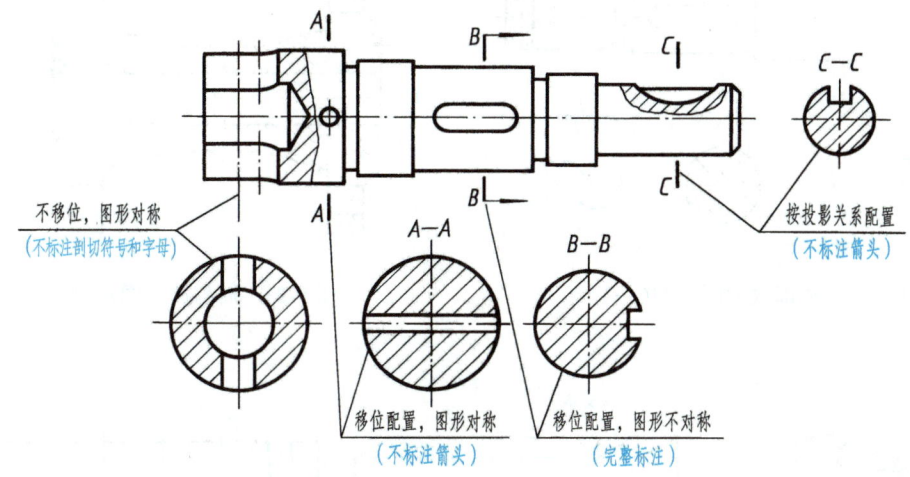

图 5-21　断面图的标注示例

第四节　其他表达方法

为使图形清晰和画图简便,制图标准中规定了局部放大图和简化画法,供绘图时选用。

一、局部放大图

将机件的部分结构用大于原图形所采用的比例画出的图形,称为局部放大图,如图 5-22 和图 5-23 所示。当机件上的细小结构在视图中表达不清楚,或不便于标注尺寸和技术要求时,可采用局部放大图。

局部放大图可以根据需要画成视图、剖视图和断面图,它与被放大部分的表达方式无关。局部放大图应尽量配置在被放大部位的附近。

绘制局部放大图时,一般应用细实线圈出被放大的部位。当同一零件上有几处被放大的部分时,必须用罗马数字依次标明被放大的部位,并在局部放大图的上方标注出相应的罗马数字和所采用的比例(图 5-22)。当零件上被放大的部分仅一个时,在局部放大图的上方只需注明所采用的比例。对于同一机件上不同部位的局部放大图,当图形相同或对称时,只需画出一个(图 5-23)。

应特别指出,局部放大图的比例是指该图形中机件要素的线性尺寸与实际机件相应要素的线性尺寸之比,而不是与原图形所采用的比例之比。

二、简化画法(摘自 GB/T16675.1—2012)

1)零件中成规律分布的若干相同结构(齿或槽等),只需画出几个完整的结构。其余用细实线连接,并注明该结构的总数,如图 5-24a 所示。对称的相同结构用细点画线表示其中心位置,如图 5-24b 所示。

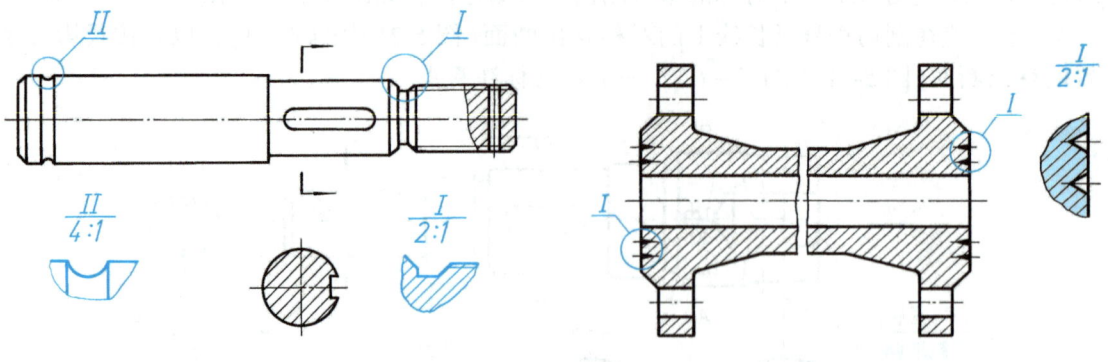

图 5-22 局部放大图示例(一)　　　　图 5-23 局部放大图示例(二)

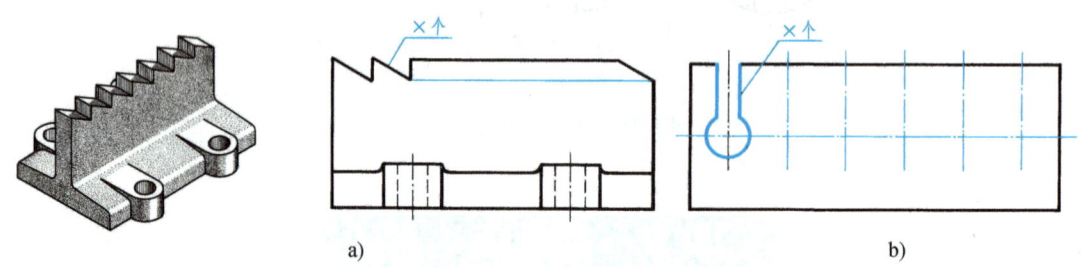

图 5-24 重复结构的简化画法

2) 若干直径相同且成规律分布的孔,可以仅画出一个或少量几个,其余只需用细点画线或"+"表示其中心位置(图 5-25b)。

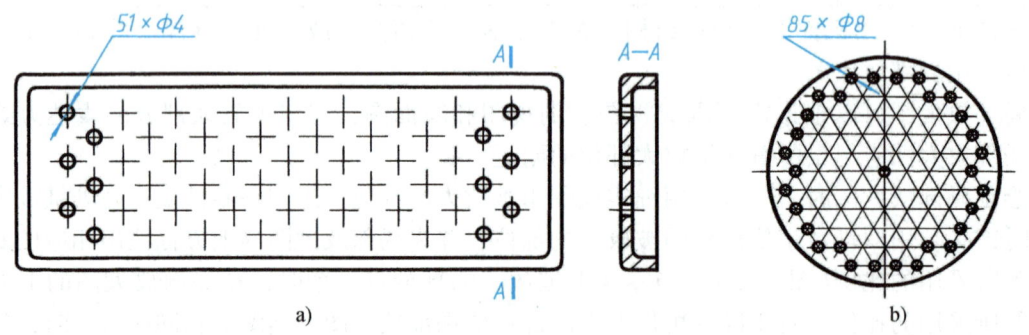

图 5-25 相同孔的简化画法

3) 对于机件的肋、轮辐及薄壁等,若按纵向剖切,这些结构都不画剖面符号,而用粗实线将它与其邻接部分分开(图 5-26a)。当零件回转体上均匀分布的肋、轮辐、孔等结构不处于剖切平面上时,可将这些结构旋转到剖切平面上画出(图 5-26b)。

4) 与投影面倾斜角度小于或等于 30°的圆或圆弧,手工绘图时其投影可用圆或圆弧代替(图 5-27)。

5) 圆柱形法兰和类似零件上均匀分布的孔,可按图 5-28 所示的方法表示(由机件外向该法兰端面方向投射)。

6) 较长的机件(轴、杆、型材、连杆等)沿长度方向的形状一致或按一定规律变化时,可断开后缩短绘制(图5-29)。

7) 当机件上较小的结构及斜度等已在一个图形中表达清楚时,其他图形应当简化或省略(图5-30和图5-31)。

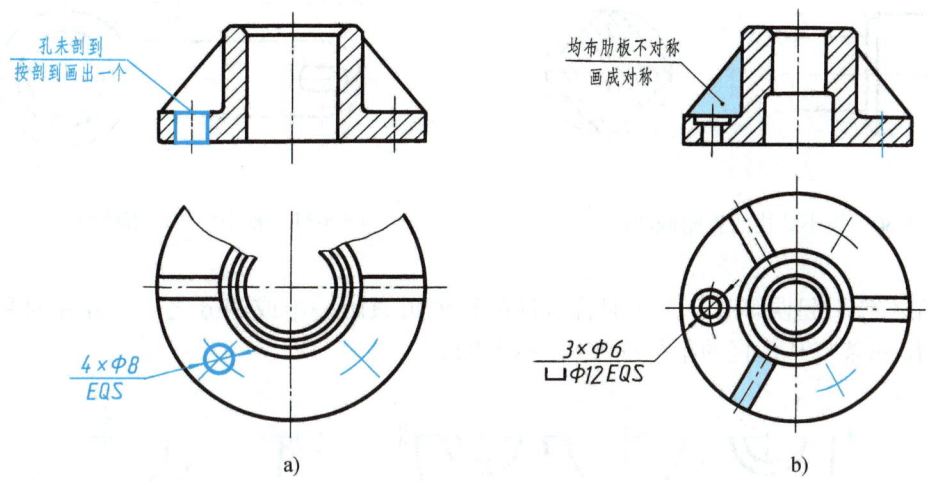

图5-26 零件回转体上均布结构的简化画法

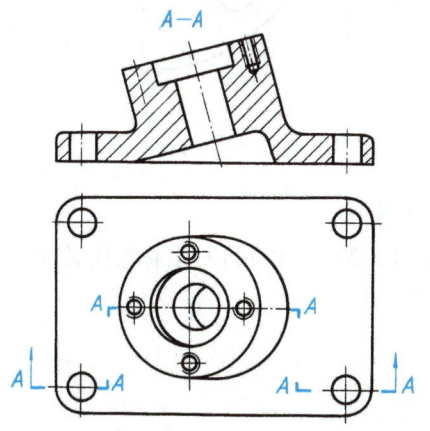

图5-27 倾斜圆的简化画法

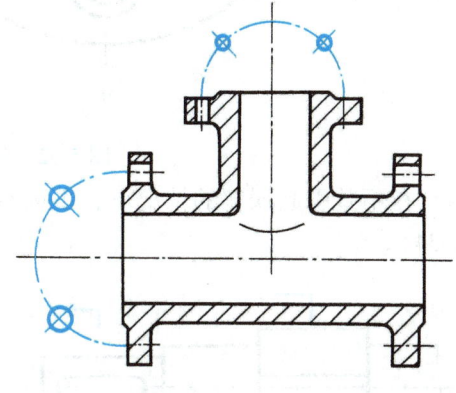

图5-28 圆柱形法兰均布孔的简化画法

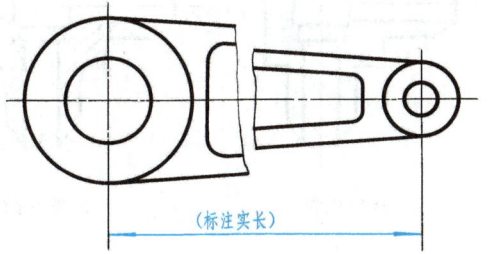
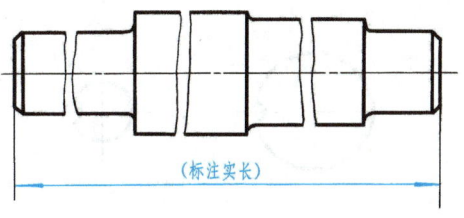

图5-29 较长机件可断开后缩短绘制

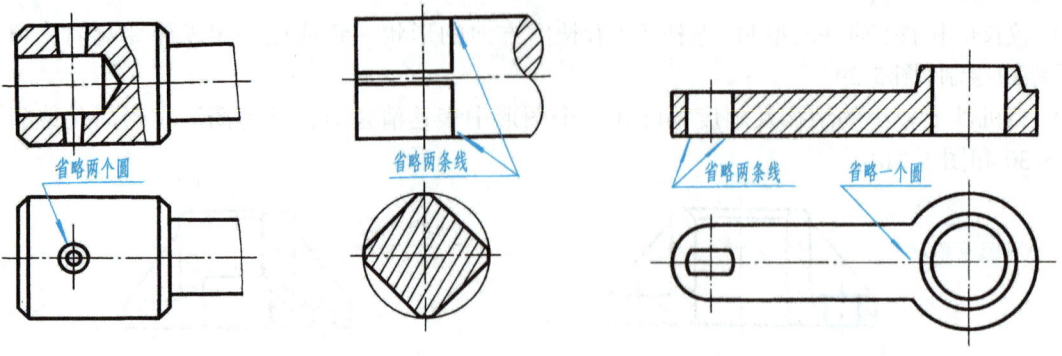

图 5-30　较小结构的省略画法(一)　　　　图 5-31　较小结构的省略画法(二)

8) 在不致引起误解时，对于对称机件的视图可只画一半或四分之一，并在对称中心线的两端画出两条与其垂直的平行细实线(图 5-32)。

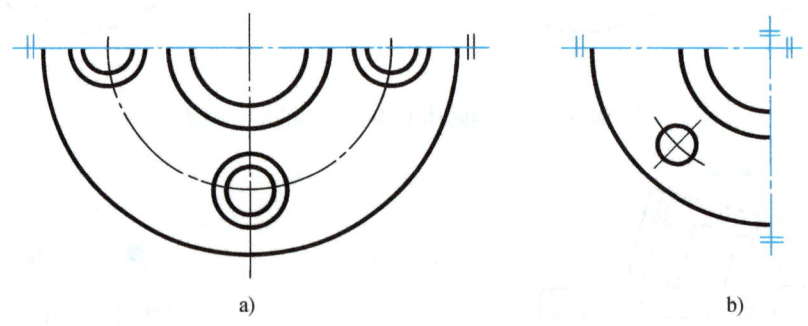

图 5-32　对称机件的简化画法

9) 在不致引起误解的情况下，剖面符号可省略(图 5-33)，也可以用涂色代替剖面符号(图 5-34)。

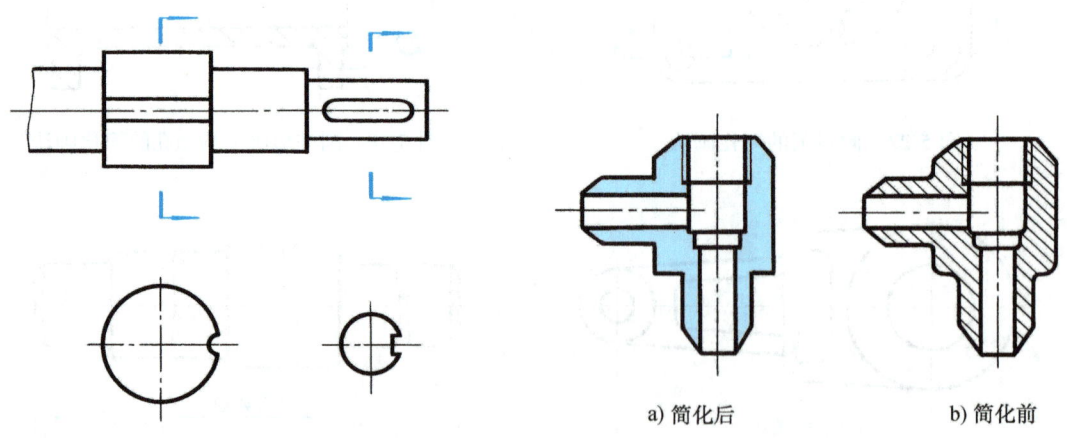

图 5-33　剖面符号可省略　　　　图 5-34　剖面符号可涂色

第五节　看图举例

生产中实用的图样，通常是综合应用各种表达方法绘制的，与"三视图"相比，具有表达方法灵活，视图、剖视图、断面图及其简化画法并存，投射方向和视图位置多变等特点。因此，看图时应首先分析清楚视图类型、剖切位置、投射方向及各视图之间的投影关系，进而采用"分解、综合"的方法（形体分析法）将图看懂。

表 5-2 示出了 24 个图例，其半数选自于技术制图与机械制图国家标准，以便通过识读这些典型图例再介绍一些前面未曾涉及的表达方法。表 5-2 中除前六个图例外，均配有立体图，列于表 5-3 中。

看图时，应先看图例，后读说明，再将想象出的机件形状从无序排列的立体图中辨认出来，加以对照。

表 5-2　读图示例及说明

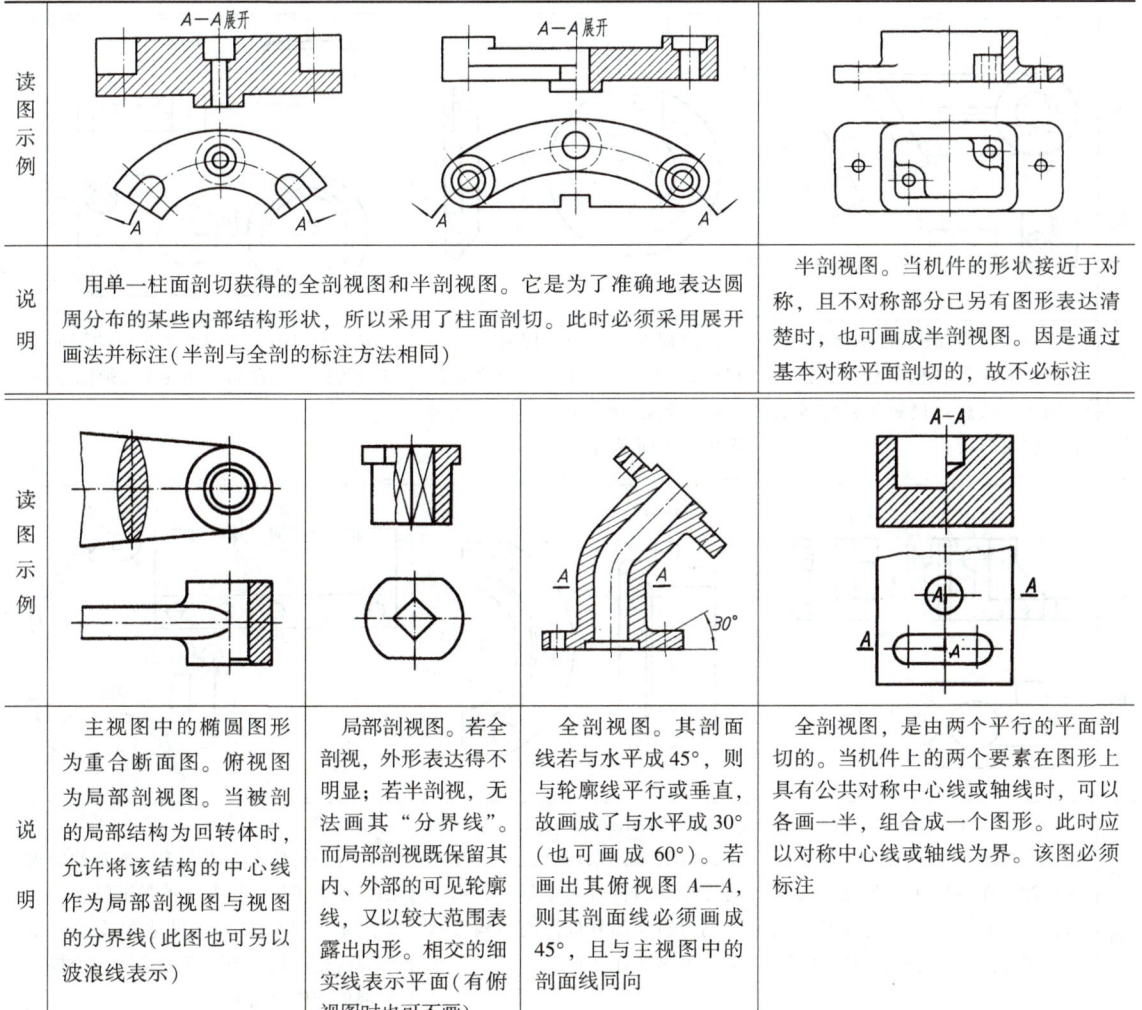

读图示例	说明
（第一行左）	用单一柱面剖切获得的全剖视图和半剖视图。它是为了准确地表达圆周分布的某些内部结构形状，所以采用了柱面剖切。此时必须采用展开画法并标注（半剖与全剖的标注方法相同）
（第一行右）	半剖视图。当机件的形状接近于对称，且不对称部分已另有图形表达清楚时，也可画成半剖视图。因是通过基本对称平面剖切的，故不必标注
（第二行第一列）	主视图中的椭圆图形为重合断面图。俯视图为局部剖视图。当被剖的局部结构为回转体时，允许将该结构的中心线作为局部剖视图与视图的分界线（此图也可另以波浪线表示）
（第二行第二列）	局部剖视图。若全剖视，外形表达得不明显；若半剖视，无法画其"分界线"。而局部剖视既保留其内、外部的可见轮廓线，又以较大范围表露出内形。相交的细实线表示平面（有俯视图时也可不画）
（第二行第三列）	全剖视图。其剖面线若与水平成 45°，则与轮廓线平行或垂直，故画成了与水平成 30°（也可画成 60°）。若画出其俯视图 A—A，则其剖面线必须画成 45°，且与主视图中的剖面线同向
（第二行第四列）	全剖视图，是由两个平行的平面剖切的。当机件上的两个要素在图形上具有公共对称中心线或轴线时，可以各画一半，组合成一个图形。此时应以对称中心线或轴线为界。该图必须标注

101

(续)

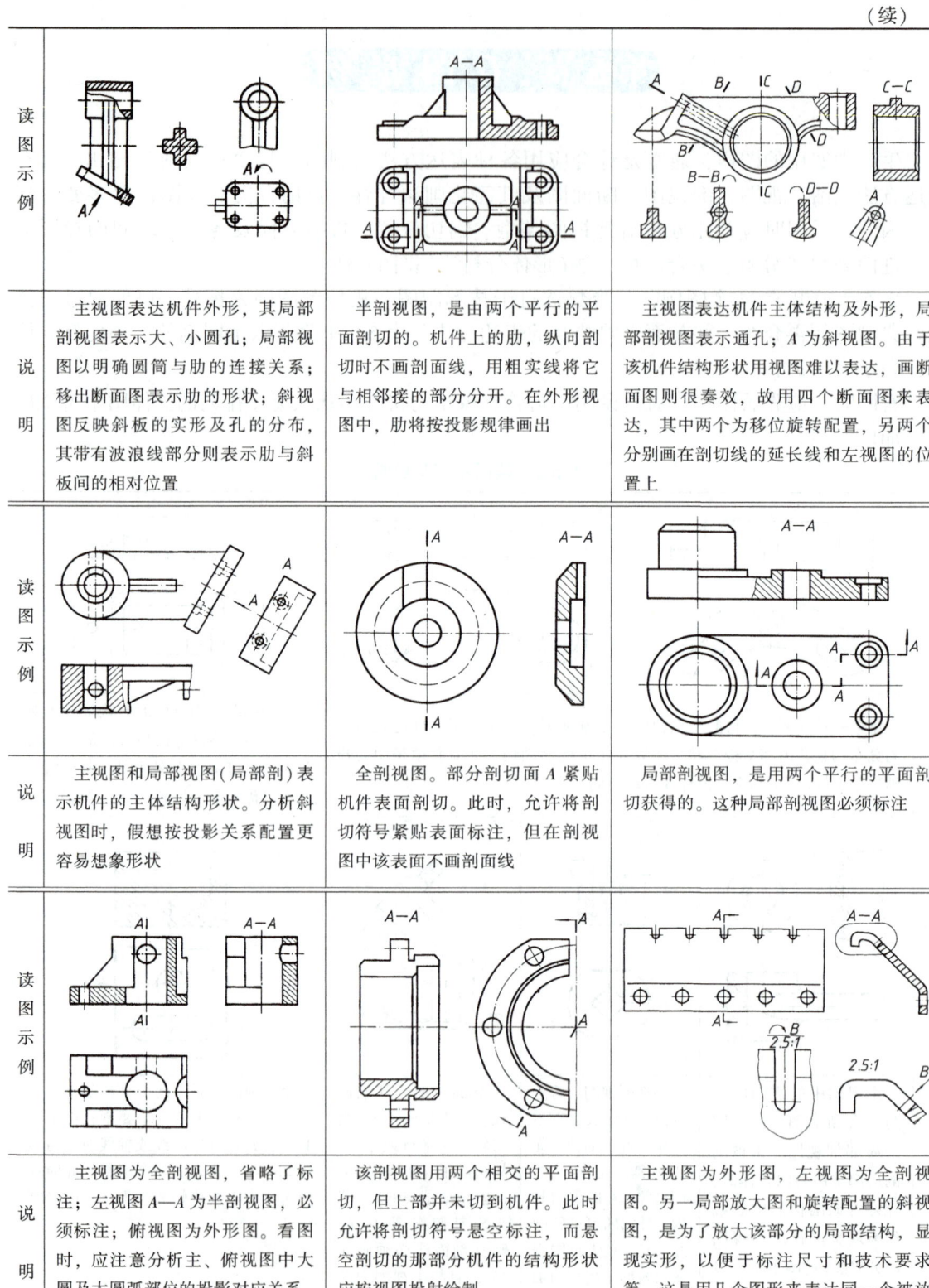

读图示例	说明
(行1 左)	主视图表达机件外形，其局部剖视图表示大、小圆孔；局部视图以明确圆筒与肋的连接关系；移出断面图表示肋的形状；斜视图反映斜板的实形及孔的分布，其带有波浪线部分则表示肋与斜板间的相对位置
(行1 中)	半剖视图，是由两个平行的平面剖切的。机件上的肋，纵向剖切时不画剖面线，用粗实线将它与相邻接的部分分开。在外形视图中，肋将按投影规律画出
(行1 右)	主视图表达机件主体结构及外形，局部剖视图表示通孔；A 为斜视图。由于该机件结构形状用视图难以表达，画断面图则很奏效，故用四个断面图来表达，其中两个为移位旋转配置，另两个分别画在剖切线的延长线和左视图的位置上
(行2 左)	主视图和局部视图（局部剖）表示机件的主体结构形状。分析斜视图时，假想按投影关系配置更容易想象形状
(行2 中)	全剖视图。部分剖切面 A 紧贴机件表面剖切。此时，允许将剖切符号紧贴表面标注，但在剖视图中该表面不画剖面线
(行2 右)	局部剖视图，是用两个平行的平面剖切获得的。这种局部剖视图必须标注
(行3 左)	主视图为全剖视图，省略了标注；左视图 A—A 为半剖视图，必须标注；俯视图为外形图。看图时，应注意分析主、俯视图中大圆及大圆弧部位的投影对应关系
(行3 中)	该剖视图用两个相交的平面剖切，但上部并未切到机件。此时允许将剖切符号悬空标注，而悬空剖切的那部分机件的结构形状应按视图投射绘制
(行3 右)	主视图为外形图，左视图为全剖视图。另一局部放大图和旋转配置的斜视图，是为了放大该部分的局部结构，显现实形，以便于标注尺寸和技术要求等。这是用几个图形来表达同一个被放大部位结构的图例

（续）

读图示例	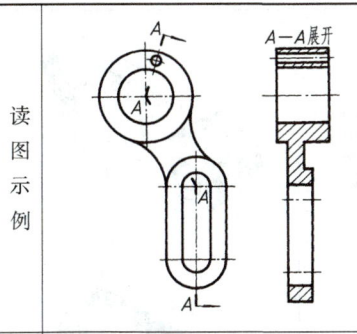	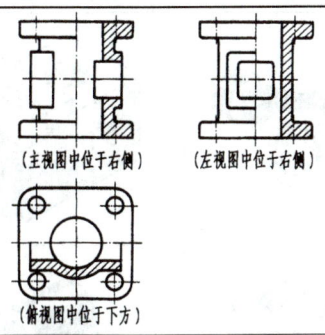	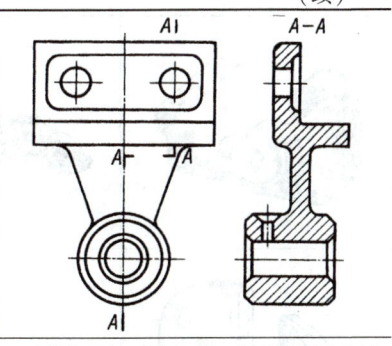
说明	全剖视图，是用三个相交的平面剖切获得的，并采用了展开画法。这种剖视图常按展开画法绘制	主、俯、左三个视图均为半剖视图。它明确了半个剖视图配置的位置，即主视图中位于右侧，俯视图中位于下方，左视图中位于右侧	全剖视图，是用两个平行的侧平面剖切获得的。当然，该图也可以用两个局部剖视图表达
读图示例	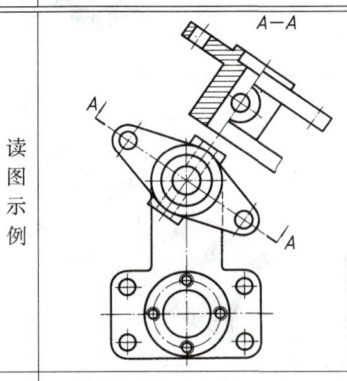	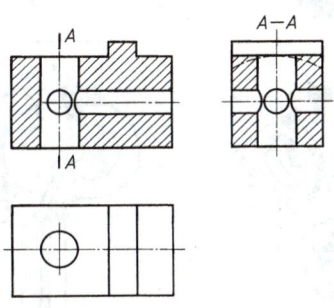	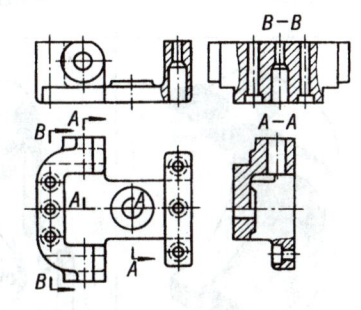
说明	半剖视图，是用单一斜剖切面剖切获得的。因剖面线须与主要轮廓成45°角，故本图将剖面线画成了水平线。本例只说明某种画法，若表示该机件的完整结构，尚需画出某些视图	主、左视图为全剖视图。主视图是通过机件的前后对称面剖切的，未予标注。俯视图为外形图，省略了所有细虚线。但左视图中的细虚线不可省略。否则，还须画出一个右视图来表示该部分的形状	俯视图为外形图。在三个表示圆孔的局部剖视图中，B—B必须标注，否则容易产生误解。A—A是由两个平行的平面剖切获得的全剖视图，两个被切要素以对称线为界，各画一半，该剖视图按投影关系配置在与剖切符号相对应的位置上，这是标准中所允许的
读图示例	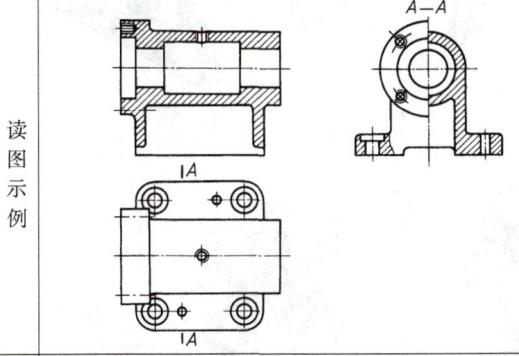		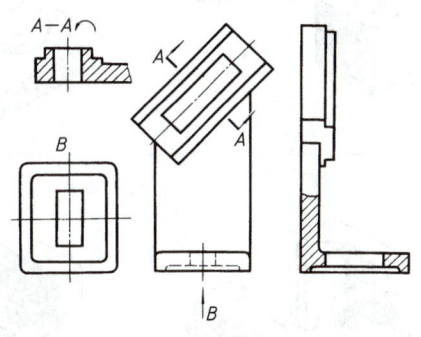
说明	全剖视的主视图表示机件的内腔结构，左端螺孔是按规定画法绘制的；半剖的左视图（必须标注），表示圆筒、连接板和底板间的连接情况及销孔和螺孔的分布，局部剖表示安装孔；俯视图为外形图，表示底板的形状、安装孔及销孔的位置，省略了所有细虚线，图形显得很清晰		主视图为外形图；左视图中的局部剖视图用以表示方孔和凹坑在底板上的位置；A—A是用单一斜剖切面剖切获得的局部剖视图，它是旋转配置的，以表示通槽及凸台与立板的连接情况。B为局部视图（以向视图的配置形式配置），表示底板底部和凹坑的形状及方孔的位置

表 5-3　表 5-2 中所示图例的部分立体图

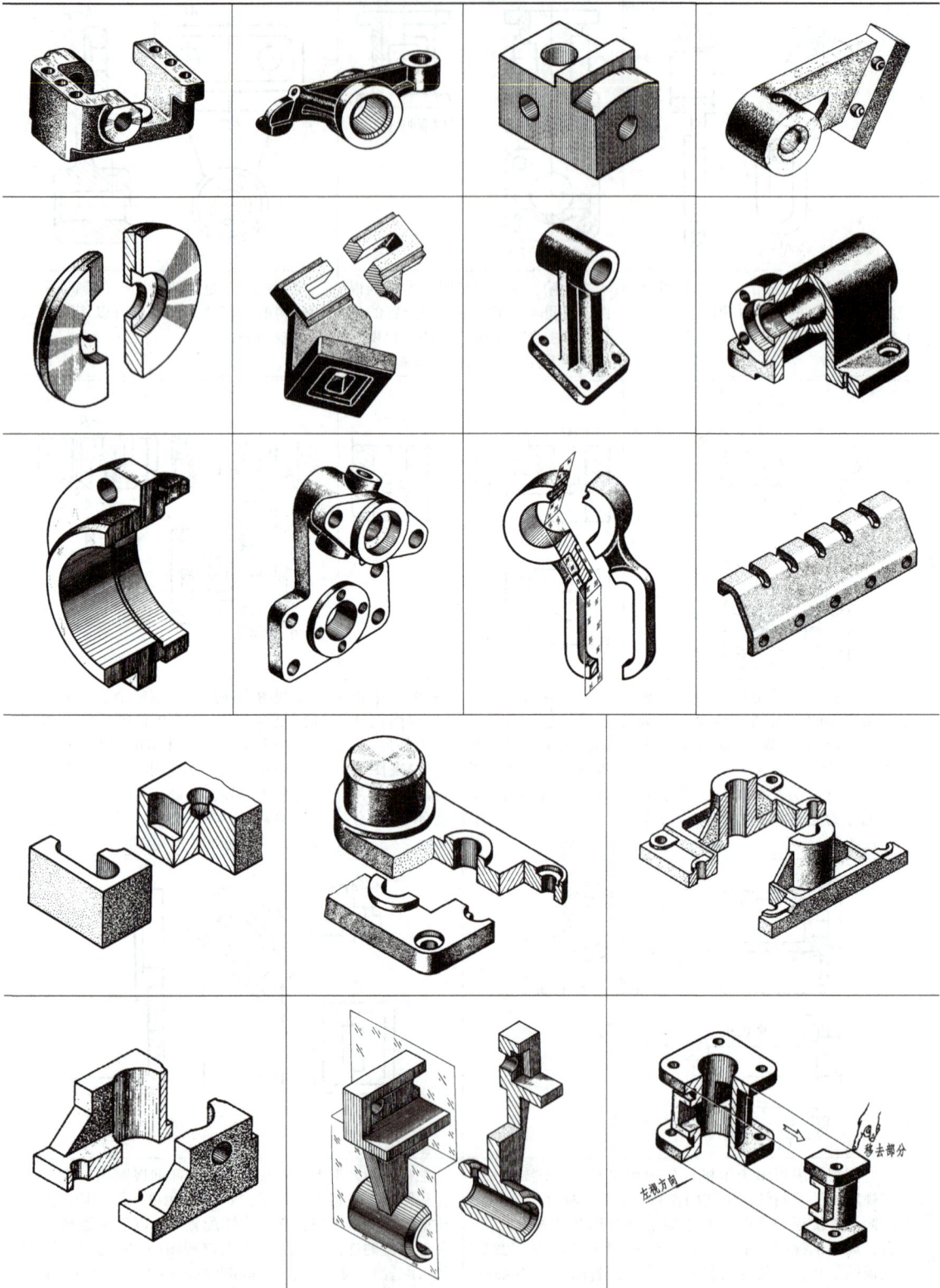

第六节　第三角画法

目前世界各国的工程图样有两种画法，即第一角画法和第三角画法。我国规定采用第一角画法，而有些国家（如美国、日本等）则采用第三角画法。国际标准（ISO）规定，第一角画法和第三角画法具有同等效力，在国际技术交流和贸易中都可以采用。随着国际技术交流和贸易的日益扩大，我们在生产中有时会遇到采用第三角画法绘制的工程图样，因此有必要了解第三角视图的画法，并掌握第三角视图的识读方法。

一、第三角视图的画法

三个相互垂直的投影面将空间分为四个分角，分别称为第一角、第二角、第三角、第四角，如图 5-35 所示。

第一角画法是将机件置于第一角内，使之处于观察者与投影面之间（即保持"人→机件→投影面"的位置关系），进而用正投影法获得视图，如图 5-36 所示。

第三角画法是将机件置于第三角内，使投影面处于观察者与机件之间（假设投影面是透明的，并保持"人→投影面→机件"的位置关系），进而用正投影法获得视图，如图 5-37 所示。

第一角画法和第三角画法六个基本投影面的展开及视图的对比情况，如图 5-38 所示。

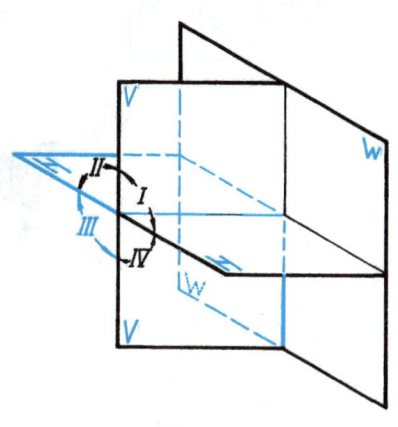

图 5-35　四个分角

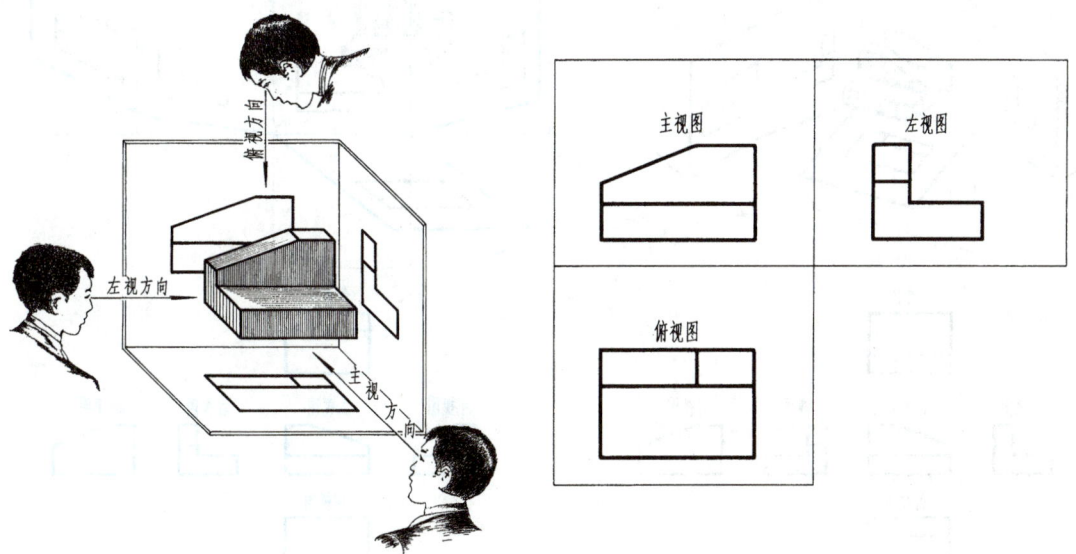

图 5-36　第一角画法示例

通过分析可知，第一角画法和第三角画法都是采用正投影法；两种画法的六个投射方向、六个基本视图及其名称都是相同的；相应视图之间都分别保持"长对正、高平齐、宽相等"的投影关系。

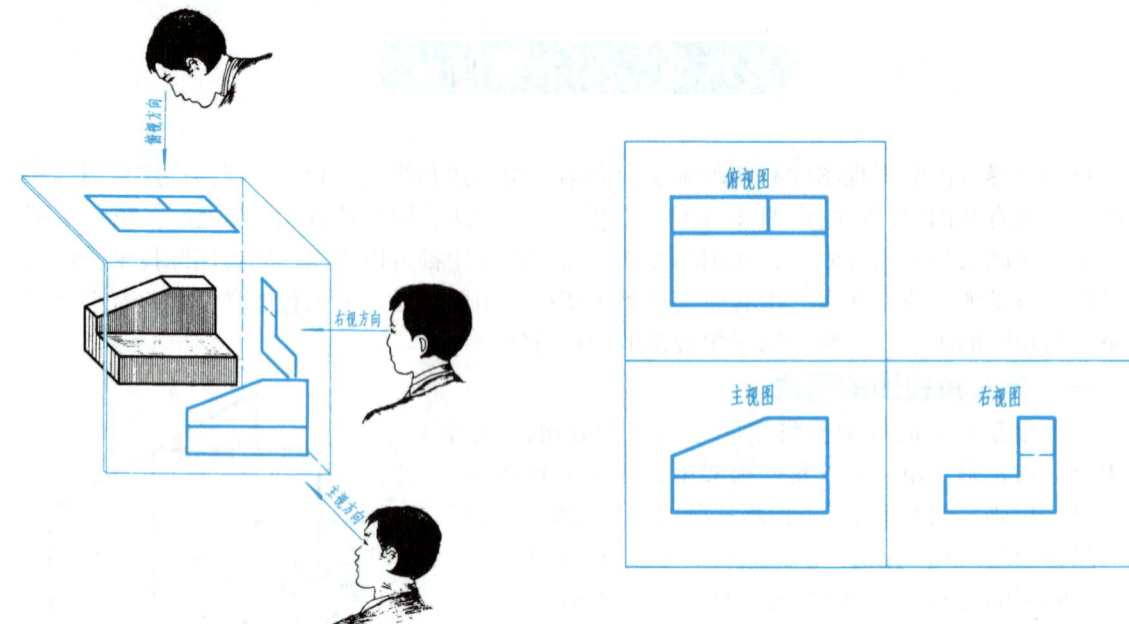

图 5-37　第三角画法示例

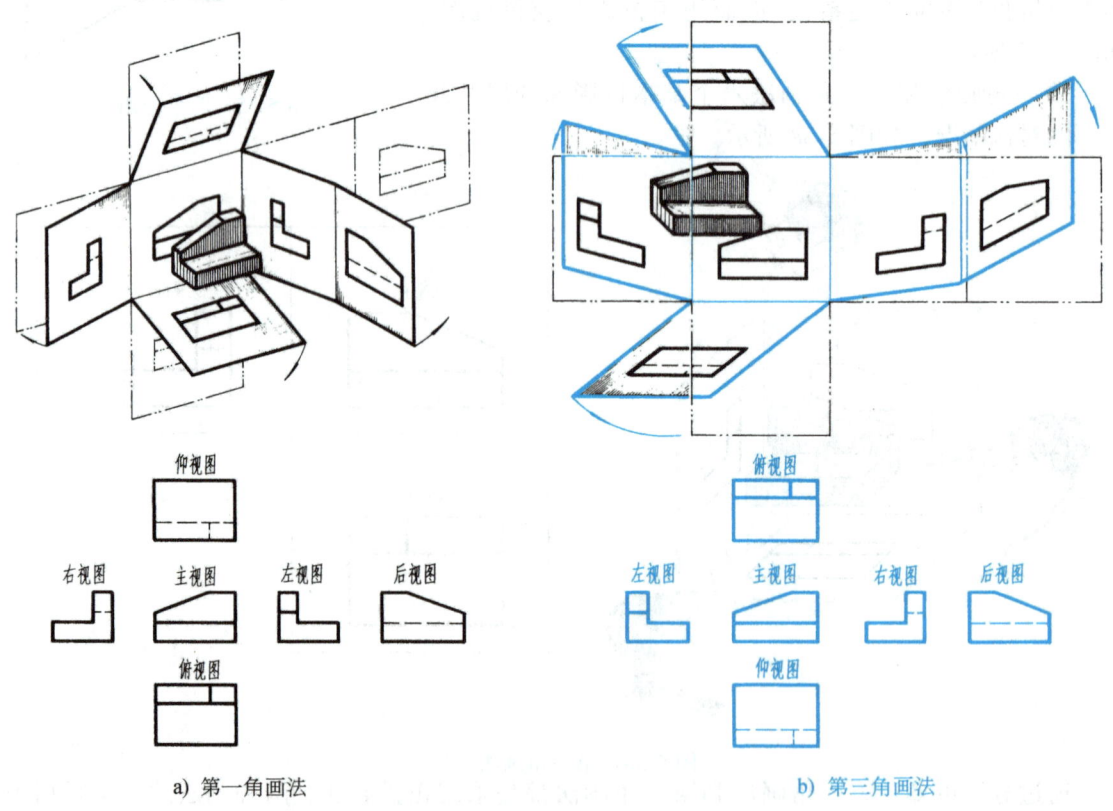

a) 第一角画法　　　　　　　　　　　　　b) 第三角画法

图 5-38　投影面展开及视图配置

它们的主要区别是：视图的配置位置不同，视图与物体的方位关系不同。

1. 视图位置不同

第三角画法规定，投影面展开时，正面保持不动，顶面、底面及两侧面均向前旋转90°（后面随右侧面旋转180°），与正面摊平在同一个平面上。这与第一角画法投影面的旋转方向（向后）正好相反，所以视图的配置位置也就不同了。它们除了主视图、后视图的形状、位置相同以外，其余各个视图都一一对应且相反，即上、下对调，左、右颠倒，如图5-38所示。

2. 方位关系不同

由于视图的配置关系不同，第三角画法中的俯视图、仰视图、左视图、右视图靠近主视图的一侧，均表示物体的前面，远离主视图的一侧，均表示物体的后面（图5-38b）。这与第一角视图的"外前里后"正好相反。

在国际标准中规定，当采用第一角或第三角画法时，必须在标题栏中专设的格内画出相应的识别符号（图5-39）。由于我国规定采用第一角画法，因此无须画出识别符号。当采用第三角画法时，则必须画出识别符号。

图5-39 第一角、第三角画法的识别符号

二、第三角视图的识读方法

看第三角视图与看第一角视图一样，应运用"看图是画图的逆过程"这一原理（见本书第四章），如图5-40所示。

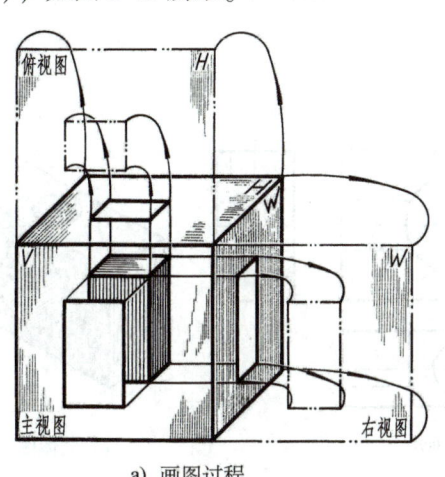

a) 画图过程　　　　　　　b) 看图过程

图5-40 看图是画图的逆过程

值得注意的是，第三角画法与第一角画法的投射顺序不同（前者为"人→图→物"，后者为"人→物→图"），投影面的展开方向不同（前者是"向前转"，后者是"向后转"），由此才导致两种画法的视图（主视图、后视图除外）位置及方位关系的根本变化。因此，在看第三角视图时，头脑中应时刻浮现出物体的投射（方向、顺序）及视图随其投影面展开、旋回的空间情况。因为看图的实质，就是通过这种"正向""逆向"反复交叉的思维活动，经过分析、判断、想象，在头脑中呈现物体立体形象的过程。

看第三角视图的方法(形体分析法和线面分析法)和步骤与看第一角视图相同,不再多述。

例 5-1 识读图 5-41a 所示的三视图。

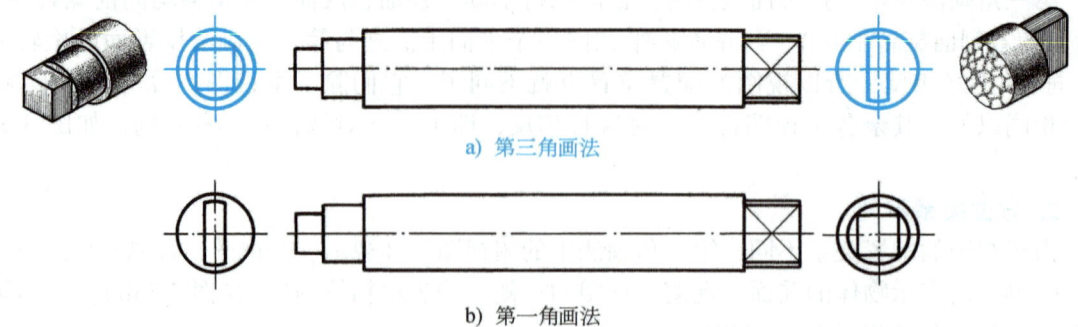

a) 第三角画法

b) 第一角画法

图 5-41 识读第三角视图(一)

图 5-41a 所示为第三角画法,其左视图是从机件的左方向右投射,将其视图向前(逆时针方向)旋转 90°得到的。看图时应假想将左视图向后(顺时针方向)回转 90°,与主视图左端相对照,轴端的形状就会想象出来。

右视图是从机件的右方向左投射,将其视图向前旋转 90°得到的。同样,将右视图向后回转 90°,与主视图右端一对照,就会产生立体感。

图 5-41b 所示为第一角画法,左视图配置在主视图的右边,右视图配置在主视图的左边,看图时需横跨主视图左顾右盼,显然不太方便。相比之下,第三角画法,除后视图外,其他视图均配置在相邻视图的近侧,所以识读起来比较方便,这也是第三角画法的一个特点,较长的轴、杆类零件尤其明显。

例 5-2 识读图 5-42a 所示的三视图。

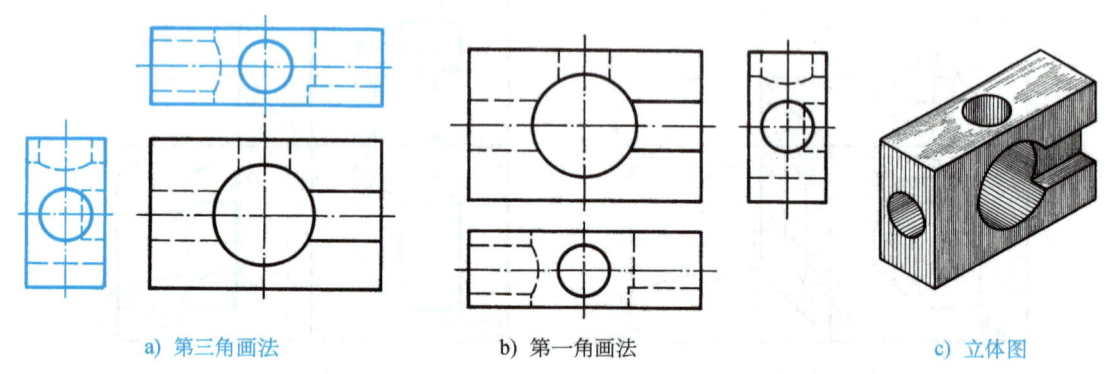

a) 第三角画法　　　　b) 第一角画法　　　　c) 立体图

图 5-42 识读第三角视图(二)

图 5-42a 所示为第三角画法,看图只要善于想象,将其俯视图和左视图向主视图靠拢,并以其各自的边棱为轴向后旋转 90°,即可很容易想象出该体的立体形状,如图 5-42c 所示。图 5-42b 所示为第一角画法,看图时与图 5-42a 对比,有助于加深理解第三角视图的画法。

例 5-3 识读图 5-43a 所示的视图。

图 5-43a 所示为第三角画法,一个主视图,一个局部视图(右视图),一个斜视图。因为两个辅助视图都配置在适当位置上,所以均未标注投射方向和加注字母。看图时,分别以两

个辅助视图靠近主视图的棱边为轴,按画图的逆过程将其反转 90°,与主视图加以对照,即可想象出物体的形状,如图 5-43c 所示。

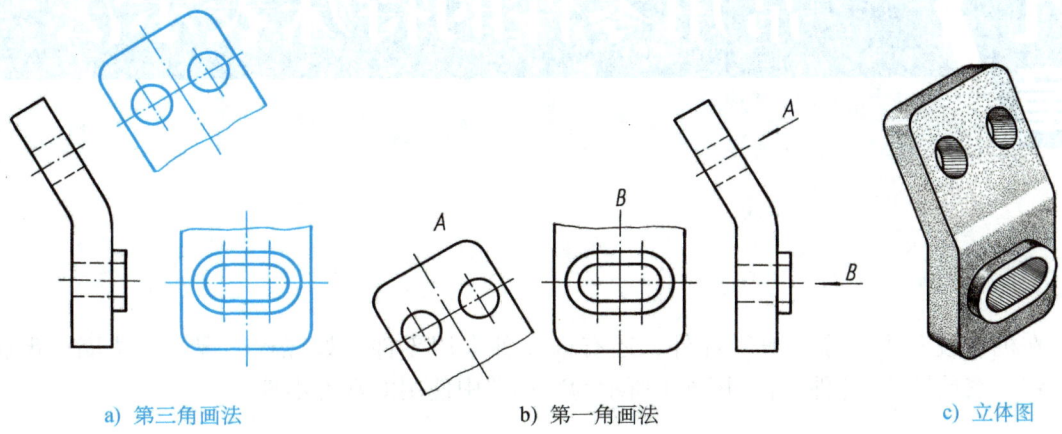

a) 第三角画法　　b) 第一角画法　　c) 立体图

图 5-43　识读第三角视图(三)

图 5-43b 所示为第一角画法,斜视图 A(也可以旋转配置)必须标注。

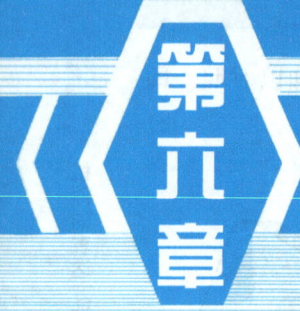

第六章 常用零件的特殊表示法

在机械设备中，除一般零件外，还有许多种常用零件，如螺栓、螺母、垫圈、齿轮、键、销、滚动轴承(部件)等。图6-1所示为减速器中使用的常见零件。

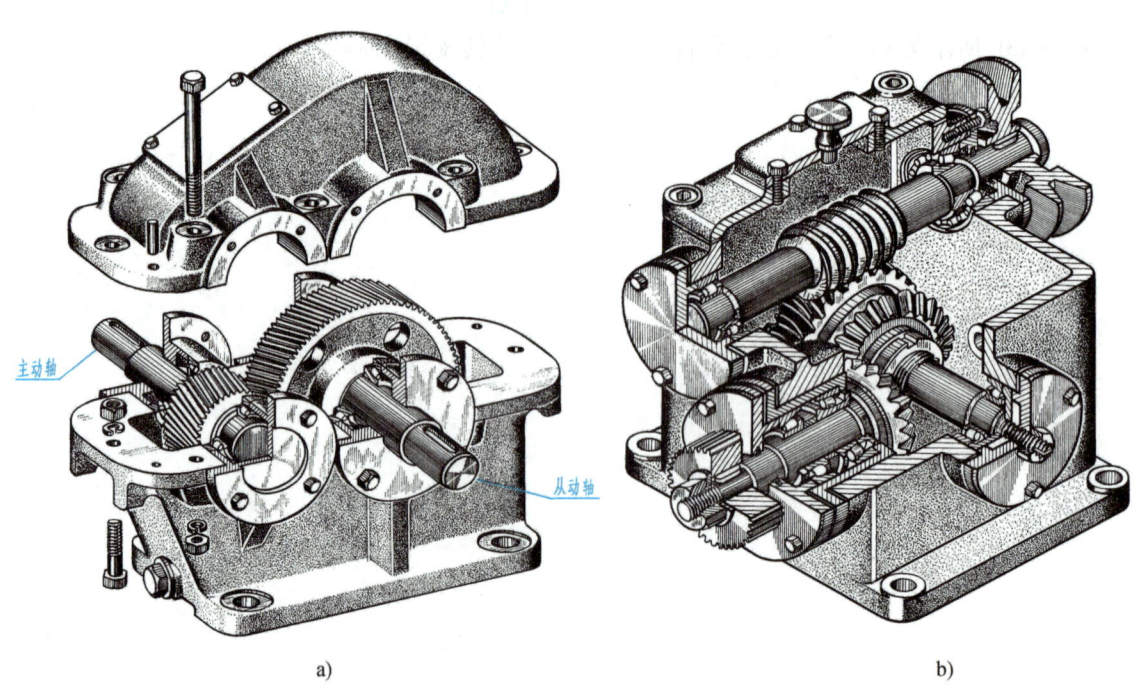

a)   b)

图6-1 减速器中使用的常见零件

由于这些零件的应用极为广泛，为了便于批量生产和使用，以及减少设计、绘图工作量，国家标准对它们的结构、规格及技术要求等都已全部或部分标准化，并对其图样规定了特殊表示法：一是以简单易画的图线代替繁琐难画结构(如螺纹、轮齿等)的真实投影；二是以标注代号、标记等方法，表示结构要素的规格和对精度方面的要求。

本章主要介绍常用零部件的画法规定、标注方法和识读方法。

第一节 螺 纹

螺纹是零件上常见的一种结构。螺纹分外螺纹和内螺纹两种，成对使用。在圆柱或圆锥外表面上所形成的螺纹称为外螺纹，在圆柱孔或圆锥孔内表面上加工的螺纹称为内螺纹。

一、螺纹的形成

螺纹是根据螺旋线原理加工而成的。图6-2所示为在车床上加工螺纹的情况。此时圆柱形工件做等速旋转运动，车刀则与工件相接触做等速的轴向移动，刀尖相对工件即形成螺旋线运动。因为切削刃的形状不同，在工件表面切去部分的截面形状也不同，所以可加工出各种不同的螺纹。

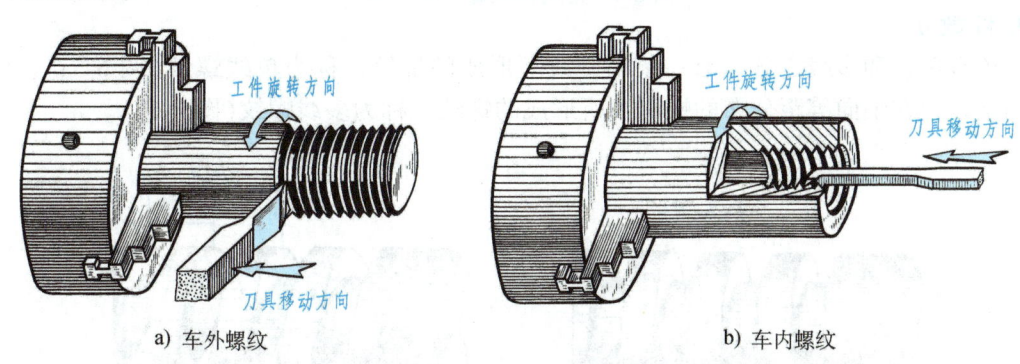

a) 车外螺纹　　　　　　　　b) 车内螺纹

图6-2　在车床上加工螺纹

二、螺纹要素

螺纹的要素有牙型、直径、螺距、线数和旋向。当内、外螺纹联接时，上述五要素必须相同，如图6-3所示。

1. 牙型

在通过螺纹轴线的剖面上，螺纹的轮廓形状称为牙型。螺纹的牙型不同，其用途也不同，现结合图6-4说明如下：

——图6-4a：普通螺纹（牙型角为60°的三角形），用于连接零件；

——图6-4b：管螺纹（牙型角为55°或60°），常用于连接管道；

——图6-4c：梯形螺纹（牙型为等腰梯形），用于传递动力；

——图6-4d：锯齿形螺纹（牙型为不等腰梯形），用于单方向传递动力。

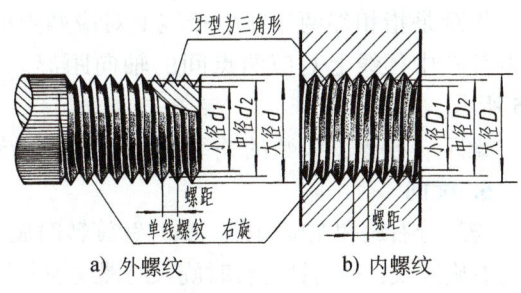

a) 外螺纹　　　b) 内螺纹

图6-3　螺纹的要素

2. 直径

螺纹直径有基本大径（外螺纹用 d 表示，内螺纹用 D 表示）、中径和小径之分（图6-3）。外螺纹的大径和内螺纹的小径也称为顶径。

螺纹的公称直径为基本大径（管螺纹直径的大小用尺寸代号表示）。

111

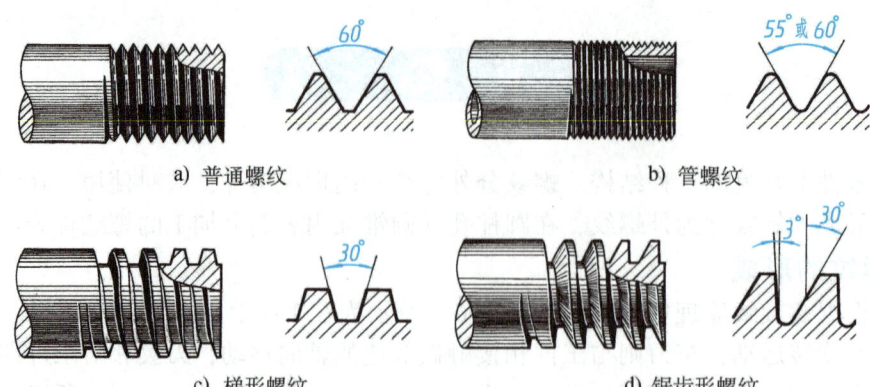

图 6-4　常用标准螺纹的牙型

3. 线数 n

螺纹有单线和多线之分。沿一条螺旋线所形成的螺纹,称为单线螺纹(图 6-5a);沿两条或两条以上在轴向等距分布的螺旋线所形成的螺纹,称为多线螺纹(图 6-5b)。

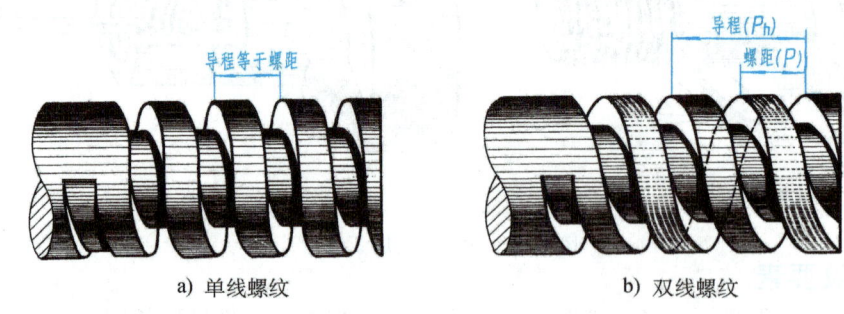

图 6-5　螺距与导程

4. 螺距 P 和导程 P_h

螺距是指相邻两牙在中径线上对应两点间的轴向距离,导程是指在同一条螺旋线上的相邻两牙在中径线上对应两点间的轴向距离。应注意,螺距和导程是两个不同的概念,如图 6-5 所示。

螺距、导程、线数的关系是：螺距 P = 导程 P_h/线数 n。单线螺纹：螺距 P = 导程 P_h。

5. 旋向

螺纹分右旋和左旋两种。顺时针旋转时旋入的螺纹为右旋螺纹,逆时针旋转时旋入的螺纹为左旋螺纹。

旋向的判定方法：将外螺纹轴线垂直放置,螺纹的可见部分右高左低者为右旋螺纹,左高右低者为左旋螺纹,如图 6-6 所示。

螺纹要素的含义：牙型是选择刀具几何形状的依据；大径表示螺纹制在多大的圆柱表面上,小径决定切削深度；螺距或导程供调配机床齿轮之用；线数确定分不分度；旋向则确定走刀方向。

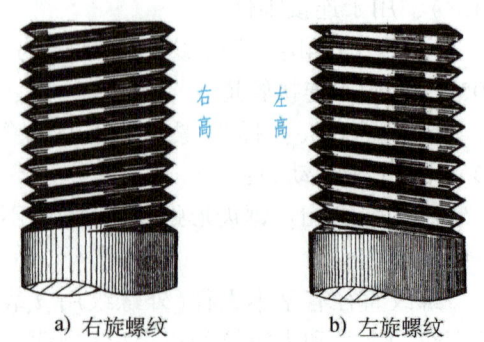

图 6-6　螺纹的旋向

凡是牙型、直径和螺距符合标准的螺纹,称为标准螺纹。牙型符合标准,而直径或螺距不符合标准的螺纹,称为特殊螺纹。牙型不符合标准的螺纹,称为非标准螺纹。

三、螺纹的规定画法

1. 外螺纹的画法

如图 6-7 所示,外螺纹牙顶圆的投影用粗实线表示,牙底圆的投影用细实线表示(其直径通常按牙顶圆直径的 85%绘制),螺杆的倒角或倒圆部分也应画出。在垂直于螺纹轴线的投影面的视图中,表示牙底圆的细实线只画约 3/4 圈(空出约 1/4 圈的位置不做规定)。此时,螺杆的倒角投影不应画出。

螺纹终止线用粗实线表示。在剖视图中则按图 6-7 右边图中的画法绘制。

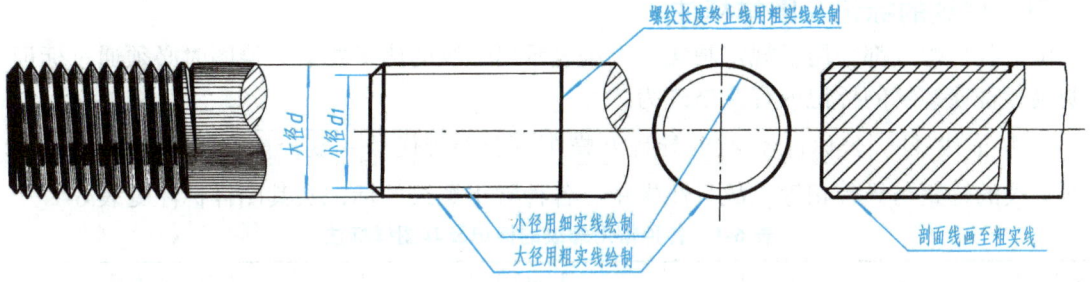

图 6-7 外螺纹的画法

2. 内螺纹的画法

如图 6-8 所示,在剖视图中,内螺纹牙顶圆的投影用粗实线表示,牙底圆的投影用细实线表示,螺纹终止线用粗实线绘制,剖面线应画到表示小径的粗实线为止。在垂直于螺纹轴线的投影面的视图上,表示大径的细实线圆只画约 3/4 圈,表示倒角的投影不应画出。

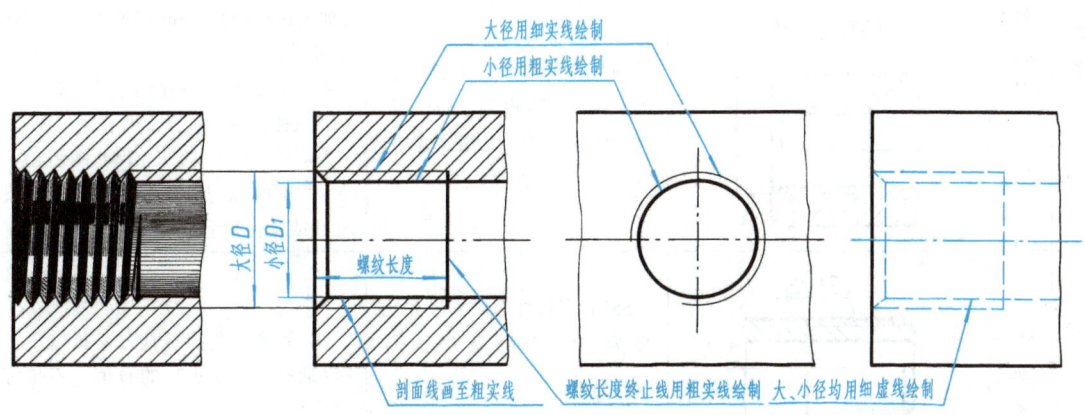

图 6-8 内螺纹的画法

当内螺纹为不可见时,螺纹的所有图线均用细虚线绘制,如图 6-8 中右边图所示。

3. 螺纹联接的画法

在剖视图中,内、外螺纹旋合的部分应按外螺纹的画法绘制,其余部分仍按各自的画法表示,如图 6-9 所示。应注意,表示内、外螺纹大径的细实线和粗实线,以及表示内、外螺纹小径的粗实线和细实线必须分别对齐。

113

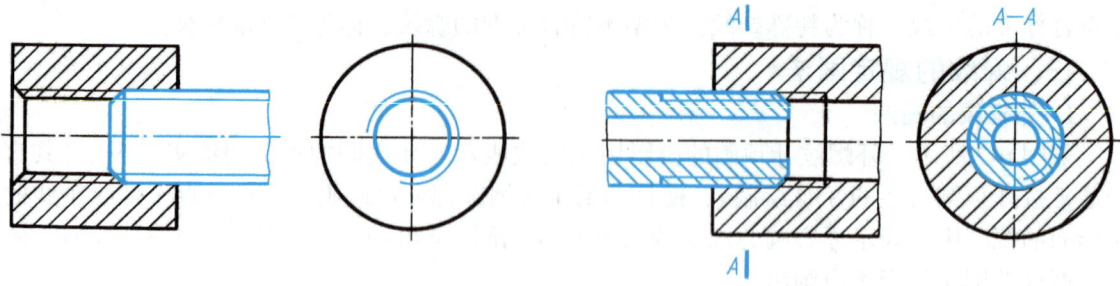

图 6-9 螺纹联接的画法

四、螺纹的标记及图样标注

由于各种螺纹都采用了规定画法，无法表示出螺纹的诸多要素，绘图时必须通过标记予以明确。普通螺纹的标记内容及格式为

| 特征代号 | 公称直径 |×| Ph 导程 P 螺距 |-| 公差带代号 |-| 旋合长度代号 |-| 旋向 |

单线螺纹的螺距与导程相等，故只注螺距。各种常用螺纹的标记及其图样标注见表 6-1。

表 6-1 各种常用螺纹的标记及其图样标注

螺纹种类		标记及其标注示例	标记的识别	标注要点说明
紧固螺纹	普通螺纹（M）	M20-5g6g-S	粗牙普通螺纹，公称直径为 20mm，右旋，中径、顶径公差带分别为 5g、6g，短旋合长度	① 粗牙螺纹不注螺距，细牙螺纹标注螺距 ② 右旋省略不注，左旋以"LH"表示（各种螺纹皆如此） ③ 中径、顶径公差带相同时，只注一个公差带代号。中等公差精度（如公称直径≥1.6mm 的 6H、6g）不注公差带代号 ④ 旋合长度分短（S）、中（N）、长（L）三种，中等旋合长度不注 ⑤ 多线时注出 Ph 导程 P 螺距 ⑥ 螺纹标记应直接注在大径的尺寸线或延长线上
		M20×2-LH	细牙普通螺纹，公称直径为 20mm，螺距为 2mm，左旋，中径、顶径公差带皆为 6H，中等旋合长度	
管螺纹	55°非密封管螺纹（G）	G1½A	55°非密封管螺纹，尺寸代号为 1½，公差等级为 A 级，右旋	① 管螺纹的尺寸代号是指管子内径（通径）"英寸"的数值，不是螺纹大径 ② 55°非密封管螺纹，内、外螺纹都是圆柱螺纹 ③ 外螺纹的公差等级代号分为 A、B 两级。内螺纹公差等级只有一种，不标记
		G1½LH	55°非密封管螺纹，尺寸代号为 1½，左旋	

(续)

螺纹种类	标记及其标注示例	标记的识别	标注要点说明
管螺纹 55°密封管螺纹 (R₁)(R₂)(Rc)(Rp)	R₂1/2LH	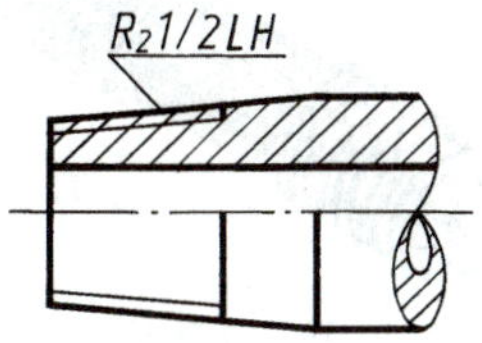 R₂ 表示与圆锥内螺纹相配合的圆锥外螺纹，1/2 为尺寸代号，左旋	① 55°密封管螺纹，只注螺纹特征代号、尺寸代号和旋向代号 ② 管螺纹一律标注在引出线上，引出线应由大径处引出或由对称中心线处引出 ③ 密封管螺纹的特征代号为 R₁ 表示与圆柱内螺纹相配合的圆锥外螺纹 R₂ 表示与圆锥内螺纹相配合的圆锥外螺纹 Rc 表示圆锥内螺纹 Rp 表示圆柱内螺纹
	Rc1½	圆锥内螺纹，尺寸代号为 1½，右旋	
	Rp1½	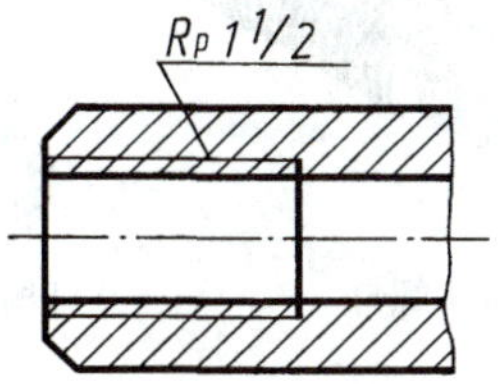 圆柱内螺纹，尺寸代号为 1½，右旋	
传动螺纹	梯形螺纹 Tr: Tr36×12(P6)-7H	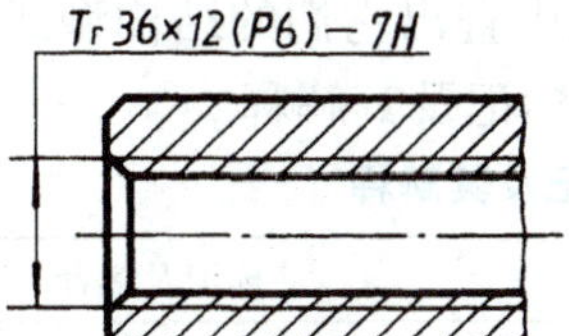 梯形螺纹，公称直径为 36mm，双线，导程为 12mm，螺距为 6mm，右旋，中径公差带为 7H，中等旋合长度	① 单线螺纹标注螺距，多线螺纹标注导程(P 螺距) ② 两种螺纹均只标注中径公差带代号 ③ 旋合长度只有中等旋合长度(N)和长旋合长度(L)两组 ④ 中等旋合长度规定不标
	锯齿形螺纹 B: B40×7LH-8c	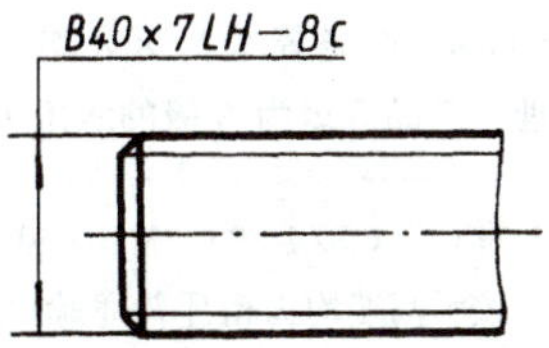 锯齿形螺纹，公称直径为 40mm，单线，螺距为 7mm，左旋，中径公差带为 8c，中等旋合长度	

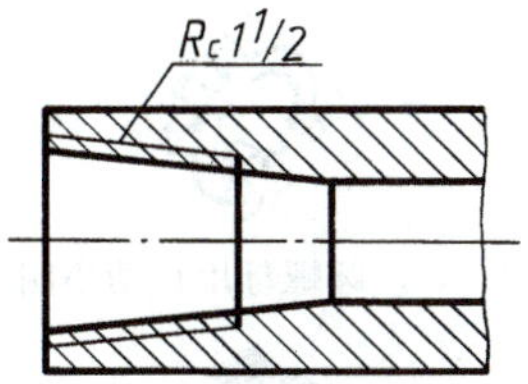

第二节 螺纹紧固件

螺纹紧固件的种类很多，常用的紧固件有螺栓、双头螺柱、螺钉、螺母、垫圈等，如图 6-10 所示。

一、螺纹紧固件的标记规定

螺纹紧固件的结构型式及尺寸都已标准化，属于标准件，一般由专门的工厂生产。各种

115

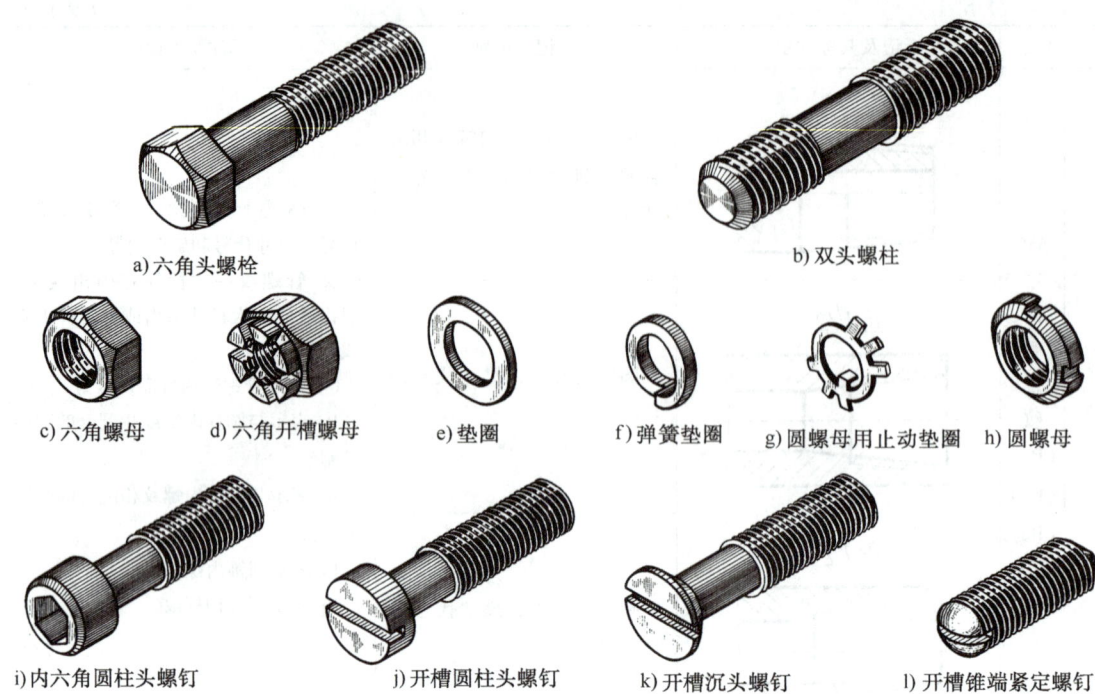

图 6-10 常见的螺纹紧固件

标准件都有规定标记,根据其标记即可从相应的国家标准中查出它们的结构型式、尺寸及技术要求等内容。表 6-2 中列出了常用螺纹紧固件的图例、标记及其解释。

表 6-2 常用螺纹紧固件的图例、标记及其解释

名称及国标号	图 例	标记及解释
六角头螺栓 GB/T 5782—2016		螺栓 GB/T 5782 M10×50 表示螺纹规格为 M10、公称长度 $l=$ 50mm、性能等级为 8.8 级、表面不经处理、产品等级为 A 级的六角头螺栓
双头螺柱 GB/T 897—1988 ($b_m=1d$)		螺柱 GB/T 897 M10×50 表示两端均为粗牙普通螺纹,螺纹规格为 M10、公称长度 $l=$50mm、性能等级为 4.8 级、不经表面处理、B 型、$b_m=1d$ 的双头螺柱
内六角圆柱头螺钉 GB/T 70.1—2008		螺钉 GB/T 70.1 M10×40 表示螺纹规格为 M10、公称长度 $l=$ 40mm、性能等级为 8.8 级、表面氧化的 A 级内六角圆柱头螺钉
十字槽沉头螺钉 GB/T 819.1—2016		螺钉 GB/T 819.1 M10×50 表示螺纹规格为 M10、公称长度 $l=$ 50mm、性能等级为 4.8 级、H 型十字槽、表面不经处理的 A 级十字槽沉头螺钉

(续)

名称及国标号	图例	标记及解释
开槽锥端紧定螺钉 GB/T 71—1985	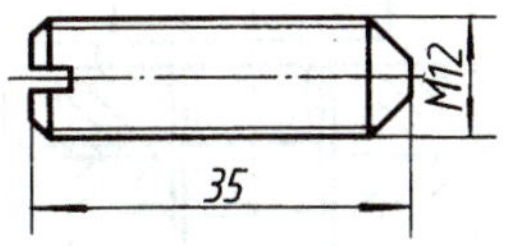	螺钉　GB/T 71　M12×35 表示螺纹规格为 M12、公称长度 $l=35$mm、性能等级为 14H 级、表面氧化的开槽锥端紧定螺钉
1 型六角螺母 GB/T 6170—2015	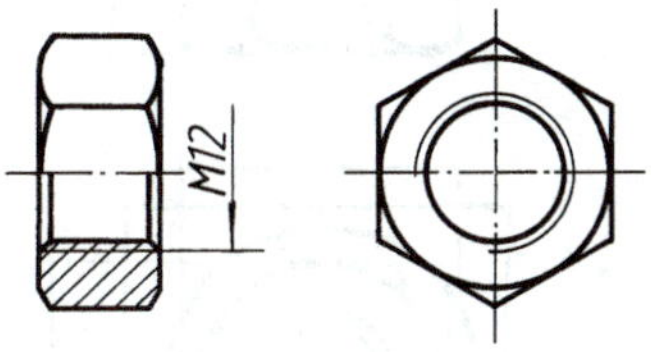	螺母　GB/T 6170　M12 表示螺纹规格为 M12、性能等级为 8 级、表面不经处理、产品等级为 A 级的 1 型六角螺母
平垫圈 GB/T 97.1—2002	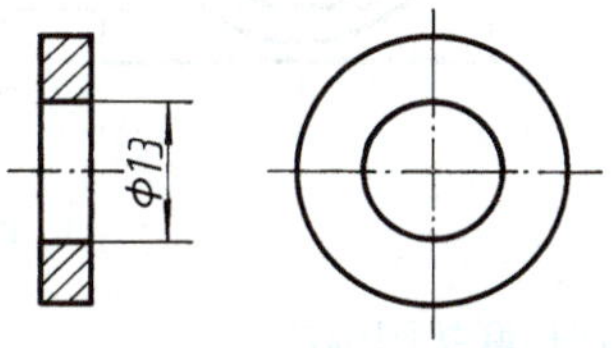	垫圈　GB/T 97.1　12 表示标准系列、公称规格 12mm、由钢制造的硬度等级为 200HV 级、不经表面处理、产品等级为 A 级的平垫圈
标准型弹簧垫圈 GB/T 93—1987	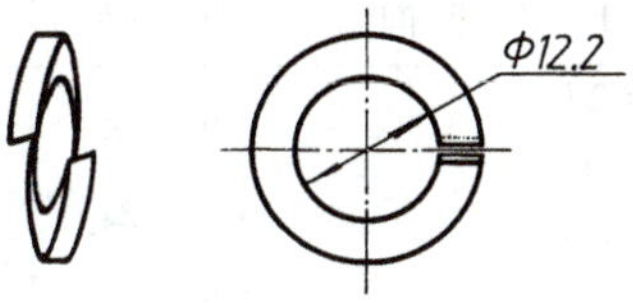	垫圈　GB/T 93　12 表示规格 12mm、材料为 65Mn、表面氧化处理的标准型弹簧垫圈

二、螺纹紧固件的联接画法

螺纹紧固件联接的基本型式有螺栓联接、双头螺柱联接和螺钉联接。采用哪种联接按需要选定。但无论采用哪种联接，其画法（装配画法）都应遵守下列规定：

1）两零件的接触面只画一条线，未接触面必须画两条线。

2）在剖视图中，相互接触的两个零件的剖面线方向应相反。但同一个零件在各剖视图中，剖面线的倾斜角度、方向和间隔都应相同。

3）在剖视图中，当剖切平面通过紧固件的轴线时，则紧固件均按不剖绘制。

1. 螺栓联接

螺栓用来联接不太厚并钻成通孔的零件，如图 6-11a 所示。

画螺栓联接图，应根据紧固件的标记，按其相应标准中的各部分尺寸绘制。但为了方便作图，通常可按其各部分尺寸与螺栓大径 d 的比例关系近似地画出，如图 6-11b 所示。其比例关系见表 6-3。

螺栓联接图画法

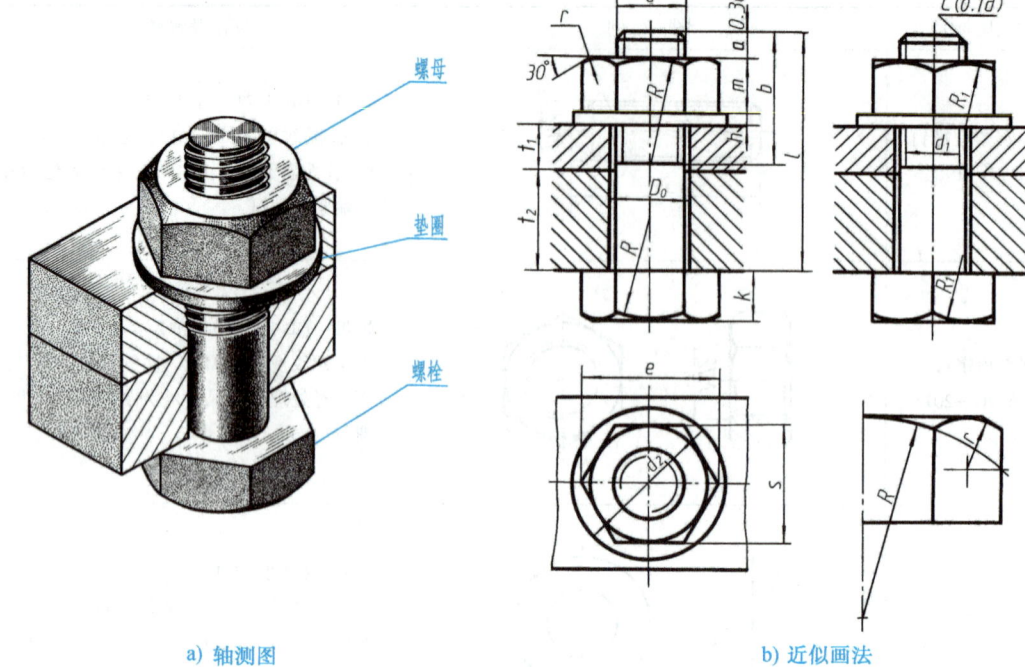

a) 轴测图　　　　　　　　　　　　　　b) 近似画法

图 6-11　螺栓联接图画法

表 6-3　螺栓紧固件近似画法的比例关系

部位	尺寸比例	部位	尺寸比例	部位	尺寸比例
螺栓	$b=2d$　$e=2d$ $R=1.5d$　$c=0.1d$ $k=0.7d$　$d_1=0.85d$ $R_1=d$　s 由作图决定	螺母	$e=2d$ $R=1.5d$ $R_1=d$ $m=0.8d$ r 由作图决定 s 由作图决定	垫圈	$h=0.15d$ $d_2=2.2d$
				被联接件	$D_0=1.1d$

画图时，需知道螺栓的型式、大径和被联接两零件的厚度，螺栓的长度 l 由图 6-11b 可知：

$$l=t_1+t_2+h+m+a$$

式中，a 为螺栓伸出螺母的长度，一般取 $(0.2\sim0.3)d$。

计算出 l 后，还需从螺栓的标准长度系列中选取与 l 相近的标准值。例如算出 $l=48$mm，可选 $l=50$mm。

2. 双头螺柱联接

在两个被联接的零件中，若有一个较厚、不宜加工成通孔时，可采用双头螺柱联接，如图 6-12a 所示。双头螺柱联接和螺栓联接一样，通常采用近似画法，其联接图的画法如图 6-12b 所示（其俯视图及各部分的画法比例与图 6-11b 相同）。

画双头螺柱联接图时，应注意以下两点：

1) 为了保证联接牢固，旋入端应全部旋入螺孔（图 6-12c），即旋入端的螺纹终止线应与螺纹孔口的端面平齐(图 6-12d)。

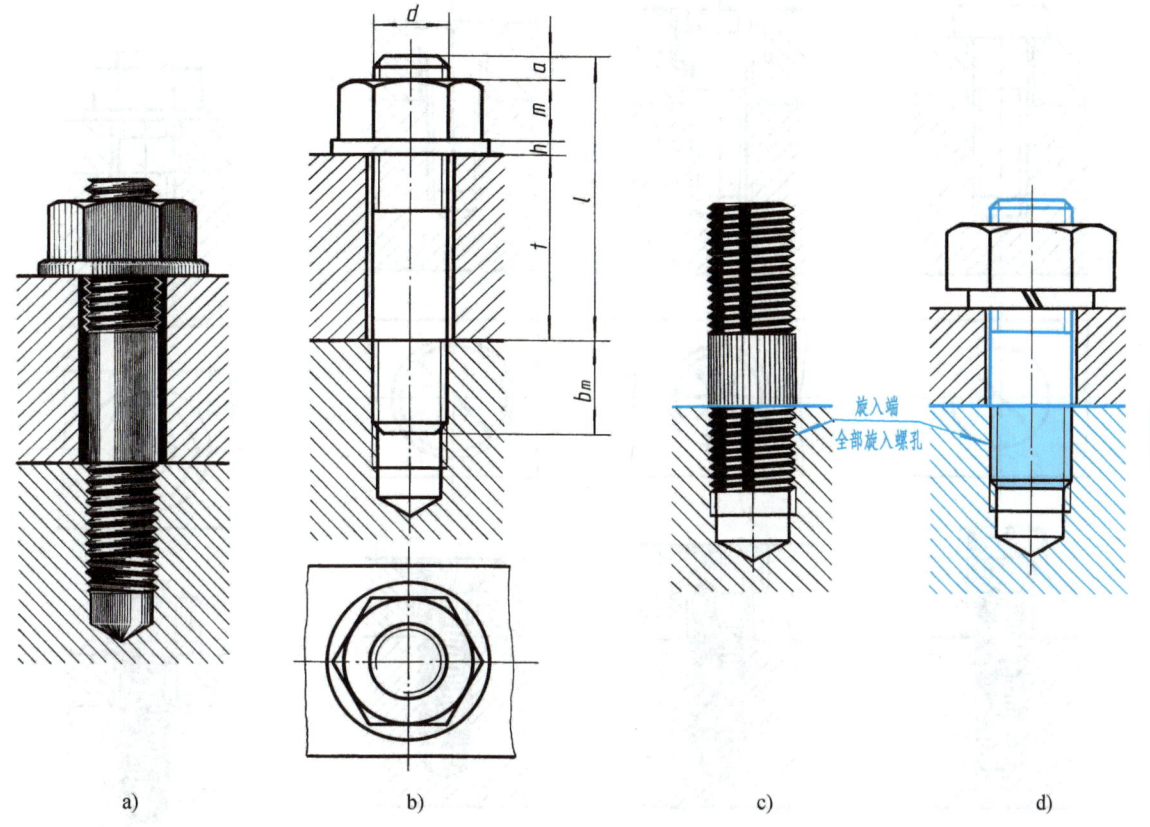

图 6-12 双头螺柱联接图画法

2) 旋入端的螺纹长度 b_m，根据被旋入零件材料的不同而不同(钢与青铜：$b_m = d$；铸铁：$b_m = 1.25d$；铸铁或铝合金：$b_m = 1.5d$；铝合金：$b_m = 2d$)。计算出 l 后，从相应标准中选取相近的系列值。

3. 螺钉联接

螺钉用以联接一个较薄、另一个较厚的两个零件，常用在受力不大和不需经常拆卸的场合。螺钉的种类很多(参见表 6-2)，图 6-13a、b、c 所示分别为常用的开槽盘头螺钉、内六角圆柱头螺钉、开槽沉头螺钉联接图的简化画法。图 6-14 所示为螺柱联接图的简化画法。各种螺栓、螺钉的头部及螺母在装配图中的简化画法可查阅相应的国家标准。

紧定螺钉也是在机器上经常使用的一种螺钉。它常用来防止两个相配零件产生相对运动。图 6-15 所示为用开槽锥端紧定螺钉限定轮和轴的相对位置，使它们不能产生轴向相对移动的图例，图 6-15a 所示为零件图上螺孔和锥坑的画法，图 6-15b 所示为装配图上的画法。

在螺纹联接中，螺母虽然可以拧得很紧，但由于长期振动，它往往也会松动甚至脱落。因此，为了防止螺母松脱现象的发生，常常采用弹簧垫圈(图 6-12d)，或用两个重叠的螺母，或用开口销和槽形螺母予以锁紧，如图 6-16 所示。

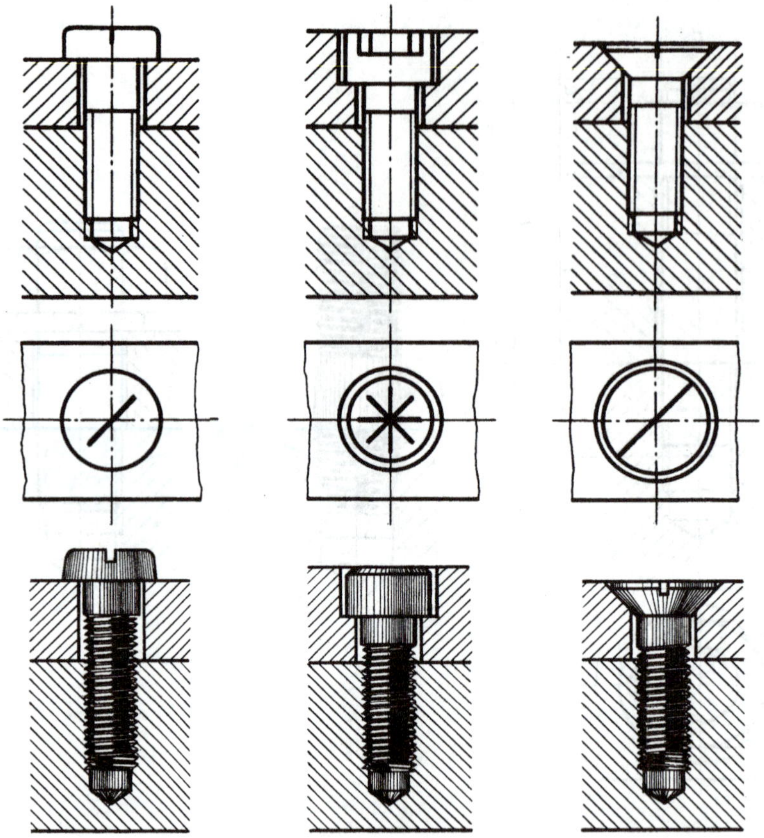

a) 开槽盘头螺钉　　b) 内六角圆柱头螺钉　　c) 开槽沉头螺钉

图 6-13　螺钉联接的简化画法

图 6-14　双头螺柱联接的简化画法

a)　　b)

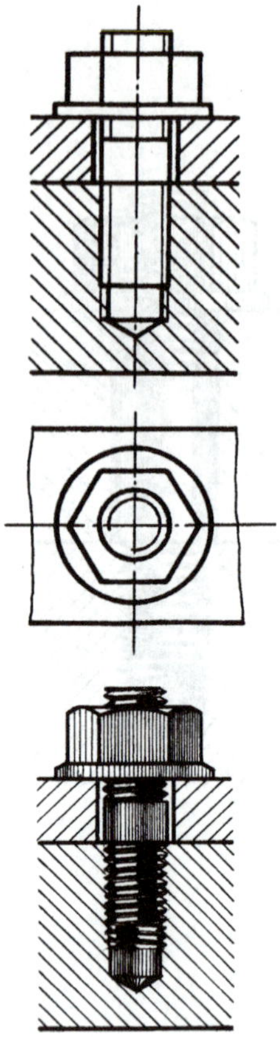

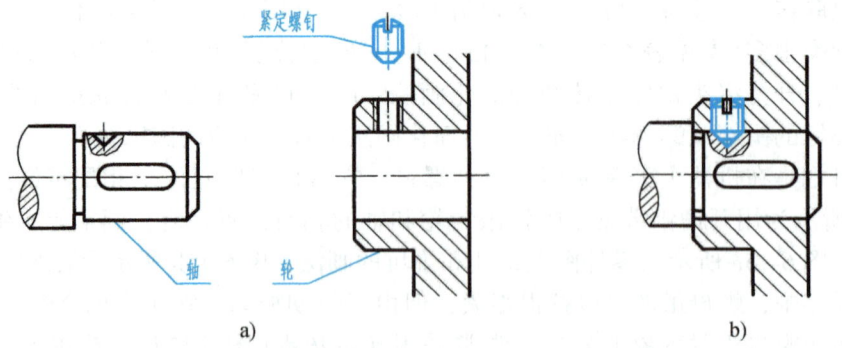

图 6-15　紧定螺钉联接

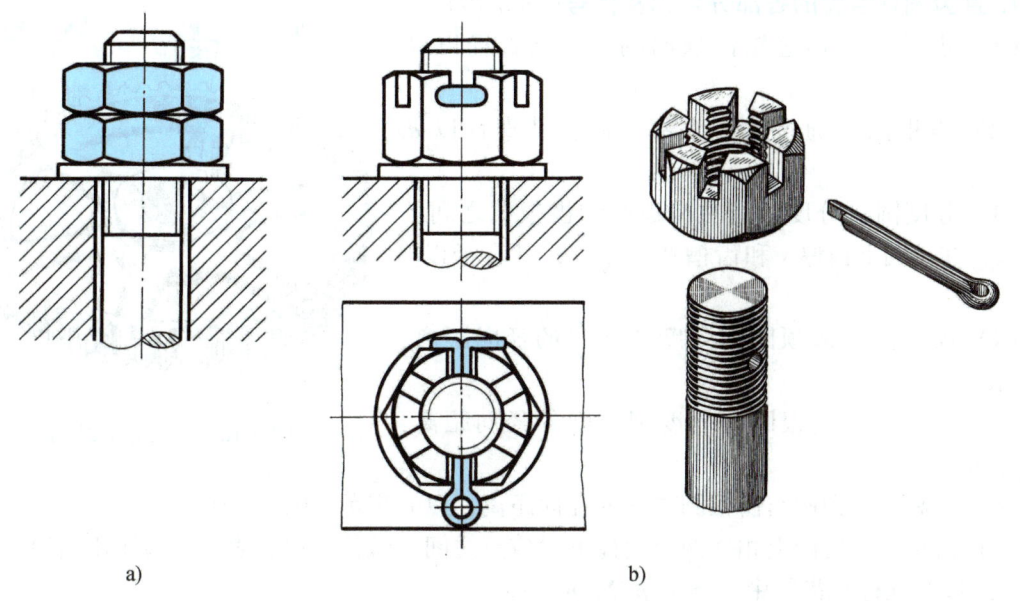

a)   b)

图 6-16   螺纹联接的锁紧

第三节 齿 轮

齿轮是传动零件，它能将一根轴的动力及旋转运动传递给另一根轴，也可改变转速和旋转方向。图 6-1 所示为齿轮传动的应用实例。其中，图 6-1a 中的圆柱齿轮（斜齿）用于两平行轴之间的传动；图 6-1b 中的锥齿轮用于相交两轴之间的传动；蜗轮蜗杆则用于交错两轴之间的传动。本节只介绍直齿圆柱齿轮的画法。

一、圆柱齿轮

圆柱齿轮按轮齿方向的不同，可分为直齿轮、斜齿轮、人字齿轮等，如图 6-17 所示。

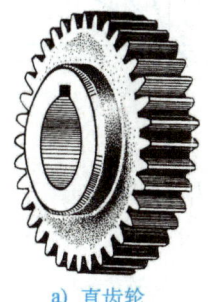      

a) 直齿轮   b) 斜齿轮   c) 人字齿轮

图 6-17   圆柱齿轮

直齿圆柱齿轮一般由轮齿、齿盘、轮辐（辐板或辐条）和轮毂等组成，其轮齿位于圆柱面上，如图 6-18 所示。

1. 直齿圆柱齿轮的各部分名称及代号(图 6-19)

（1）齿顶圆　通过轮齿顶面的圆，其直径以 d_a 表示。

（2）齿根圆　通过轮齿根部的圆，其直径以 d_f 表示。

（3）分度圆　分度圆是在齿顶圆和齿根圆之间的假想圆，在该圆上齿厚 s 和齿槽宽 e 相等，其直径以 d 表示。

（4）齿顶高　齿顶圆与分度圆之间的径向距离，以 h_a 表示。

（5）齿根高　齿根圆与分度圆之间的径向距离，以 h_f 表示。

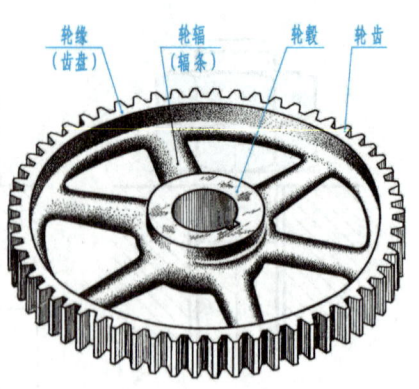

图 6-18　直齿轮的结构

（6）齿高　齿顶圆与齿根圆之间的径向距离，以 h 表示（齿高 $h=h_a+h_f$）。

（7）齿距　分度圆上相邻两个轮齿上对应点之间的弧长，以 p 表示。齿距由齿厚 s 和齿槽宽 e 组成。在标准齿轮中，$s=e=p/2$，$p=s+e$。

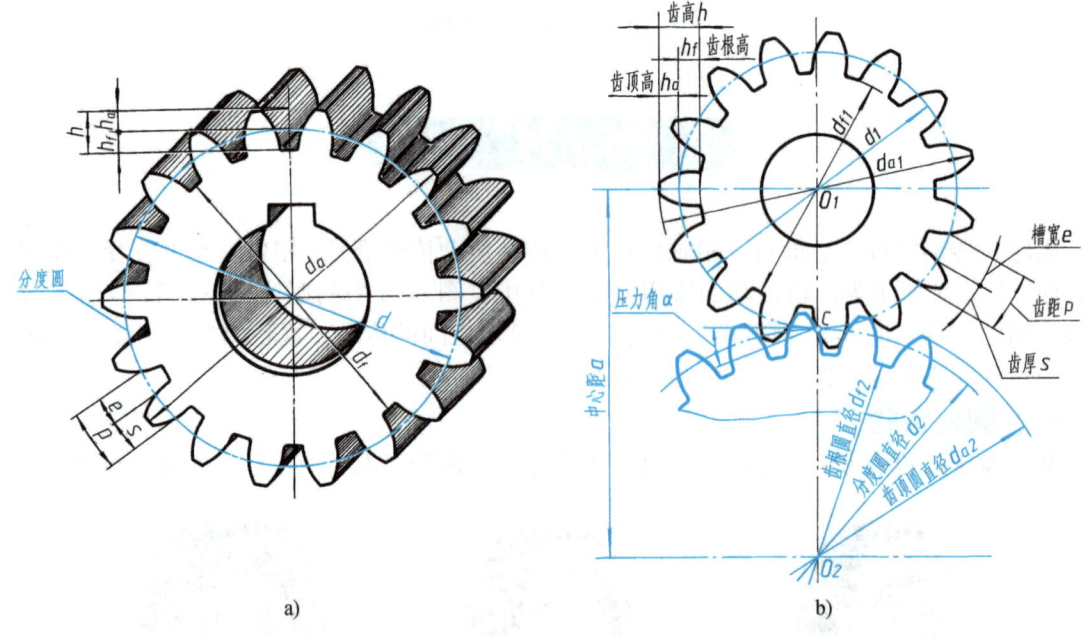

图 6-19　直齿轮轮齿各部分名称及代号

（8）中心距　两啮合齿轮轴线之间的距离，以 a 表示，$a=(d_1+d_2)/2$。

2. 直齿圆柱齿轮的基本参数

（1）齿数　一个齿轮的轮齿总数，以 z 表示。

（2）模数　由于齿轮分度圆的周长 $\pi d = pz$（z 为齿数），则 $d=z\dfrac{p}{\pi}$，式中 π 为无理数，为了计算方便，令 $m=\dfrac{p}{\pi}$，即将齿距 p 除以圆周率 π 所得的商，称为齿轮的模数，用符号

"m"表示，尺寸单位为 mm。由此得出：$d=mz$，$m=\dfrac{d}{z}$。两齿轮啮合，其模数必须相等。

模数是设计、制造齿轮的重要参数。模数大，齿距 p 也大，齿厚 s 和齿高 h 也随之增大，因而齿轮的承载能力也增大。为了便于设计和加工，模数已标准化，其数值见表 6-4。

表 6-4　圆柱齿轮法向模数（摘自 GB/T 1357—2008）　　　　　（单位：mm）

第一系列	1，1.25，1.5，2，2.5，3，4，5，6，8，10，12，16，20，25，32，40，50
第二系列	1.125，1.375，1.75，2.25，2.75，3.5，4.5，5.5，(6.5)，7，9，11，14，18，22，28，35，45

注：选用圆柱齿轮法向模数时，应优先选用第一系列，并应避免采用第二系列中的法向模数 6.5。

（3）压力角　在图 6-19b 中，在点 C 处，齿廓受力方向与齿轮瞬时运动方向的夹角，称为压力角，以 α 表示（分度圆上的压力角又叫齿形角）。标准齿轮的压力角为 20°。

3. 直齿圆柱齿轮各部分的尺寸计算

确定出齿轮的齿数 z 和模数 m，齿轮的各部分尺寸即可按表 6-5 中的公式计算出来。

表 6-5　直齿圆柱齿轮各部分的尺寸关系

名称及代号	公　式	名称及代号	公　式
模数 m	$m=d/z$	齿顶圆直径 d_a	$d_a=d+2h_a=m(z+2)$
齿顶高 h_a	$h_a=m$	齿根圆直径 d_f	$d_f=d-2h_f=m(z-2.5)$
齿根高 h_f	$h_f=1.25m$	齿距 p	$p=\pi m$
齿高 h	$h=h_a+h_f=2.25m$	中心距 a	$a=(d_1+d_2)/2=m(z_1+z_2)/2$
分度圆直径 d	$d=mz$		

4. 单个齿轮的规定画法（图 6-20）

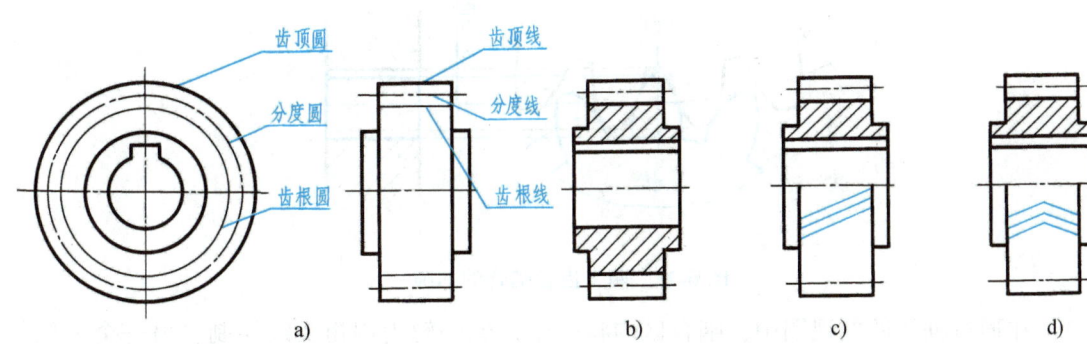

图 6-20　单个齿轮的规定画法

单个齿轮的规定画法

1）一般用两个视图（图 6-20a、b），或者用一个视图和一个局部视图表示单个齿轮。
2）齿顶圆和齿顶线用粗实线绘制。
3）分度圆和分度线用细点画线绘制。

4) 齿根圆和齿根线用细实线绘制，也可省略不画；在剖视图中，齿根线用粗实线绘制（图6-20b）。

5) 在剖视图中，当剖切平面通过齿轮的轴线时，轮齿一律按不剖处理。

6) 当需要表示齿线的特征时，可用三条与齿线方向一致的细实线表示（图6-20c、d）。

5. 两齿轮啮合的规定画法（图6-21）

齿轮啮合的规定画法

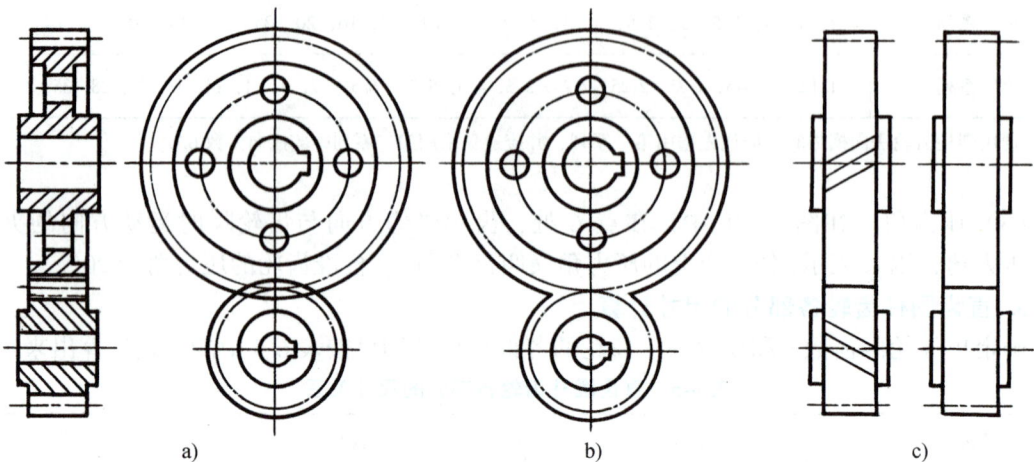

图6-21 两齿轮啮合的规定画法

1) 在垂直于圆柱齿轮轴线的投影面的视图中，啮合区内的齿顶圆均用粗实线绘制（图6-21a），两节圆（分度圆）相切，其省略画法如图6-21b所示。

2) 在平行于圆柱齿轮轴线的投影面的视图中，啮合区的齿顶线不需画出，节线用粗实线绘制，其他处的节线用细点画线绘制，如图6-21c所示。

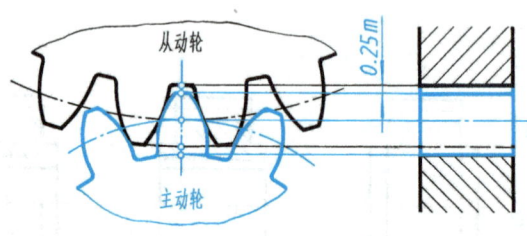

图6-22 两个齿轮啮合的间隙

3) 在通过轴线的剖视图中，啮合区内将一个齿轮的轮齿用粗实线绘制，另一个齿轮的轮齿被遮挡的部分画成细虚线（也可省略不画），而且一个齿轮的齿顶线与另一个齿轮的齿根线之间应有 $0.25m$ 的间隙，如图6-21a和图6-22所示。

图6-23所示为齿轮、齿条啮合的规定画法。齿条可以看成是直径无穷大的齿轮，这时的齿顶圆、节圆、齿根圆和齿廓都是直线。它的模数与其啮合齿轮的模数相同，画法与两圆柱齿轮的啮合画法是一样的。

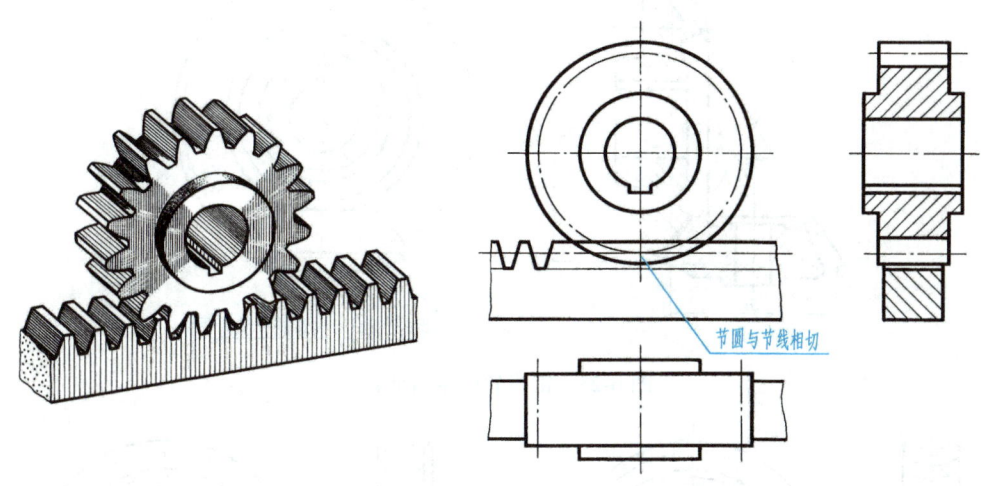

图 6-23　齿轮、齿条啮合的规定画法

例 6-1　识读直齿圆柱齿轮工作图（图 6-24）。

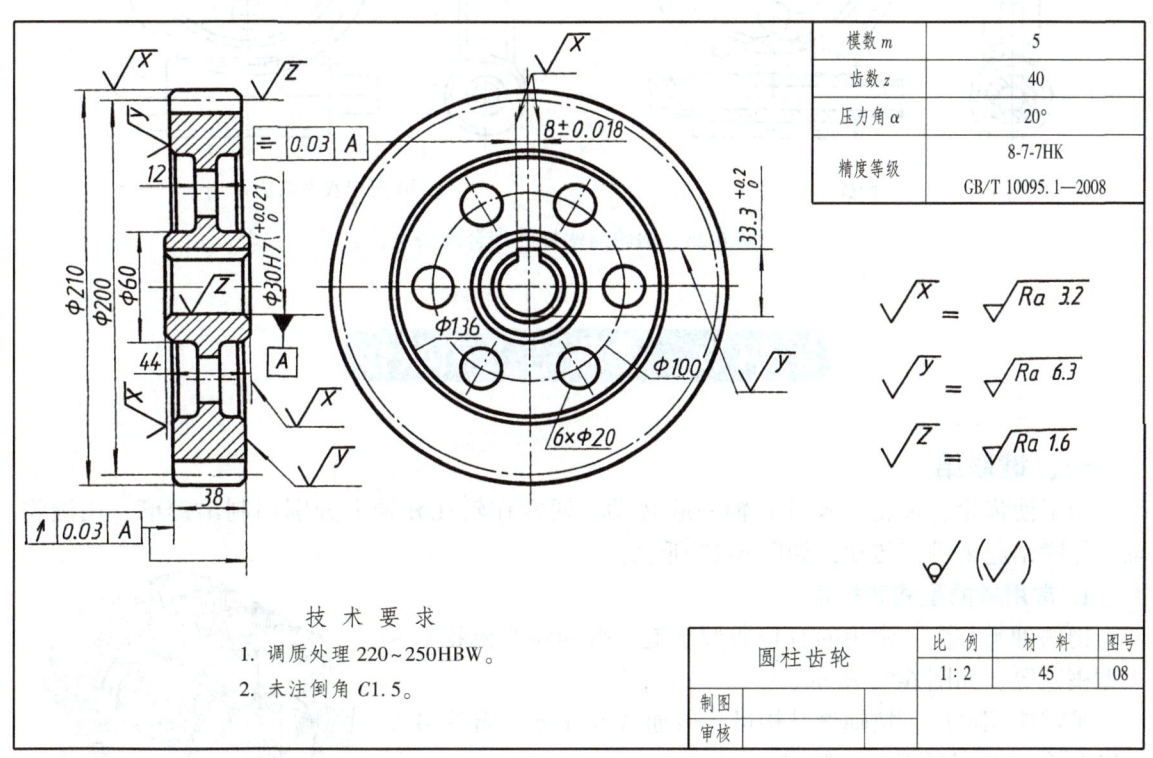

图 6-24　直齿圆柱齿轮工作图

二、锥齿轮、蜗轮与蜗杆的啮合画法

锥齿轮、蜗轮与蜗杆的啮合画法，分别如图 6-25 和图 6-26 所示。

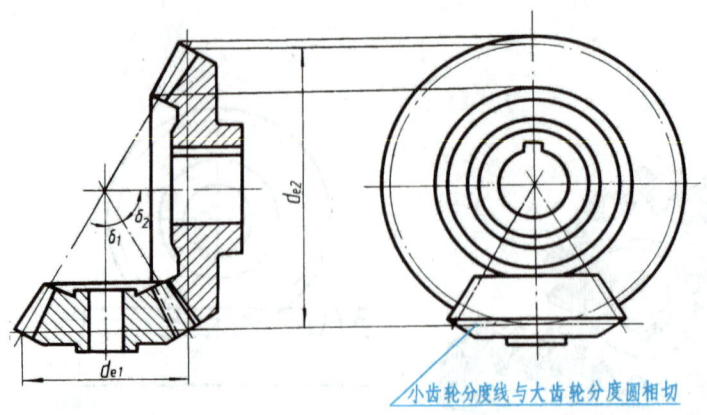

图 6-25 锥齿轮的啮合画法

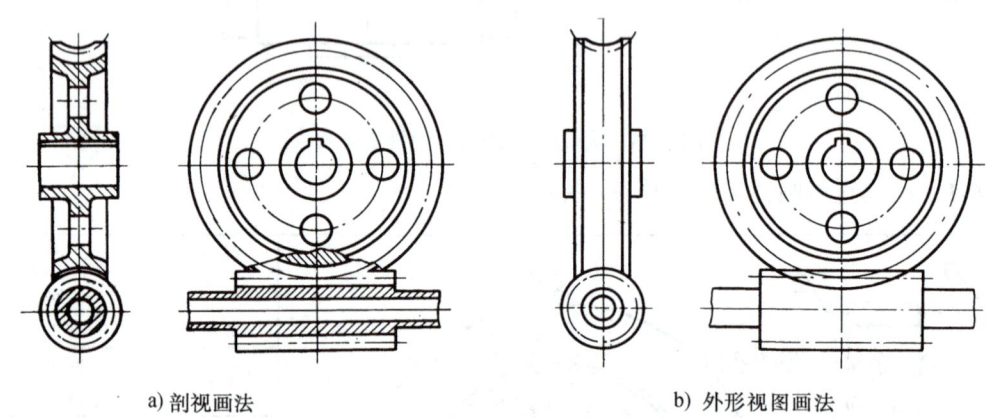

a) 剖视画法　　　　　　　　b) 外形视图画法

图 6-26 蜗轮与蜗杆的啮合画法

第四节　键联结、销联接

一、键联结

为了使齿轮、带轮等零件和轴一起转动，通常在轮孔和轴上分别切制出键槽，用键将轴、轮联结起来进行传动，如图 6-27 所示。

1. 常用键的型式和标记

键的种类很多，常用的有普通型平键、普通型半圆键和钩头型楔键等，如图 6-28 所示。

平键应用最广，按轴槽结构可分普通 A 型平键、普通 B 型平键和普通 C 型平键三种型式。

2. 常用键的标记及识读

常用键都是标准件，其结构型式、尺寸均有相应规定。关于键的规定画法、标记及键槽的形式、尺寸可参看附录中的附表 1。

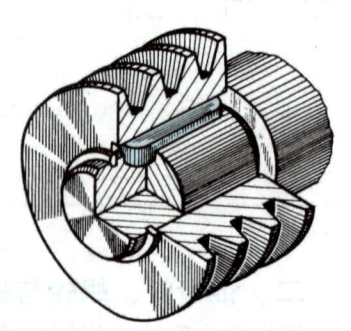

图 6-27　键联结

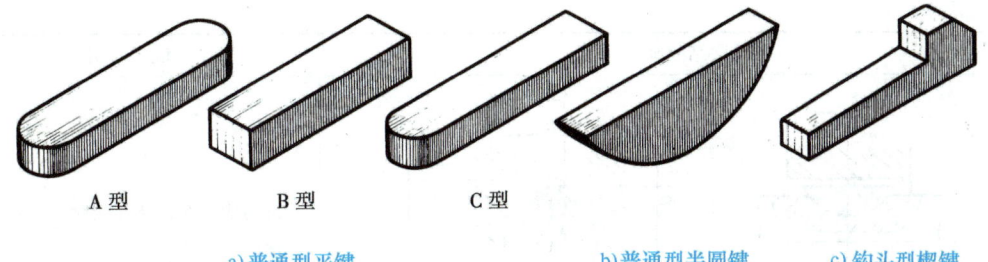

a) 普通型平键　　　　b) 普通型半圆键　　c) 钩头型楔键

图 6-28　常用的几种键

（1）GB/T 1096　键 16×10×100

表示普通 A 型平键，宽度 $b=16$mm，高度 $h=10$mm，长度 $L=100$mm。

（2）GB/T 1096　键 B16×10×100

表示普通 B 型平键，宽度 $b=16$mm，高度 $h=10$mm，长度 $L=100$mm。

（3）GB/T 1096　键 C16×10×100

表示普通 C 型平键，宽度 $b=16$mm，高度 $h=10$mm，长度 $L=100$mm。

（4）GB/T 1099.1　键 6×10×25

表示普通型半圆键，宽度 $b=6$mm，高度 $h=10$mm，直径 $D=25$mm。

（5）GB/T 1565　键 18×100

表示钩头型楔键，宽度 $b=18$mm，高度 $h=11$mm，长度 $L=100$mm。

3. 常用键联结画法与识读

常用键联结画法与识读见表 6-6。

表 6-6　常用键联结画法与识读

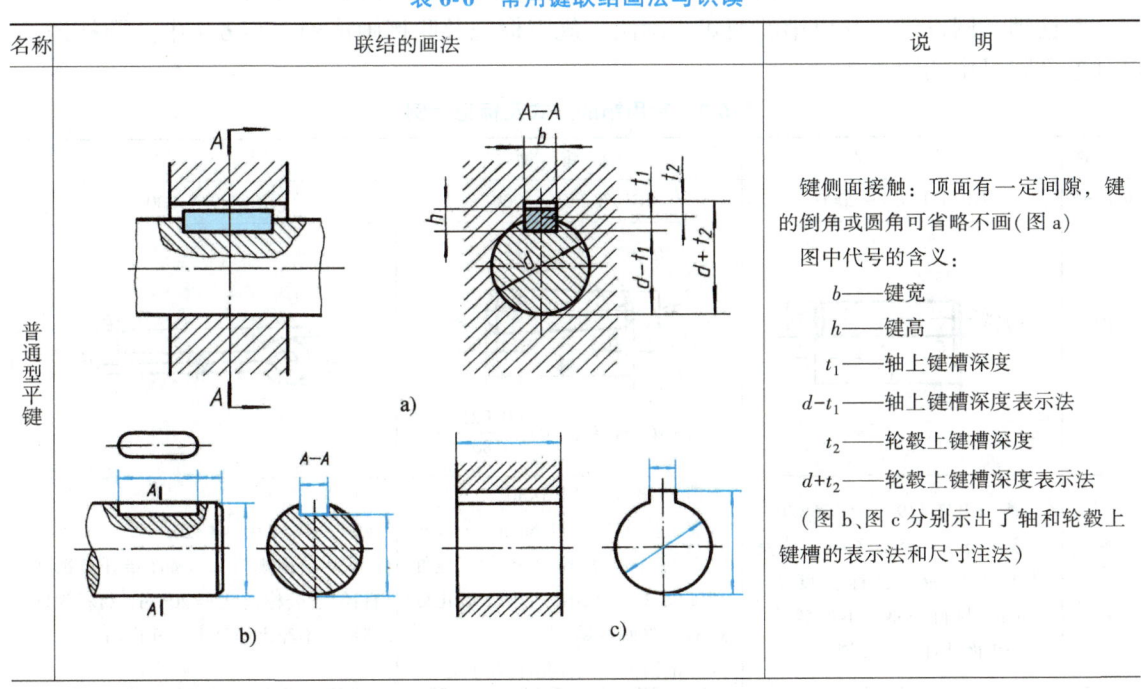

名称	联结的画法	说　明
普通型平键		键侧面接触：顶面有一定间隙，键的倒角或圆角可省略不画（图 a） 图中代号的含义： 　b——键宽 　h——键高 　t_1——轴上键槽深度 　$d-t_1$——轴上键槽深度表示法 　t_2——轮毂上键槽深度 　$d+t_2$——轮毂上键槽深度表示法 （图 b、图 c 分别示出了轴和轮毂上键槽的表示法和尺寸注法）

(续)

名称	联结的画法	说 明
普通型半圆键	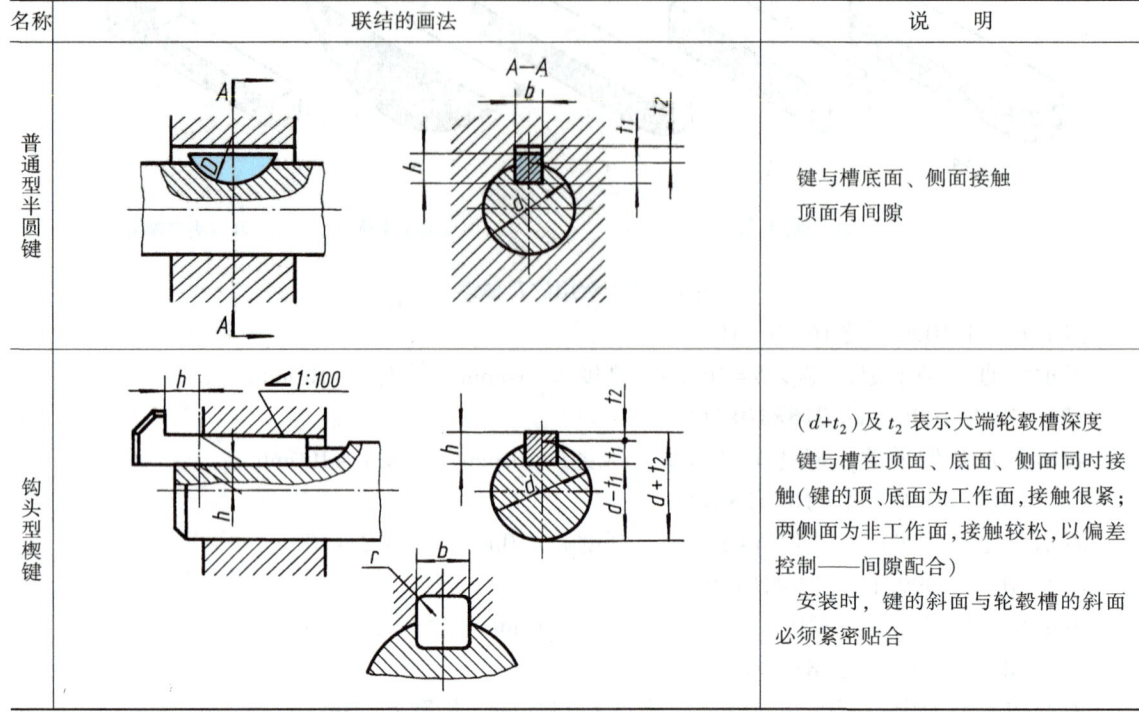	键与槽底面、侧面接触 顶面有间隙
钩头型楔键		$(d+t_2)$ 及 t_2 表示大端轮毂槽深度 键与槽在顶面、底面、侧面同时接触(键的顶、底面为工作面,接触很紧;两侧面为非工作面,接触较松,以偏差控制——间隙配合) 安装时,键的斜面与轮毂槽的斜面必须紧密贴合

二、销联接

常用的销有圆柱销、圆锥销和开口销。圆柱销和圆锥销可用于联接零件和传递动力,也可在装配时定位。开口销常用在螺纹联接的锁紧装置中,以防止螺母松动。

圆柱销、圆锥销、开口销的型式、画法、规定标记及联接画法列于表 6-7 中。圆柱销的尺寸参见附录中的附表 2。

表 6-7 常用销的型式及标记示例

名 称	圆 柱 销	圆 锥 销	开 口 销
标准号	GB/T 119.1—2000	GB/T 117—2000	GB/T 91—2000
图例		$r_1 \approx d$ $r_2 \approx \dfrac{a}{2}+d+\dfrac{(0.021)^2}{8a}$	
标记示例	销 GB/T 119.1 6 m6×30 表示公称直径 $d=6$mm、公差带代号为 m6、公称长度 $l=30$mm、材料为钢、不经淬火、不经表面处理的圆柱销	销 GB/T 117 6×30 表示公称直径 $d=6$mm、公称长度 $l=30$mm、材料为 35 钢、热处理硬度 28~38HRC、表面氧化处理的 A 型圆锥销 圆锥销公称直径指小端直径	销 GB/T 91 4×20 表示公称规格为 4mm(指开口销孔直径)、公称长度 $l=20$mm、材料为低碳钢、不经表面处理的开口销

(续)

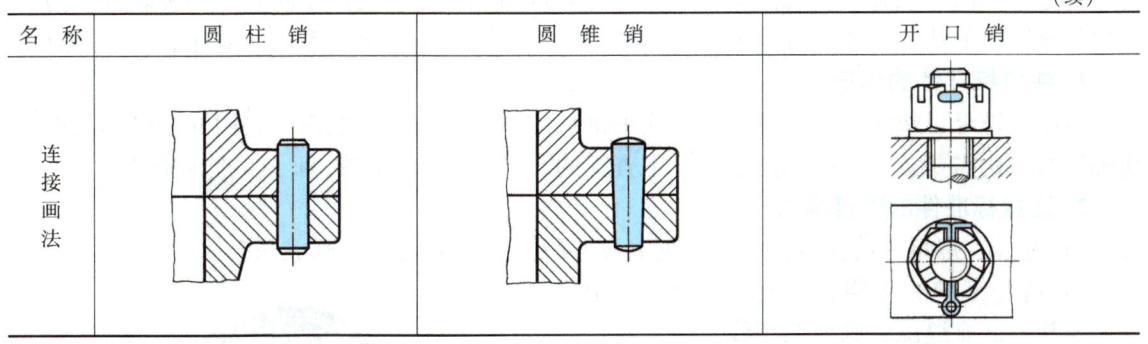

用圆柱销和圆锥销联接或定位的两个零件,它们的销孔是一起加工的,以保证相互位置的准确性。因此,在零件图上除了注明销孔的尺寸外,还要注明其加工情况。图6-29所示为销孔的加工过程及其尺寸注法。

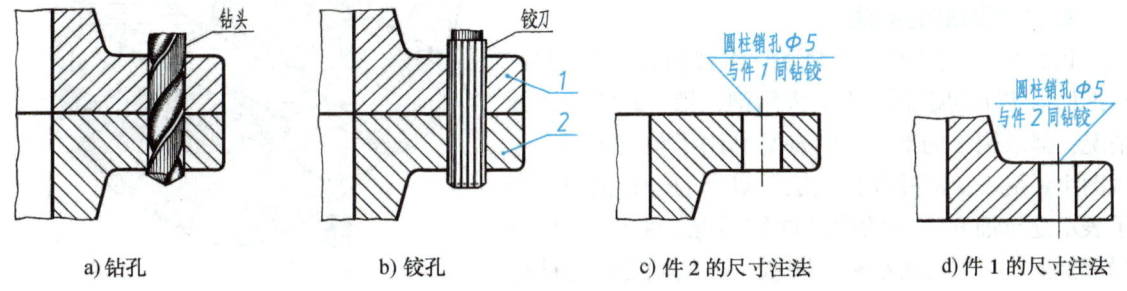

图 6-29　销孔的加工及其尺寸注法

下面,我们来看一张图——螺纹紧固件、键、销联接画法的应用图例(图6-30)。

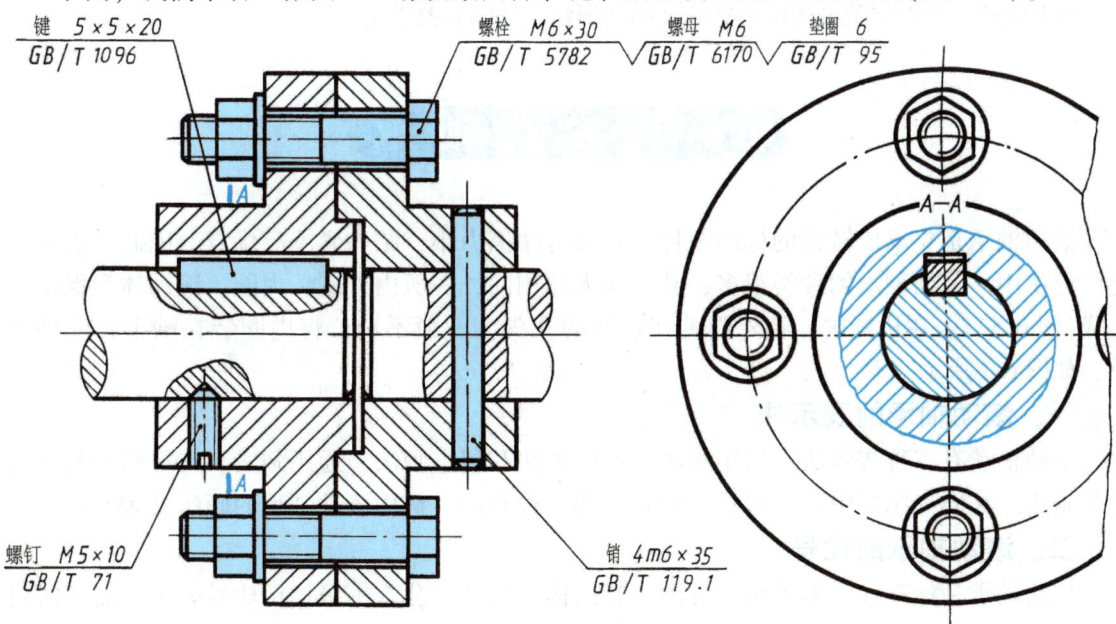

图 6-30　凸缘联轴器的装配图

这是一张凸缘联轴器的装配图。联轴器是联接两轴一同回转而不脱开的一种装置。为了实现传递转矩的功能，该联轴器采用了螺纹紧固件、键、销联接。看该图应注意以下几点：

1. 注意标准件的标记

螺栓、螺母、垫圈、紧定螺钉、普通平键、圆柱销等都是标准件，它们的规格都是根据联轴器的结构需要，在相应的国家标准中查得的，其标记及标准的编号如图 6-30 中所注。

2. 注意标准件的联接画法

1）螺栓、螺母为简化画法，法兰的光孔与螺杆之间有缝隙，画成两条线。

2）键与键槽的两侧和底面都接触，只画一条线，与其顶面有缝隙，画成两条线。

3）圆柱销与销孔是配合关系，故销的两侧均画成一条线。

4）紧定螺钉应全部旋入螺孔内，按外螺纹绘制，螺钉的锥端应顶住轴上的锥坑。

3. 注意图形的画法

该装配图采用了两个视图，主视图采用全剖视，标准件均按不剖绘制。为了表示键、销、螺钉的装配情况，都采用了局部剖。两轴都采用了断裂画法。左视图主要是表示螺栓联接在法兰盘上的分布情况。为了表示键与轴和法兰的横向联结情况，采用了 A—A 局部剖视。为了有效地利用图纸，法兰盘的前部被打掉一部分，以波浪线表示。关于同一零件及相邻两零件的剖面线画法，希望读者自行分析。

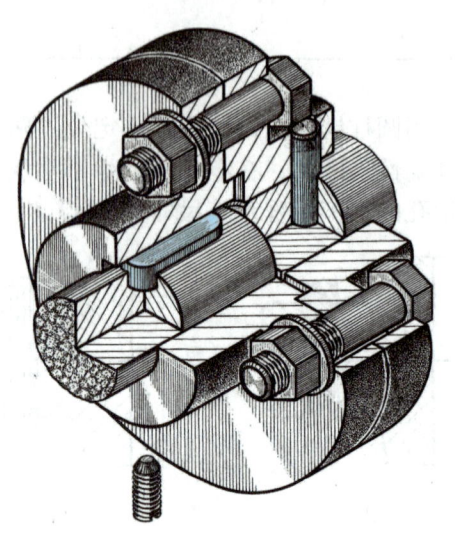

图 6-31　联轴器的轴测图

综上所述，可以想象出该联轴器的结构和形状，如图 6-31 所示。

第五节　滚动轴承

滚动轴承是支承旋转轴的标准组件。它具有摩擦力小、结构紧凑等优点，因此被现代工业广泛使用。滚动轴承的种类很多，其结构大体相同，一般由外圈、内圈、滚动体和保持架组成（图 6-32）。在机器中，将外圈装在机座的孔内，一般不动；将内圈装在轴上，随轴转动，如图 6-1 所示。

一、滚动轴承的表示法

滚动轴承有三种表示法：通用画法、特征画法和规定画法，通用画法和特征画法又称为简化画法。在同一图样中，一般只采用其中的一种画法。常用滚动轴承的画法见表 6-8。

二、滚动轴承的代号

滚动轴承是标准件，不需画零件图，其结构、尺寸、公差等级均用代号表示。需用时可根据设计要求选型，其尺寸等应查阅相应国家标准。

滚动轴承的基本代号由类型代号、尺寸系列代号和内径代号组成。

现以"滚动轴承6208、滚动轴承31312"为例，说明其代号的含义。

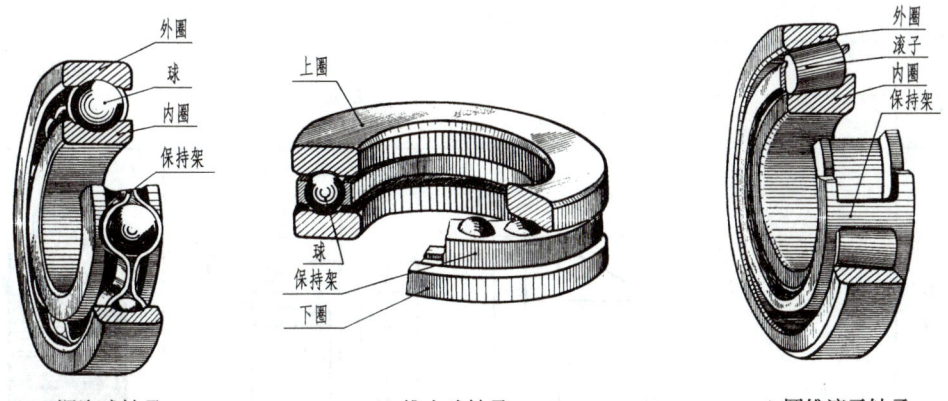

a) 深沟球轴承　　　　b) 推力球轴承　　　　c) 圆锥滚子轴承

图 6-32 滚动轴承的结构及类型

```
6  2  08 ········ 规定标记： 轴承  6208  GB/T 276—2013
         └── 内径代号： d = 40mm
      └── 尺寸系列代号(02)： 宽度系列代号0省略，直径系列代号为2
   └── 轴承类型代号： 深沟球轴承

3  13  12 ········ 规定标记： 轴承  31312  GB/T 297—2015
         └── 内径代号： d = 60mm
      └── 尺寸系列代号： 宽度系列代号为1，直径系列代号为3
   └── 轴承类型代号： 圆锥滚子轴承
```

表 6-8 滚动轴承的通用画法、特征画法和规定画法（摘自 GB/T 4459.7—2017）

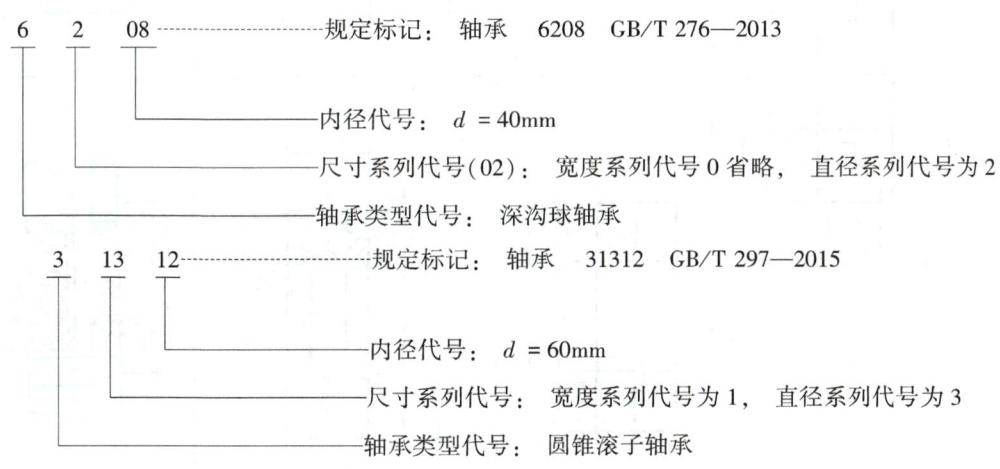

(续)

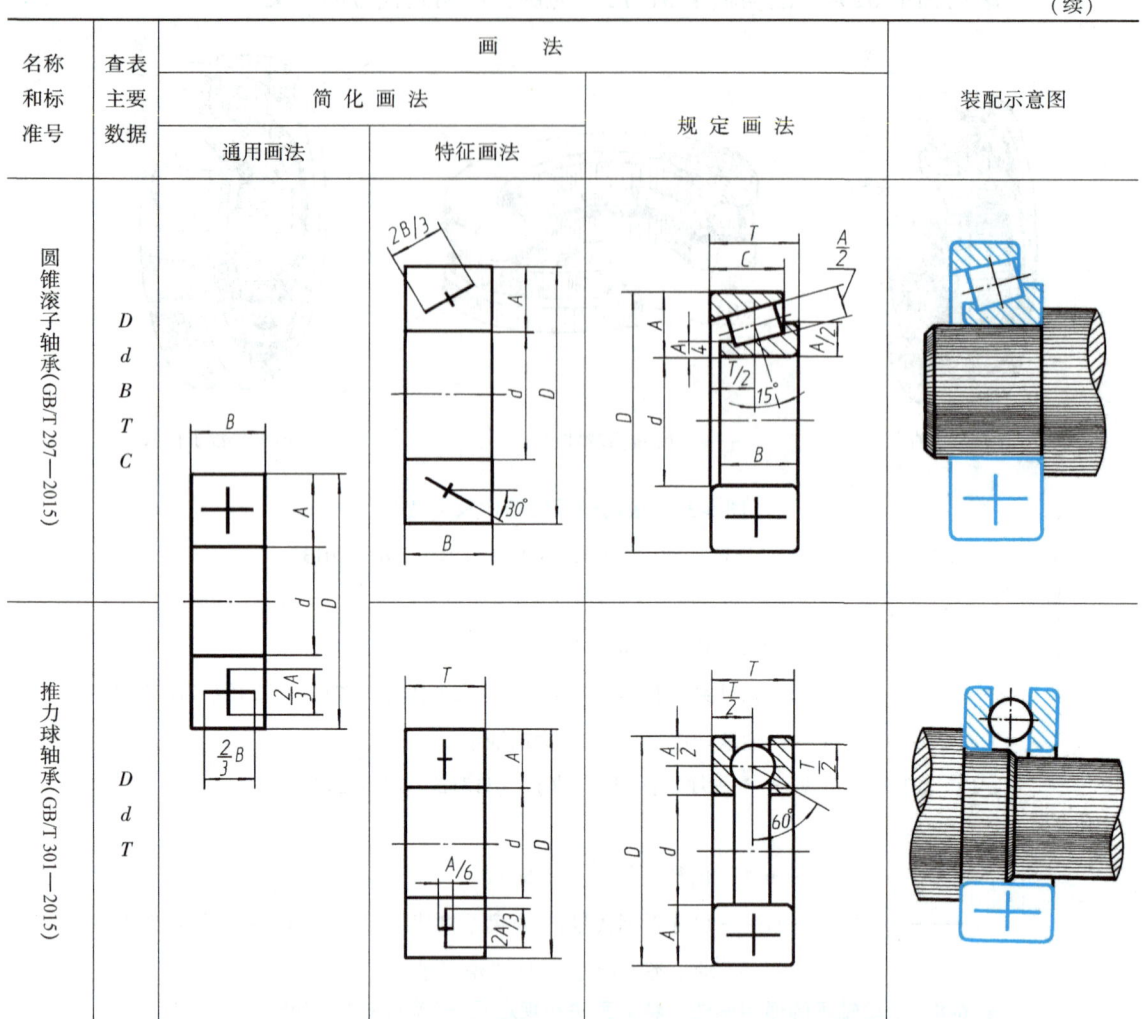

类型代号、尺寸系列代号和内径代号均可从相应标准中查取。但内径尺寸通常可直接从其代号(第一、二位数)中判定出来，即 00，01，02，03 分别表示内径 d = 10，12，15，17（单位为 mm）；代号数字≥04～96 时，代号数字乘以 5 即为轴承内径。

第六节 弹 簧

弹簧是一种用来减振、夹紧、测力和储存能量的零件，种类很多，用途很广。本节仅简要介绍圆柱螺旋压缩弹簧的规定画法参见 GB/T4459.4—2003。

根据用途不同，圆柱螺旋弹簧可分为压缩弹簧、拉伸弹簧和扭转弹簧，如图 6-33 所示。

图 6-34 所示为圆柱螺旋压缩弹簧的画法。图 6-35 所示为圆柱螺旋压缩弹簧在装配图中的画法。

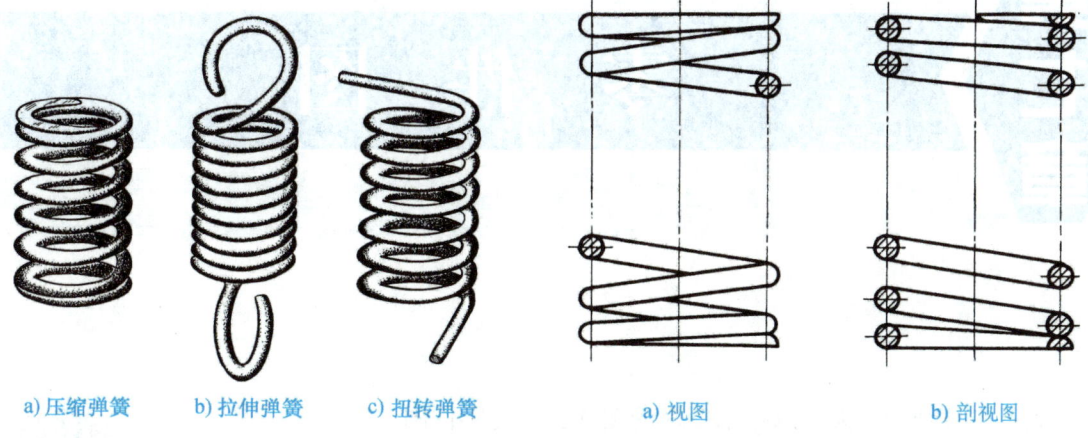

a) 压缩弹簧　　b) 拉伸弹簧　　c) 扭转弹簧　　　　　a) 视图　　　　　　　b) 剖视图

图 6-33　圆柱螺旋弹簧　　　　　　　　图 6-34　圆柱螺旋压缩弹簧的画法

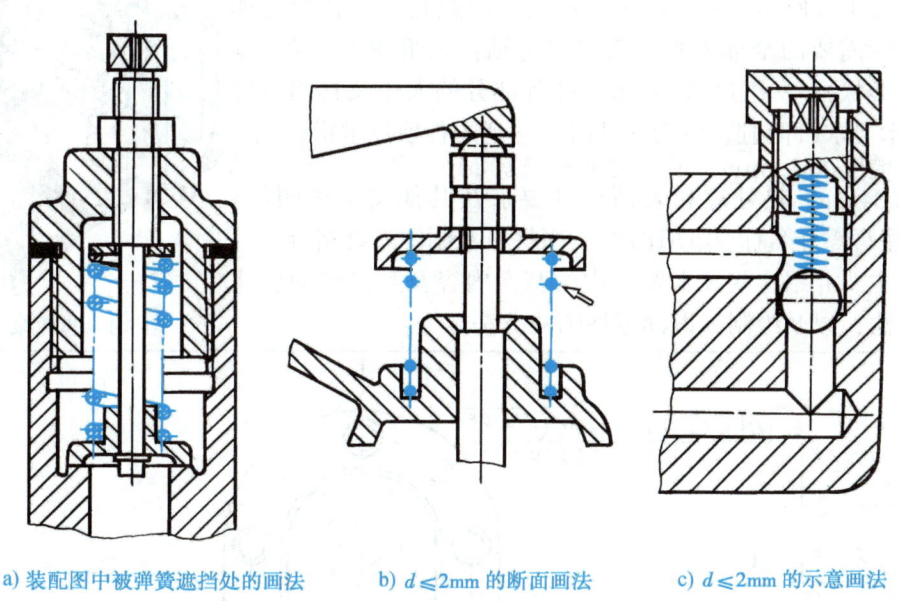

a) 装配图中被弹簧遮挡处的画法　　b) $d \leqslant 2\text{mm}$ 的断面画法　　c) $d \leqslant 2\text{mm}$ 的示意画法

图 6-35　装配图中圆柱螺旋压缩弹簧的规定画法（d 为弹簧材料直径）

第七章 零件图

表示零件结构、大小及技术要求的图样，称为零件图。

零件图是制造和检验零件的依据，是指导生产的重要技术文件。

图 7-1 所示为齿轮泵立体图，图 7-2 所示为该泵上左端盖的零件图。由于零件图是直接用于生产的，因此它应具备制造和检验零件所需要的全部内容。其主要包括：一组图形（表示零件的结构形状）；一组尺寸（表示零件各部分的大小及其相对位置）；技术要求（即制造、检验零件时应达到的各项技术指标），如表面粗糙度 $Ra1.6\mu m$、尺寸的极限偏差 $\phi 16^{+0.018}_{0}$、平行度公差 $0.04mm$、热处理和表面处理要求及其他文字说明等；标题栏（注写零件名称、绘图比例、所用材料及制图者姓名等）。

本章主要介绍这些技术要求中的基本内容及其代号的标注和识读方法，以及绘制、识读零件图的方法。

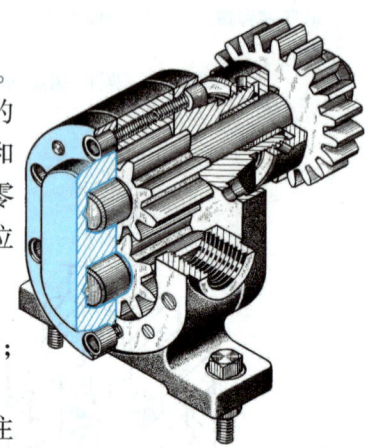

图 7-1　齿轮泵立体图

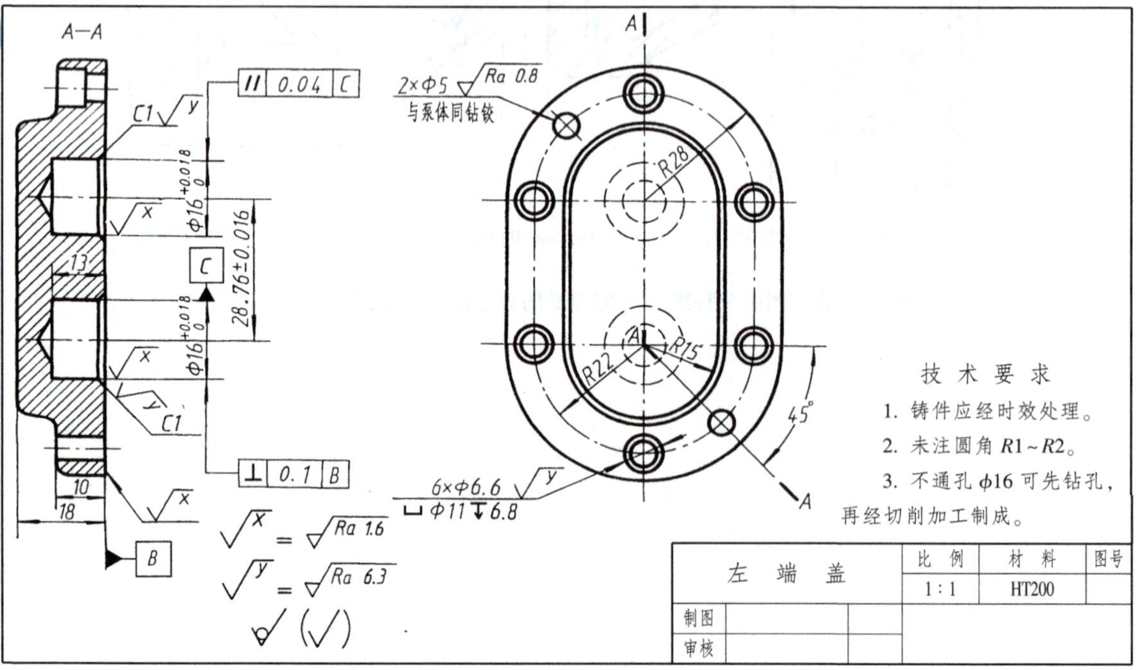

图 7-2　左端盖零件图

第一节　零件图的技术要求

一、表面粗糙度

GB/T1 31—2006 对零件表面结构的表示法做了全面的规定。本节只简要介绍其中应用最多的表面粗糙度在图样上的表示法及其符号、代号的标注和识读方法。

表面粗糙度是指加工表面上具有较小的间距和峰谷所组成的微观几何形状特征。

经过加工的零件表面，看起来很光滑，但将其剖面置于放大镜（或显微镜）下观察，却可见其表面具有微小的峰谷，如图 7-3 所示。表面粗糙度对零件的配合性能、耐磨性、密封性及外观等都有很大影响。峰、谷及其间距越小，其表面性能越好，但加工成本越高。因此，应根据零件的作用恰当地确定表面粗糙度。

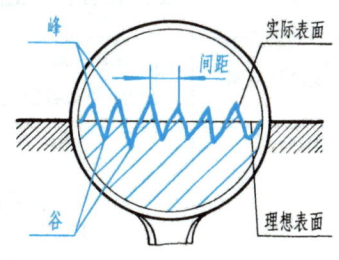

图 7-3　表面粗糙度示意图

1. 表面粗糙度的评定参数

表面粗糙度的主要评定参数为轮廓算术平均偏差 Ra 和轮廓最大高度 Rz，它们的常用参数值为 0.4，0.8，1.6，3.2，6.3，12.5，25（单位为 μm）。数值越小，表面越平滑；数值越大，表面越粗糙。其数值的选用应根据零件的功能要求而定。

2. 表面粗糙度的符号

在图样中，对表面结构的要求可用几种不同的符号表示。表面结构的图形符号及其含义见表 7-1。

表 7-1　表面结构的图形符号及其含义（GB/T 131—2006）

名称	符　　号	含义及说明
基本符号	∨	表示对表面结构有要求的符号。基本符号仅用于简化代号的标注，当通过一个注释解释时可单独使用，没有补充说明时不能单独使用
扩展符号	∇	要求去除材料的符号 在基本符号上加一短横，表示指定表面是用去除材料的方法获得的，如通过机械加工（车、铣、钻、磨、剪切、抛光、腐蚀、电火花加工、气割等）的表面
	∨○	不允许去除材料的符号 在基本符号上加一个圆圈，表示指定表面是用不去除材料的方法获得的，如铸、锻等
完整符号	∨‾　∇‾　∨○‾	在上述所示的图形符号的长边上加一横线，用于对表面结构有补充要求的标注。左、中、右符号分别用于"允许任何工艺""去除材料""不去除材料"方法获得的表面的标注
工件轮廓各表面的符号	（图示）	当在图样某个视图上构成封闭轮廓的各表面有相同的表面结构要求时，应在完整符号上加一圆圈，标注在图样中工件的封闭轮廓线上。如果标注会引起歧义时，各表面应分别标注。左图中的符号是指对图形中封闭轮廓的六个面的共同要求（不包括前后面）

3. 表面粗糙度代号的标注

表面粗糙度代号的画法及在图样上的标注方法见表7-2(表面粗糙度在本表的"规定及说明"中均以"表面结构要求"相称,以求与国家标准的相应称谓一致)。

表 7-2　表面粗糙度代号及其标注

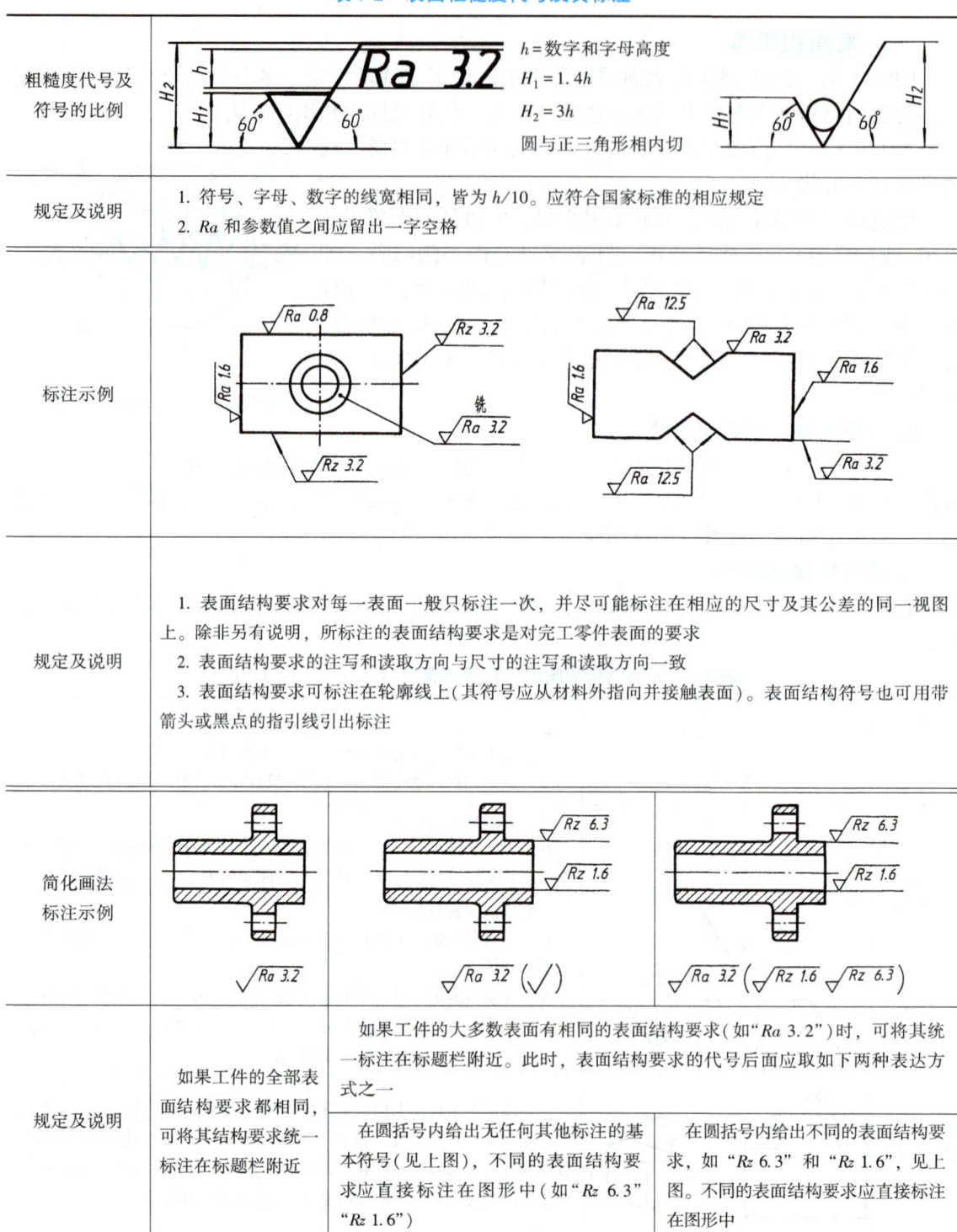

(续)

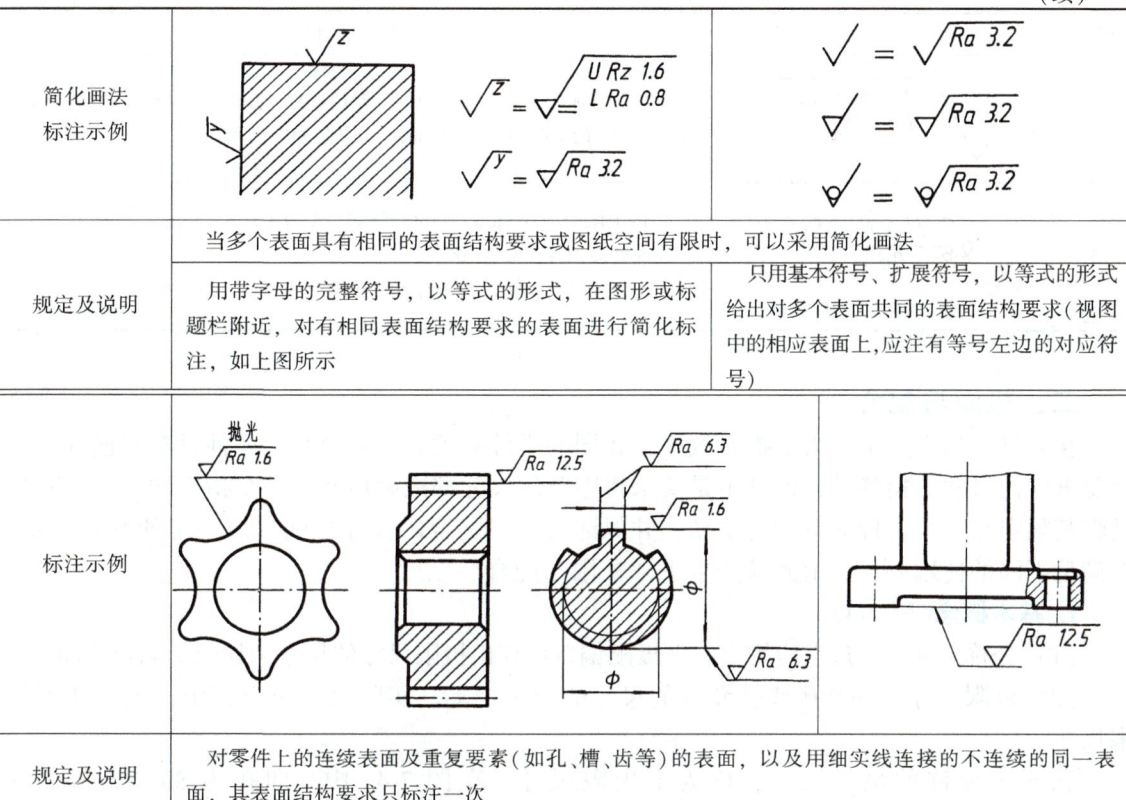

简化画法标注示例		
规定及说明	当多个表面具有相同的表面结构要求或图纸空间有限时,可以采用简化画法	
	用带字母的完整符号,以等式的形式,在图形或题栏附近,对有相同表面结构要求的表面进行简化标注,如上图所示	只用基本符号、扩展符号,以等式的形式给出对多个表面共同的表面结构要求(视图中的相应表面上,应注有等号左边的对应符号)
标注示例		
规定及说明	对零件上的连续表面及重复要素(如孔、槽、齿等)的表面,以及用细实线连接的不连续的同一表面,其表面结构要求只标注一次	

4. 表面粗糙度代号的识读举例(表7-3)

表7-3 表面粗糙度代号的识读举例

序号	代号	含义及解释
1	∇ Rz 0.4	表示不允许去除材料,Rz 的上限值为 $0.4\mu m$ 当只标注上限值时,表示在测得的全部实测值中,大于规定值的个数不超过测得值总个数的16%时,该表面为合格。此称"16%规则"
2	∇ Rz max 0.2	表示去除材料,Rz 的最大值为 $0.2\mu m$ 当只标注最大值时,表示在测得的全部实测值中,一个也不超过图样上的规定值时,该表面为合格。此称"最大规则"。凡在参数代号后面加注"max"者,则可判定该参数为最大值
3	∇ U Ra max 3.2 L Ra 0.8	表示不允许去除材料,双向极限值:Ra 的上限值为 $3.2\mu m$,"最大规则";Ra 的下限值为 $0.8\mu m$,"16%规则"(默认——凡在参数代号后无"max"字样者,均为"16%规则") "U"为上限值代号,"L"为下限值代号。只标注单项极限值时,一般是指上限值,不必加"U"。如果是指参数的下限值,则必须在参数代号前加注"L"

序号	代号	含义及解释
4	✓ Ra max 6.3 / Rz 12.5	表示任意加工方法，两个单项上限值；Ra 的最大值为 6.3μm，"最大规则"；Rz 的上限值为 12.5μm，"16% 规则"（默认）
5	Cu/Ep·Ni5bCr0.3r ✓ Rz 0.8	Rz 的上限值为 0.8μm，"16% 规则"（默认） 表面处理铜件，镀镍/铬 表面要求对封闭轮廓的所有表面有效

二、极限与配合

在大批量的生产中，为了提高效率，相同的零件必须具有互换性。零件具有互换性，必然要求零件尺寸的精确度，但并不是要求将零件的尺寸都准确地制成一个指定的尺寸，而只是将其限定在一个合理的范围内变动，并保证与相互配合的尺寸之间形成一定的配合关系，以满足不同的使用要求，由此就产生了"极限与配合"制度。

1. 基本概念（图 7-4）

（1）公称尺寸 通过它应用上、下极限偏差可算出极限尺寸的尺寸，如图 7-4a 中的 $\phi 80$。

（2）极限尺寸 一个孔或轴允许的尺寸的两个极端。实际尺寸位于其中，也可达到极限尺寸。

孔或轴允许的最大尺寸，称为上极限尺寸。在图 7-4a 中，即孔为 80.065mm，轴为 79.970mm。

孔或轴允许的最小尺寸，称为下极限尺寸。即孔为 80.020mm，轴为 79.940mm。

极限尺寸可以大于、小于或等于公称尺寸——$\phi 80$mm。

（3）极限偏差 极限尺寸减其公称尺寸所得的代数差，称为极限偏差。上极限尺寸减其公称尺寸所得的代数差，称为上极限偏差；下极限尺寸减其公称尺寸所得的代数差，称为下极限偏差。偏差可以是正值、负值或零。

图 7-4a 中孔、轴的极限偏差可分别计算如下：

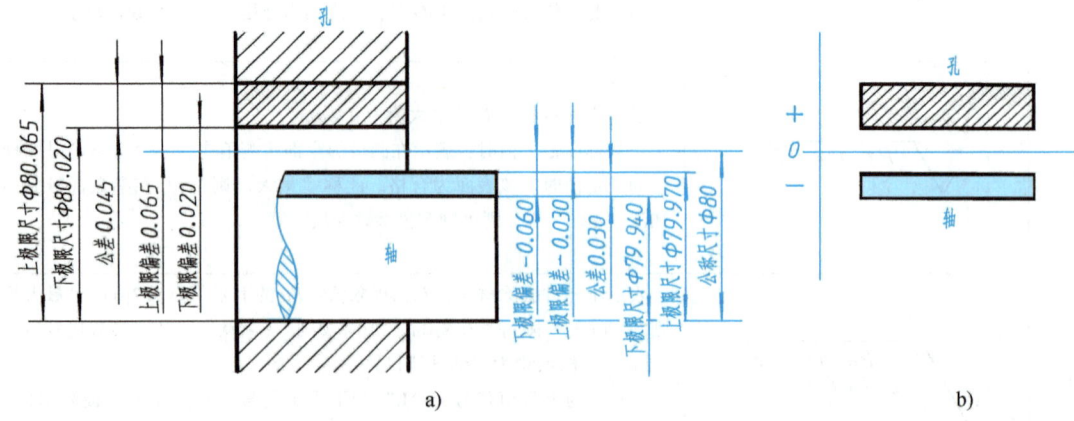

图 7-4 术语图解和公差带示意图

孔 $\begin{cases} 上极限偏差 = (80.065-80)\text{mm} = +0.065\text{mm} \\ 下极限偏差 = (80.020-80)\text{mm} = +0.020\text{mm} \end{cases}$
轴 $\begin{cases} 上极限偏差 = (79.970-80)\text{mm} = -0.030\text{mm} \\ 下极限偏差 = (79.940-80)\text{mm} = -0.060\text{mm} \end{cases}$

（4）尺寸公差（简称公差） 上极限尺寸减下极限尺寸之差，或上极限偏差减下极限偏差之差，称为公差。它是允许尺寸的变动量，恒为正值。

图7-4中孔、轴的公差可分别计算如下：

孔 $\begin{cases} 公差 = 上极限尺寸-下极限尺寸 = (80.065-80.020)\text{mm} = 0.045\text{mm} \\ 公差 = 上极限偏差-下极限偏差 = (0.065-0.020)\text{mm} = 0.045\text{mm} \end{cases}$

轴 $\begin{cases} 公差 = 上极限尺寸-下极限尺寸 = (79.970-79.940)\text{mm} = 0.030\text{mm} \\ 公差 = 上极限偏差-下极限偏差 = [-0.030-(-0.060)]\text{mm} = 0.030\text{mm} \end{cases}$

由此可知，公差用于限制尺寸误差，是尺寸精度的一种度量。公差越小，尺寸的精度越高，实际尺寸的允许变动量就越小；反之，公差越大，尺寸的精度越低。

（5）公差带 由代表上极限偏差和下极限偏差，或上极限尺寸和下极限尺寸的两条直线所限定的一个区域，称为公差带。常用它来形象地表示公称尺寸、极限偏差和公差的关系，图7-4b即为图7-4a的公差带图解。其中，零线是表示公称尺寸的一条直线。

2. 配合

（1）配合 公称尺寸相同的、相互结合的孔和轴公差带之间的关系，称为配合。

根据使用要求不同，配合的松紧程度也不同。配合的类型共有三种：

孔的下极限尺寸大于或等于轴的上极限尺寸，即具有间隙的配合，称为间隙配合。

孔的上极限尺寸小于或等于轴的下极限尺寸，即具有过盈的配合，称为过盈配合。

轴、孔之间可能具有间隙或过盈的配合，称为过渡配合。其间隙量、过盈量都很小。

（2）配合制度

1）基孔制配合。基本偏差一定的孔的公差带，与基本偏差不同的轴的公差带形成各种配合的制度，称为基孔制配合。

图7-5所示为基孔制配合孔、轴公差带之间的关系，即以孔的公差带大小和位置为准，当轴的公差带位于它的下方时，形成间隙配合；当轴的公差带位于它的上方时，形成过盈配合；当轴的公差带与孔的公差带部分重叠时，形成过渡配合。

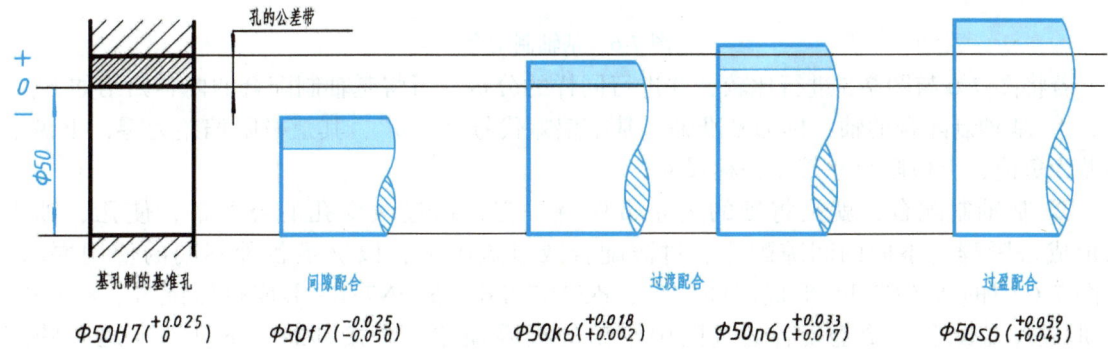

图7-5 基孔制配合

公差带由两个要素组成：一个是"公差带大小"，一个是"公差带位置"。公差带大小由标准公差确定。国家标准将标准公差分成20个等级，即由IT01、IT0、IT1、IT2……IT18，

01 级最高，18 级最低。公差等级越高，公差数值越小。各级标准公差的数值，可查阅附录中的附表 3。公差带位置由基本偏差确定。基本偏差是指靠近零线的那个偏差，它可以是上极限偏差，也可以是下极限偏差。国家标准对孔和轴分别规定了 28 种基本偏差，用拉丁字母表示。大写字母表示孔，小写字母表示轴。

公差带代号由基本偏差代号（字母）和标准公差等级（数字）组成，如图 7-5 中的 H7、f7、k6、n6、s6 等，据此可在附录中的附表 4 和附表 5 中查得它们的极限偏差值。

综上所述，可将基孔制配合的内容归结如下：

① 基孔制配合的孔称为基准孔，基本偏差代号为"H"，其上极限偏差为正值，下极限偏差为零，下极限尺寸等于公称尺寸。

② 基孔制配合，就是将孔的公差带保持一定，通过改变轴的公差带，使孔、轴之间形成松紧程度不同的间隙配合、过渡配合和过盈配合，以满足各种不同的使用要求如图 7-5 中的 φ50H7/f7 形成间隙配合，φ50H7/k6、φ50H7/n6 形成过渡配合，φ50H7/s6 形成过盈配合。

实际上，通过图 7-5 中图形下面所列孔、轴的极限偏差，即可直接判断出配合类别，请读者自行分析、判断。

2）基轴制配合。基本偏差一定的轴的公差带，与基本偏差不同的孔的公差带形成各种配合的制度，称为基轴制配合（图 7-6）。

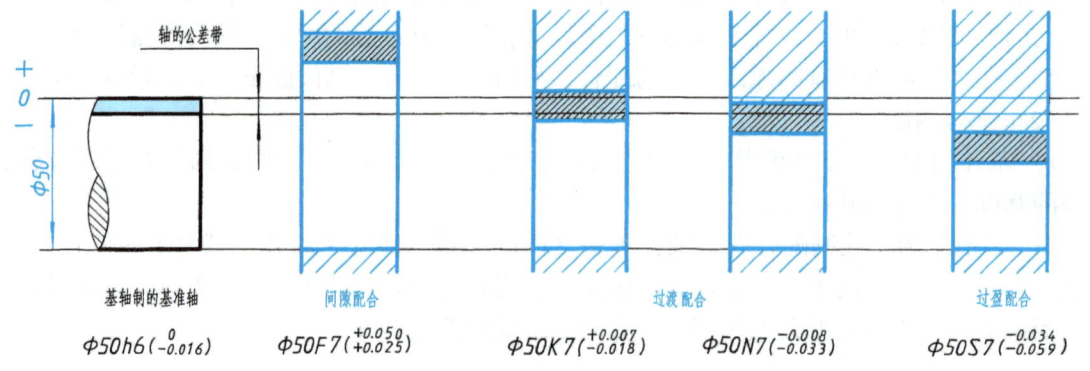

图 7-6　基轴制配合

若将图 7-6 与图 7-5 进行比较，并进行同样的分析，可将基轴制配合的内容归结如下：

① 基轴制配合的轴，称为基准轴，基本偏差代号为"h"，其上极限偏差为零，下极限偏差为负值，上极限尺寸等于公称尺寸。

② 基轴制配合，就是将轴的公差带保持一定，通过改变孔的公差带，使孔、轴之间形成松紧程度不同的间隙配合、过渡配合或过盈配合，以满足各种不同的使用要求。如图 7-6 中的 φ50F7/h6 形成间隙配合，φ50K7/h6、φ50N7/h6 形成过渡配合，φ50S7/h6 形成过盈配合。希望读者通过图中给出的极限偏差，直接判断一下轴、孔之间的配合类别。

3. 极限与配合的标注与识读

（1）在装配图上的标注　在装配图上标注配合代号，应采用组合式注法，如图 7-7a 所示：在公称尺寸后面用分式表示，分子为孔的公差带代号，分母为轴的公差带代号。

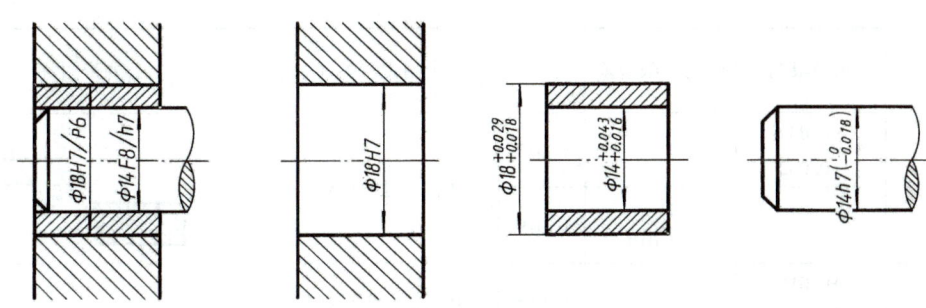

a) 在装配图上的注法　　b) 只注公差带代号　　c) 只注极限偏差　　d) 代号和极限偏差兼注

图 7-7　极限与配合在图样上的标注形式

（2）在零件图上的标注　在零件图上的标注共有三种形式：在公称尺寸后只注公差带代号（图 7-7b）、只注极限偏差（图 7-7c），或公差带代号和上、下极限偏差兼注（图 7-7d）。

配合代号的识读举例见表 7-4。

表 7-4　配合代号的识读举例　　　　　　　　　　　　（单位：mm）

项目 代号	孔的极限偏差	轴的极限偏差	公差	配合制度与类别	公差带图解
$\phi 60 \dfrac{H7}{n6}$	+0.030 0		0.030	基孔制过渡配合	
		+0.039 +0.020	0.019		
$\phi 20 \dfrac{H7}{s6}$	+0.021 0		0.021	基孔制过盈配合	
		+0.048 +0.035	0.013		
$\phi 30 \dfrac{H8}{f7}$	+0.033 0		0.033	基孔制间隙配合	
		−0.020 −0.041	0.021		
$\phi 24 \dfrac{G7}{h6}$	+0.028 +0.007		0.021	基轴制间隙配合	
		0 −0.013	0.013		
$\phi 100 \dfrac{K7}{h6}$	+0.010 −0.025		0.035	基轴制过渡配合	
		0 −0.022	0.022		

(续)

项目代号	孔的极限偏差	轴的极限偏差	公差	配合制度与类别	公差带图解
$\phi 75 \dfrac{R7}{h6}$	-0.032 -0.062		0.030	基轴制过盈配合	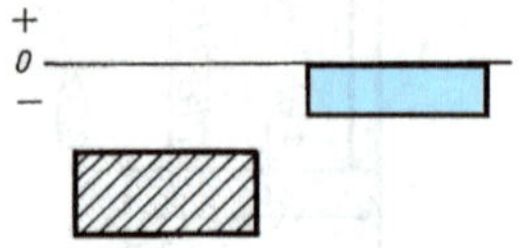
		0 -0.019	0.019		
$\phi 50 \dfrac{H6}{h5}$	+0.016 0		0.016	基孔制, 也可视为基轴制, 是最小间隙为0的一种间隙配合	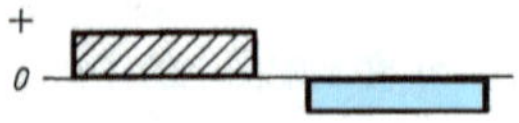
		0 -0.011	0.011		

三、几何公差

1. 几何公差概述

经过加工的零件, 不但会产生尺寸误差, 而且会产生几何误差。例如, 图 7-8a 所示的销轴, 加工后轴线变弯了(图 7-8b 所示为夸大后的变形形状), 因而产生了直线度误差。又如, 图 7-9a 所示的四棱柱, 上表面倾斜了(图 7-9b 所示为夸大后的变形形状), 因而产生了平行度误差。

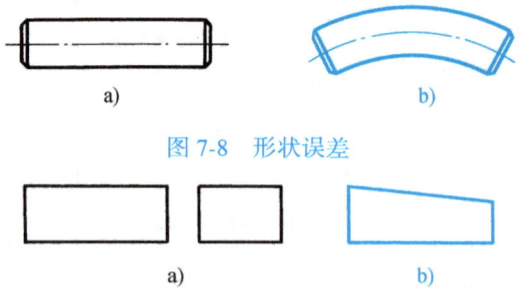

图 7-8 形状误差

图 7-9 位置误差

如果零件存在严重的几何误差, 将对其装配造成困难, 影响机器的质量。因此, 对于精度要求较高的零件, 除给出尺寸公差外, 还应根据设计要求, 合理地确定出几何误差的最大允许值, 如图 7-10a 中的 $\phi 0.08$ (表示提取销轴圆柱面的实际中心线应限定在直径等于 $\phi 0.08 mm$ 的圆柱面内, 如图 7-10b 所示)、图 7-11a 中的 0.01(表示提取四棱柱的实际上表面应限定在间距等于 0.01mm、平行于基准平面 A 的两平行平面之间, 如图 7-11b 所示)。

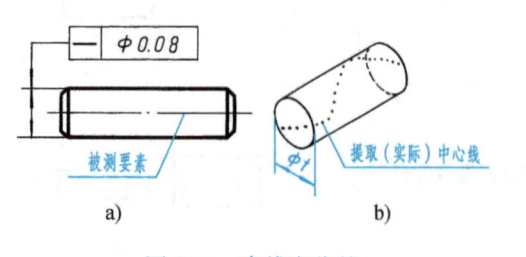

图 7-10 直线度公差

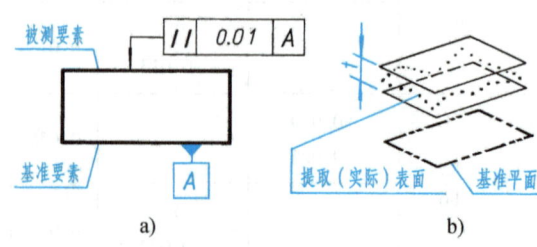

图 7-11 平行度公差

只有这样，才能将其误差控制在一个合理的范围之内。为此，国家标准又规定了一项保证零件加工质量的技术指标——"几何公差"（GB/T 1182—2018）。

2. 几何公差的几何特征和符号

几何公差的几何特征和符号见表 7-5。

表 7-5 几何公差的几何特征和符号

公差类型	几何特征	符号	有无基准	公差类型	几何特征	符号	有无基准
形状公差	直线度	—	无	方向公差	线轮廓度	⌒	有
	平面度	▱	无		面轮廓度	⌒	有
	圆度	○	无	位置公差	位置度	⊕	有或无
	圆柱度	⌭	无		同心度（用于中心点）	◎	有
	线轮廓度	⌒	无		同轴度（用于轴线）	◎	有
	面轮廓度	⌒	无		对称度	=	有
方向公差	平行度	∥	有		线轮廓度	⌒	有
	垂直度	⊥	有		面轮廓度	⌒	有
	倾斜度	∠	有	跳动公差	圆跳动	↗	有
					全跳动	↗↗	有

3. 几何公差的标注（GB/T 1182—2018）

（1）公差框格　在图样中，几何公差应以框格的形式进行标注，其标注内容及框格等的绘制规定如图 7-12 所示（框格、符号的线条粗细与联用字体的笔画宽度相同）。

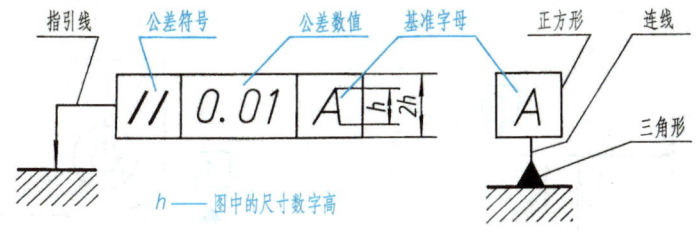

图 7-12　几何公差代号与基准符号

（2）被测要素　按下列方式之一用指引线连接被测要素和公差框格。指引线引自框格的任意一侧，终端带一箭头。

1）当公差涉及轮廓线或轮廓面时，箭头指向该要素的轮廓线或其延长线（应与尺寸线明显错开，如图 7-13 所示）；箭头也可指向引出线的水平线，引出线引自被测面（图 7-14）。

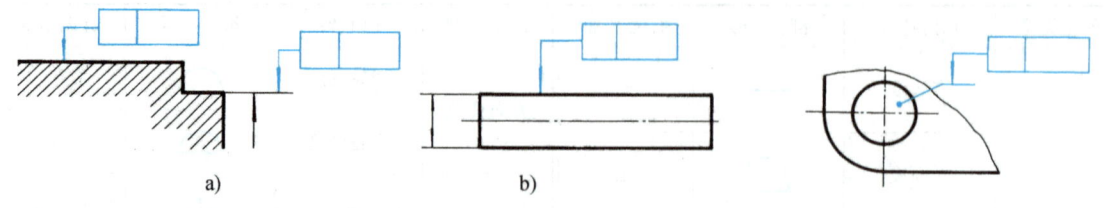

图 7-13　箭头与尺寸线分开　　　　　　　　图 7-14　箭头置于参考线上

2）当公差涉及要素的中心线、中心面或中心点时，箭头应位于相应尺寸线的延长线上（图 7-15）。

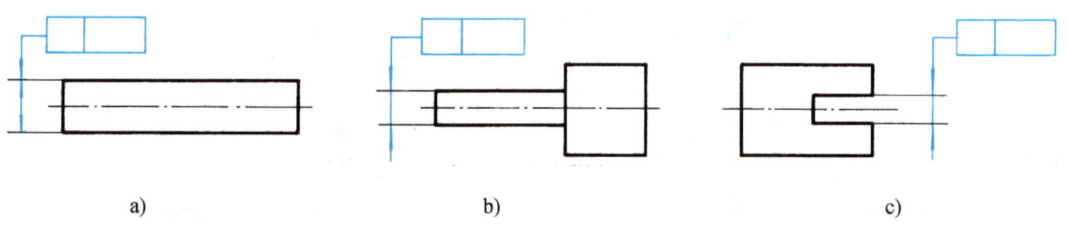

图 7-15　箭头与尺寸线的延长线重合

（3）基准

1）与被测要素相关的基准用一个大写字母表示。字母标注在基准方格内，与一个涂黑的或空白的三角形相连以表示基准（图 7-16）；表示基准的字母还应标注在公差框格内。涂黑的和空白的基准三角形含义相同。

2）带基准字母的基准三角形应按如下规定放置：

① 当基准要素是轮廓线或轮廓面时，基准三角形放置在要素的轮廓线或其延长线上（与尺寸线明显错开，如图 7-16 所示）；基准三角形也可放置在该轮廓面引出线的水平线上（图 7-17）。

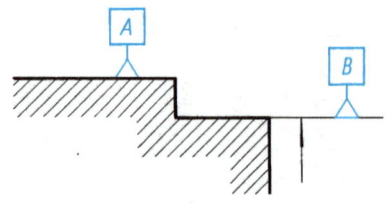 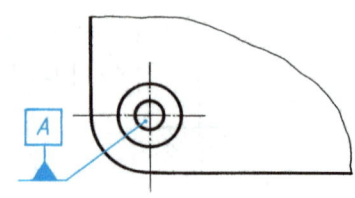

图 7-16　基准符号与尺寸线错开　　　　　图 7-17　基准符号置于参考线上

② 当基准是尺寸要素确定的轴线、中心平面或中心点时，基准三角形应放置在该尺寸的延长线上(图 7-18)。如果没有足够的位置标注基准要素尺寸的两个尺寸箭头，则其中一个箭头可用基准三角形代替(图 7-18b、c)。

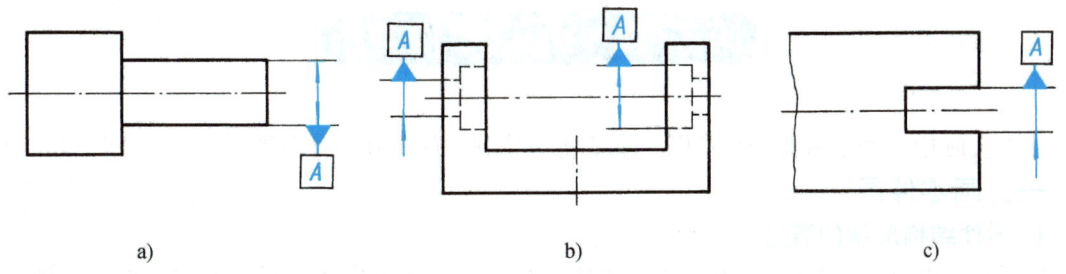

图 7-18　基准符号与尺寸线一致

4. 几何公差标注示例

几何公差的综合标注示例如图 7-19 所示。图中各公差代号的含义及其解释如下：

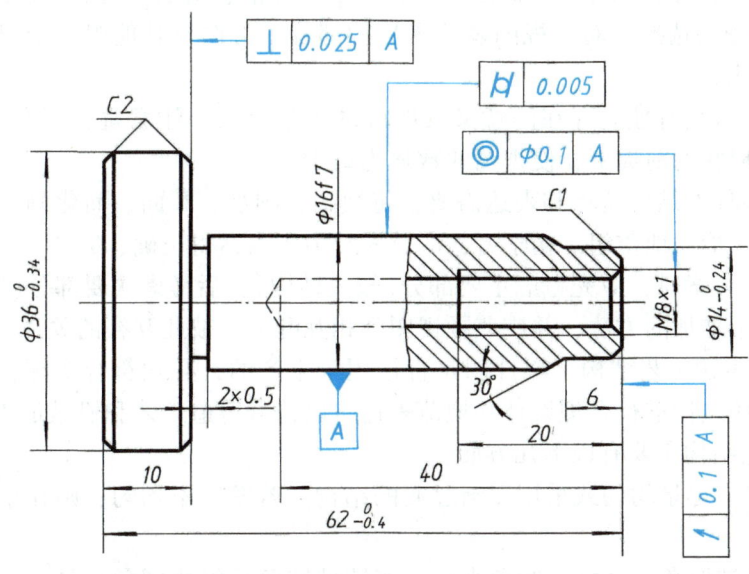

图 7-19　几何公差的综合标注示例

⌭ 0.005　表示 φ16mm 圆柱面的圆柱度公差为 0.005mm。即提取(实际)的 φ16mm 圆柱面应限定在半径差为公差值 0.005mm 的两同轴圆柱面之间。

◎ φ0.1 A　表示 M8×1 的中心线对基准轴线 A 的同轴度公差为 0.1mm。即 M8×1 螺纹孔的提取(实际)中心线应限定在直径等于 φ0.1mm，以 φ16mm 基准轴线 A 为轴线的圆柱面内。

↗ 0.1 A　表示右端面对基准轴线 A 的轴向圆跳动公差为 0.1mm。即在与基准轴线 A 同轴的任一圆形截面上，提取(实际)右端面圆应限定在轴向距离等于 0.1mm 的两个等圆之间。

⊥ | 0.025 | A 表示 ϕ36mm 圆柱的右端面对基准轴线 A 的垂直度公差为 0.025mm。即提取（实际）表面应限定在间距等于 0.025mm 的两平行平面之间。该两平行平面垂直于基准轴线 A。

第二节 画零件图

生产实际中，经常需要画零件图。本节将对绘制零件图和零件草图的基本知识加以介绍。

一、画零件图

1. 零件结构形状的表达

零件的结构形状，需用一组视图来表达。绘图时，应首先考虑看图方便。根据零件的结构特点，选用适当的表达方法。在完整、清晰地表示零件形状的前提下，力求制图简便。

（1）主视图的选择　主视图是一组图形的核心。主视图应尽量多地反映零件的结构形状；应尽量表示零件在机器上的工作位置或安装位置；尽量表示零件在机床上的主要加工位置（便于在加工时进行图物对照）。总之，应将表示零件信息量最多的那个视图作为主视图。

（2）其他视图的选择　对主视图表达未尽的部分，再选择其他视图予以完善表达。选用时应注意以下几点：

1）所选视图应具有独立存在的意义及明确的表达重点，注意避免不必要的细节重复。在明确表示零件形状的前提下，使视图的数量为最少。

2）应根据零件的结构特点和表达需要，将视图、剖视、断面、简化画法等各种表达方法加以综合应用，恰当地重组。初学者，应首先致力于表达得正确、完整。

3）选用表达方案时，应先考虑主要部分（较大结构），后考虑次要部分（较小结构）。选择视图要采用逐个增加的方法，并应兼顾视图间相互配合、彼此互补的关系。

（3）合理地表达工艺结构　零件图是直接用于生产的，必须符合实际，因此，画图时应对零件上的某些结构进行合理设计和规范表达，以符合铸造工艺和机械加工工艺的要求。

1）铸造工艺结构主要有以下几方面：

① 铸件壁厚应尽量均匀或采用逐渐过渡的结构。若壁厚不均匀，则在壁厚处极易产生裂纹或缩孔。

② 应画出铸造圆角，并标注圆角半径。将铸件转角处做成圆角，是为了便于脱模和避免浇注时尖角处落砂。

③ 应画出过渡线的投影。过渡线即相贯线，只是由于铸造圆角的存在使其变得不够明显，画法与相贯线的画法基本相同，只是用细实线绘制，且两端处不与圆角轮廓线相连。

2）加工工艺结构主要有以下几方面：

① 倒角和倒圆。为了去除毛刺、锐边和便于装配，在轴和孔的端部一般都加工出倒角。为了避免应力集中产生裂纹，将轴肩处往往加工出圆角。它们在图中一般都应画出并标注尺寸。

② 退刀槽和砂轮越程槽。在车削轴或孔上的螺纹或进行磨削时，为了退刀或使磨轮稍微超过加工面，常在被加工面的轴肩处预先车出退刀槽或砂轮越程槽。其图形常以局部放大图表示，并查表按标准结构注出尺寸。

③ 凸台和凹坑。为了使零件表面接触良好或减少加工面，常在铸件的接触部位铸出凸

台和凹坑。它们均应画出并标注尺寸。

④ 钻孔结构。零件上钻孔结构的轴线应与被加工表面垂直，否则会使钻头弯曲，甚至折断。

在零件图中，当需要画出上述结构时，读者还需参阅其他书籍或查阅相关标准。

2. 尺寸标注

零件图中的尺寸，除了要求注得正确、完整、清晰外，还必须注得合理。所谓合理，一是指正确选择长、宽、高三个方向的尺寸基准，重要的尺寸必须从基准出发进行标注，以保证尺寸的精度。二是指在同一方向上的成组尺寸，不可连串注成封闭的尺寸链。重要的尺寸一定要单独注出，以避免受其余尺寸加工误差的影响。三是指所注尺寸应符合加工要求和便于测量。初学者标注尺寸时，首先要求注得齐全、清晰，欲做到完全合理，还需通过生产实践，了解生产工艺等实际知识。

3. 技术要求的注写

零件图中的技术要求，除了前面介绍的表面粗糙度、极限与配合、几何公差外，有时还需对零件的热处理及表面处理等提出某些要求，这些技术要求不仅影响零件的加工质量，而且将会直接影响机器的装配质量、运行效能和使用寿命。因此，在零件图中，应根据零件的结构特点，提出既经济又合理的技术要求。对零件上的重要部位（如较大的加工面，有相对运动和配合关系的表面，有严格要求的两孔轴线间的距离或相交角度等），尤其要重点考虑，给予较高的技术要求指标。

4. 标题栏的填写

设计绘图者应在标题栏中填写零件名称、绘图比例、零件材料等内容，并签名（审核、修改及制订工艺、核查标准和批准等人员也应签名），以示负责。

二、零件测绘及画零件草图

生产中使用的零件图，一是根据设计由装配图中拆画的图样，二是根据实际零件经测绘而产生的图样。零件测绘，需根据零件先画出草图，再由草图画出零件图。

零件草图是对零件以目测的方法徒手画出的图，其内容、画图步骤与零件图完全相同。

绘制零件草图，还应注意以下几点：

1) 首先应了解测绘零件的名称、材料以及它在机器或部件中的位置、作用。在对其进行结构分析时，必须与相邻零件，与有配合、连接关系零件的结构分析联系起来，并在视图表达、尺寸标注、技术要求的注写等方面加以协调、对应，乃至达到一致。这对提高零件的装配质量将起到重要作用。

2) 零件上的制造缺陷以及由于长期使用造成的磨损、碰伤等，均不应画出；而零件上的细小结构（如铸造圆角、倒角、倒圆、砂轮越程槽、凸台和凹坑等）则必须画出。

3) 标注尺寸时，先集中画出所有的尺寸界线、尺寸线和箭头，再依次在零件上测量，并逐个记下尺寸数字。

4) 零件上的标准结构（如键槽、退刀槽、销孔、中心孔、螺纹等）的尺寸，必须查阅相应的国家标准予以标准化。

5) 测量零件尺寸时，应根据对尺寸精度要求的不同选用不同的测量工具。常用的量具有钢板尺，内、外卡钳等。精密的量具有游标卡尺、千分尺等。此外，还有专用量具，如螺纹样板、圆角规等。

第三节 看零件图

在生产实践中经常要看零件图。看零件图,一方面要看懂视图,想象出零件的结构形状,另一方面还要看懂尺寸和技术要求等内容,以便在制造零件时能正确地采用相应的加工方法,以达到图样上的设计要求。

一、看图的方法

看零件图的基本方法仍然是形体分析法。

较复杂的零件图,由于其视图、尺寸数量及各种代号都较多,初学者看图时往往不知从哪看起,甚至会产生畏难心理。其实,就图形而言,看多个视图与看三视图的道理是一样的。视图数量多,主要是因为组成零件的形体多,所以将表示每个形体的三视图组合起来,加之它们之间有些重叠的部位,图形就显得繁杂了。实际上,对每一个基本形体来说,仍然是只用两个或三个视图就可以确定它的形状。因此看图时,只要善于运用形体分析法,按组成部分"分块"看,就可将复杂的问题分解成几个简单的问题处理了。

二、看图的步骤

下面,通过举例来说明看图的步骤。

例 7-1 识读定位键的零件图(图 7-20)。

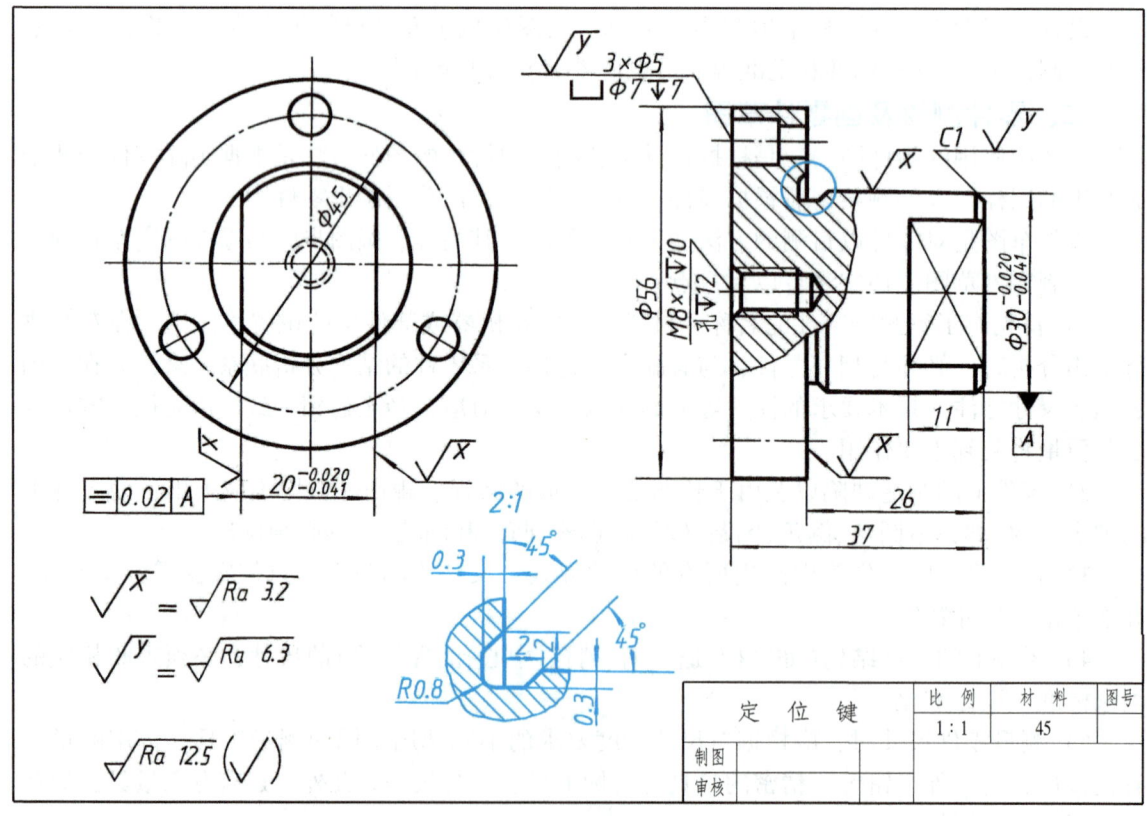

图 7-20 定位键零件图

看图的具体步骤如下：

(1) 概括了解　由标题栏可知，该零件的名称是定位键，它的作用是将其紧固在箱体上，通过圆柱端的键（两平行平面之间的部分）与轴套的键槽形成间隙配合，从而使轴套在箱体孔内可沿轴向左右移动（图7-21）。零件材料为45钢，绘图比例为1∶1。

(2) 分析视图，想象形状　图中共有两个基本视图和一个局部放大图。主视图（根据轴类、盘类零件的加工位置——轴线水平放置和表示零件结构形状原则判定）反映出圆盘和圆柱组成的主体结构及圆柱上的平面和它们之间的相对位置；局部剖反映出螺孔和沉孔的结构；右视图（将其当作主视图进行分析也无妨）反映出沉孔的分布情况和圆柱体上前后两平面的位置关系；局部放大图则清楚地反映出砂轮越程槽的结构和尺寸。经过上述分析，可想象出定位键的形状，如图7-22所示。

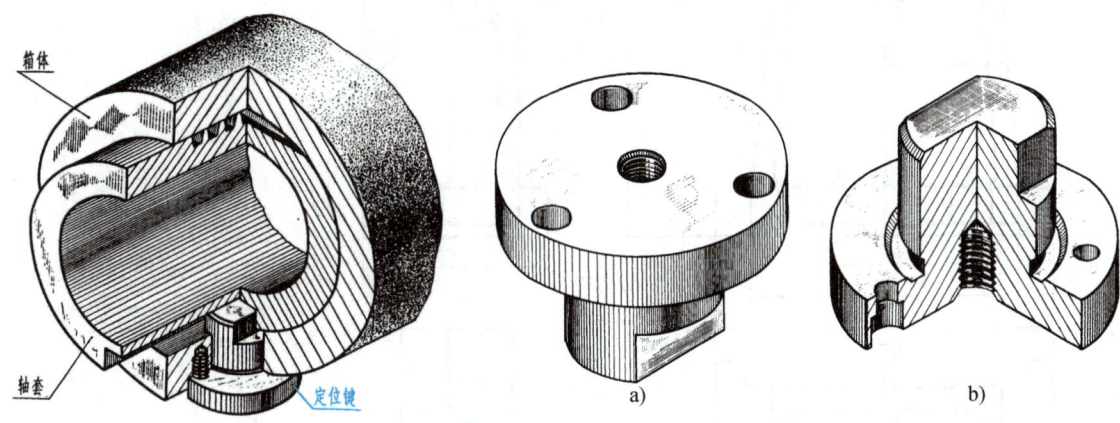

图7-21　定位键的作用　　　　　　图7-22　定位键的轴测图

(3) 分析尺寸和技术要求　首先分析尺寸基准。长度方向以圆盘的右端面为主要基准，由此注出了重要的尺寸26。圆柱的右端面为长度方向的辅助基准（也是工艺基准），由此注出了尺寸11和37；以轴线为宽（高）度方向尺寸的主要基准，除倒角外的所有径向尺寸都是以轴线为基准标注的。

然后分析技术要求。从表面粗糙度的情况看，该零件的所有表面均需加工，要求最高部位的 Ra 值为 $3.2\mu m$；注有极限偏差的尺寸有两个，分别为圆柱的直径和键宽；从偏差值可以分析出，圆柱与箱体孔、键与键槽均为基孔制的间隙配合；为了保证键的两平面位置更为精确，提出了对称度要求，这些都是在加工时必须保证的。

(4) 综合归纳　通过上述分析，将零件的结构形状、大小及加工要求进行综合归纳，对该零件即有了一个全面的认识，从而将图看懂。

例7-2　识读支架的零件图（图7-23）。

(1) 读标题栏　该零件的名称是支架，是用来支承轴的，材料为灰铸铁（HT150），比例为1∶2。

(2) 分析视图，想象形状　图中共有五个图形：三个基本视图、一个按向视图形式配置的局部视图 C 和一个移出断面图。主视图是外形图；俯视图 $B—B$ 是全剖视图，是用水平面剖切的；左视图 $A—A$ 也是全剖视图，是用两个平行的侧平面剖切的；局部视图 C 是移位配置的；断面图画在剖切线的延长线上，表示肋板的剖面形状。

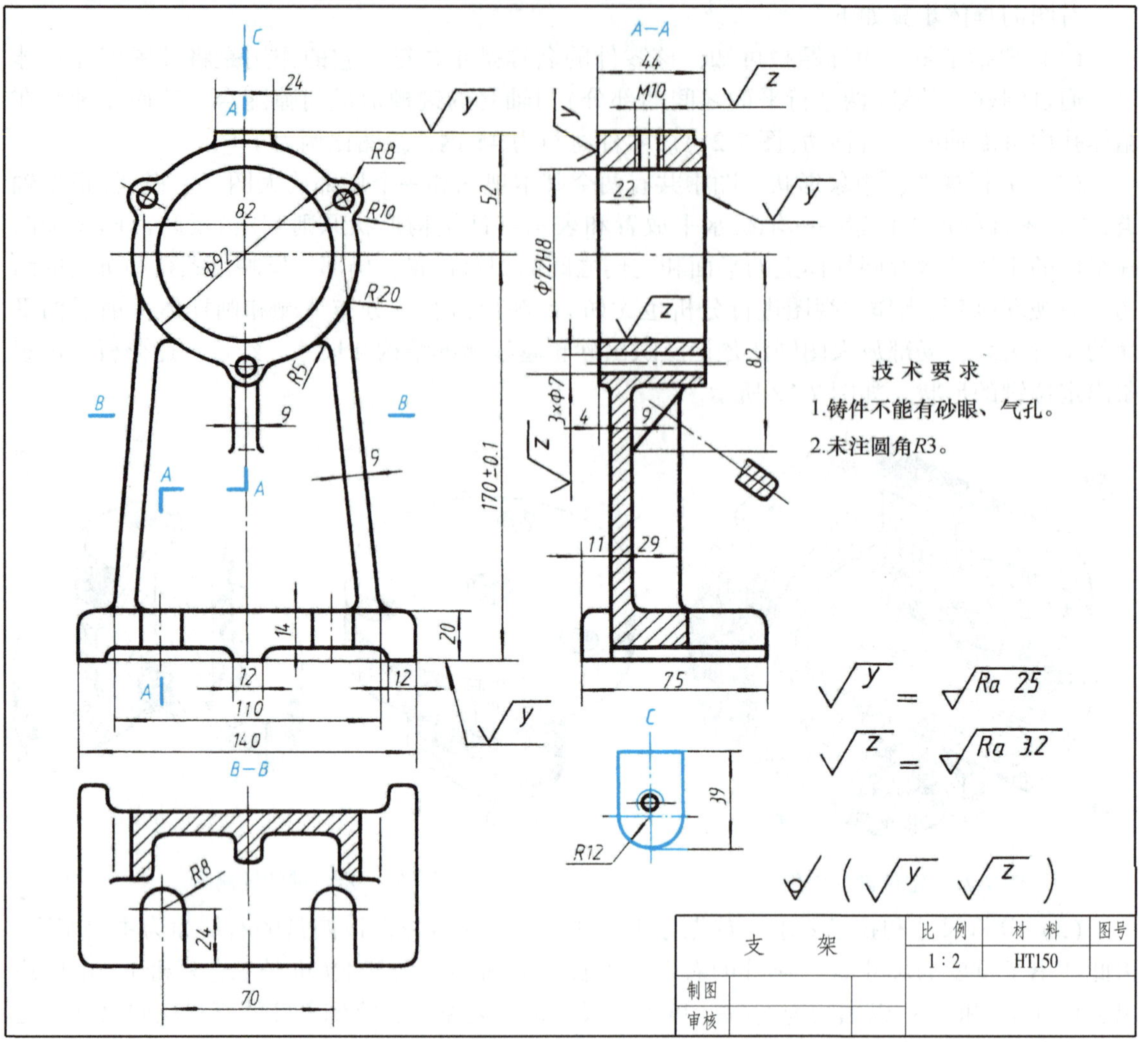

图 7-23 支架零件图

从主视图中可以看出上部圆筒、凸台、中部支承板、肋板和下部底板的主要结构形状和它们之间的相对位置；从俯视图中可以看出底板、安装板（槽）的形状及支承板、肋板间的相对位置；局部视图反映出带有螺孔的凸台形状。综上所述，再配合全剖的左视图，则支架由圆筒、支承板、肋板、底板及油孔凸台组成的情况就很清楚了，整个支架的形状如图 7-24 所示。

(3) 分析尺寸 从图中可以看出，其长度方向尺寸以对称面为主要基准，标注出安装槽的定位尺寸 70，还有尺寸 9、24、82、12、110、140 等；宽度方向尺寸以圆筒后端面为主要基准，标注出支承板定位尺寸 4；高度方向尺寸以底板的底面为主要基准，标注出支架的中心高 170 ± 0.1，这是影响工作性能的定位尺寸，圆筒孔径 $\phi72H8$ 是配合尺寸，它们都是支架的主

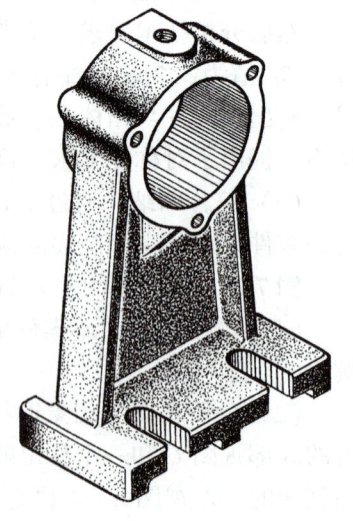

图 7-24 支架的轴测图

要尺寸。各组成部分的定形尺寸、定位尺寸希望读者自行分析。

（4）分析技术要求 圆筒孔径 $\phi72$ 中心高注出了公差带代号，轴孔表面属于配合面，要求较高，Ra 值为 $3.2\mu m$。

（5）归纳总结 通过上述分析可归纳出，叉架类零件的结构比较复杂，它需经过多种加工。一般需用三个主要视图，主视图常按工作位置和结构形状确定。尺寸基准一般为安装面、中心对称面和工作部分的端面。技术要求应把工作(支承)部分和安装面的精度定得高一些，轴孔的中心高是其中最重要的尺寸，通常应给出公差。

例 7-3 识读缸体的零件图(图 7-25)。

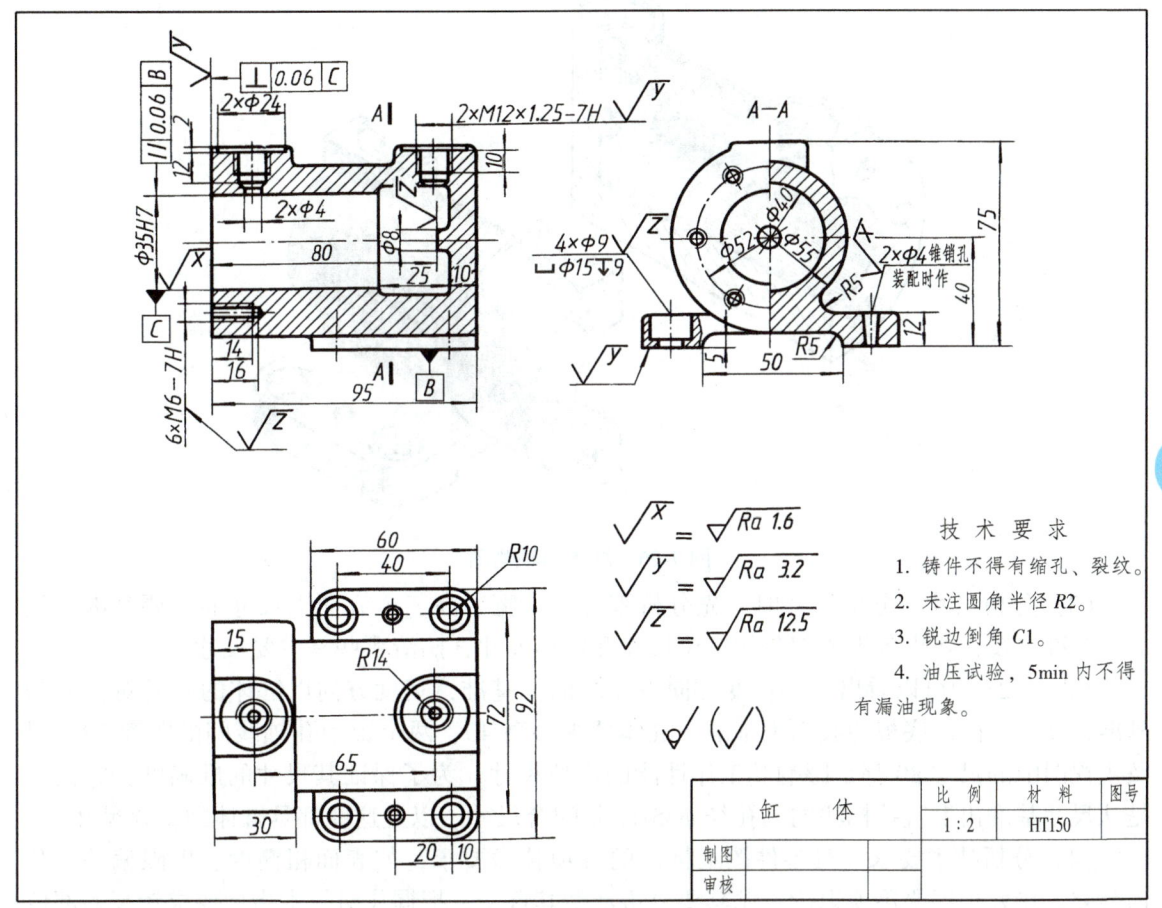

图 7-25 缸体零件图

看图的具体方法步骤如下：

（1）概括了解 通过标题栏可知，该零件的名称为缸体，是箱体类零件，材料为灰铸铁，绘图比例为 1∶2，属于小型零件。

（2）分析视图，想象形状 缸体采用了主、俯、左三个基本视图。主视图是全剖视图，用单一剖切平面(正平面)通过零件的前后对称面剖切。其中，左端的 M6 螺孔并未剖到，是采用规定画法绘制的；左视图是半剖视图，由单一剖切平面(侧平面)通过底板上销孔的轴线剖切，在半个视图中又取了一个局部剖，以表示沉孔的结构；俯视图为外形图。

运用形体分析法看图。可大致将缸体分为四个组成部分：①直径为70mm（可由左视图中的尺寸40判定）的圆柱形凸缘；②直径为φ55mm的圆柱；③在两个圆柱上部各有一个凸台，经锪平又加工出了螺孔；④带有凹坑的底板，在其上加工出四个供穿入内六角圆柱头螺钉固定缸体用的沉孔和两个安装定位用的圆锥销孔。此外，主视图又清楚地表示出了缸体的内部是直径不同的两个圆柱形空腔，右端的"缸底"上有一个圆柱形凸台。各组成部分的相对位置图中已表示得很清楚，就不一一赘述了。整个缸体的形状如图7-26所示。

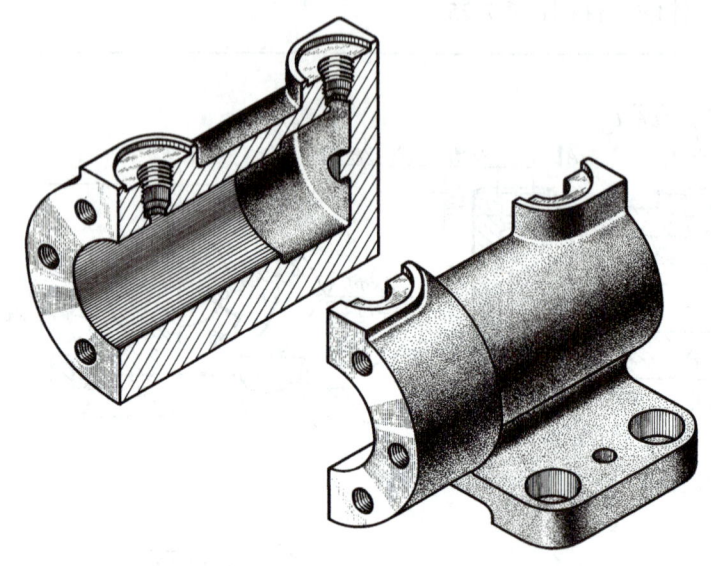

图 7-26 缸体的轴测图

(3) 分析尺寸 分析尺寸时，先分析零件长、宽、高三个方向上尺寸的主要基准。然后从基准出发，找出各组成部分的定位尺寸和定形尺寸，搞清哪些是主要尺寸。

从图7-25中可以看出，其长度方向以左端面为基准，宽度方向以缸体的前后对称面为基准，高度方向以底板的底面为基准。缸体的中心高40、两个锥销孔轴线间的距离72，以及主视图中的尺寸80都是影响其工作性能的定位尺寸，为了保证其尺寸的准确度，它们都是从尺寸基准出发直接标注的。孔径φ35H7是配合尺寸。以上这些都是缸体的重要尺寸。

(4) 分析技术要求 对零件图上标注的各项技术要求，如表面粗糙度、极限偏差、几何公差、热处理等要逐项识读，尤其要分析清楚其含义，把握住对技术指标要求较高的部位和要素，以便保证零件的加工质量。例如，φ35H7：表明该孔与其他零件有配合关系。经查表，其上、下极限偏差分别为+0.025mm和0mm（即公差为0.025mm），限定了该孔的实际尺寸必须在35.025mm和35mm之间。 // 0.06 B ：表明φ35H7孔的轴线对底板底面的平行度公差为0.06mm，即提取（实际）中心线应限定在平行于基准平面B、间距等于0.06mm的两平行平面之间。 ⊥ 0.06 C ：表明左端面对φ35H7孔轴线的垂直度公差为0.06mm，即提取（实际）表面应限定在间距等于0.06mm的两平行平面之间。该两平行平面垂直于基准轴线C。从所注表面粗糙度的情况看，φ35H7孔表面的Ra上限值为1.6μm，在加工表面中要求是最高的。其他表面的粗糙度请读者自行分析。

（5）归纳总结　在以上分析的基础上，应将零件各部分的结构形状、大小及其相对位置和加工要求进行综合归纳，从而对整个零件的形状及其制作过程形成一个清晰的认识。有条件时还应参考有关资料和图样，如产品说明书、装配图和相关零件图，以对零件的作用、工作情况及加工工艺做进一步了解。

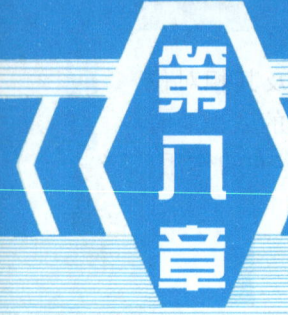

第八章 装配图

  装配图是表示产品及其组成部分的连接、装配关系的图样。它用以表达该机器（或部件）的构造、零件之间的装配与连接关系、装配体的工作原理以及生产该装配体的技术要求等。

  图 8-1 所示为滑动轴承的分解轴测图。图 8-2 所示为该部件的装配图。一张装配图应具有下列内容：①一组图形；②必要的尺寸；③技术要求；④零件编号、标题栏和明细栏（图 8-2）。

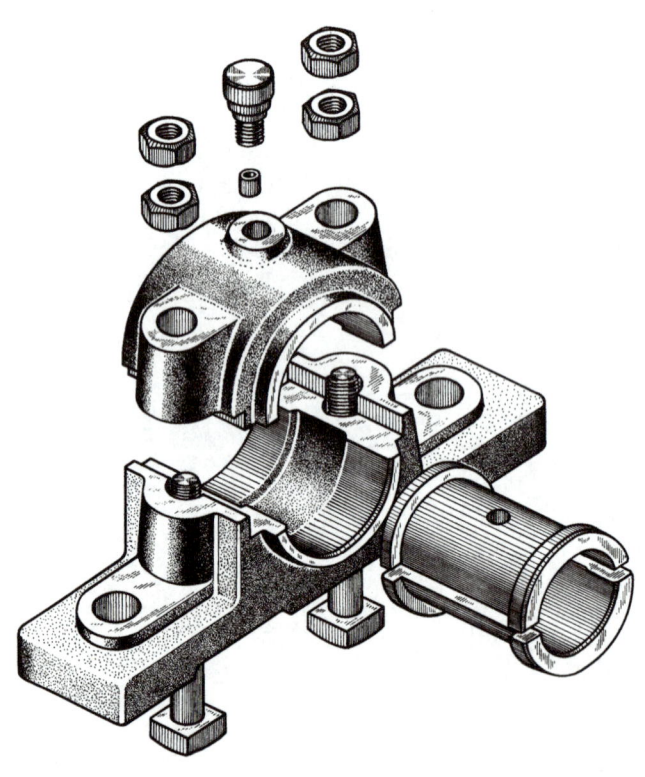

图 8-1　滑动轴承分解轴测图

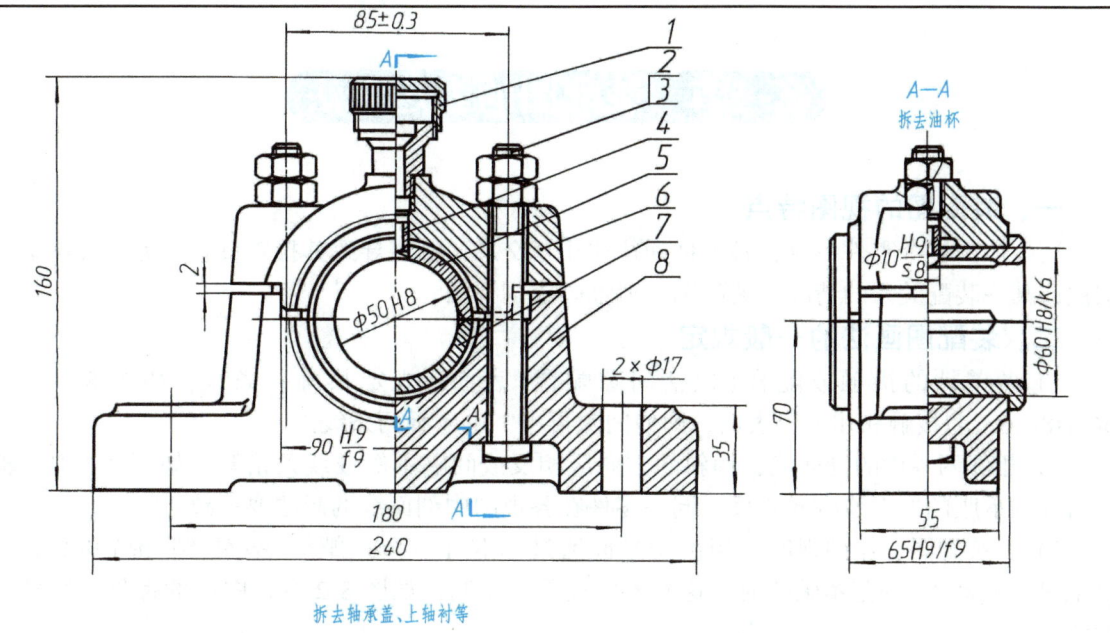

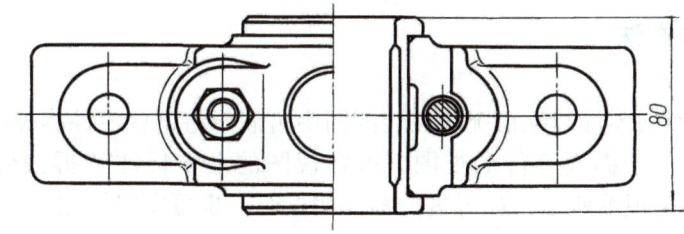

拆去轴承盖、上轴衬等

技术要求

1. 装配时，轴承盖与轴承座间加垫片调整，保证轴与轴衬间隙为 0.05～0.06mm，接触面积在 25mm² 内不少于 15～25 点。
2. 轴承装配达到上述要求后，加工油孔和油槽。
3. 轴衬最大单位压力 $p \leq 29.4$ MPa。

8	轴承座	1	HT150	
7	下轴衬	1	ZCuAl10Fe3	
6	轴承盖	1	HT150	
5	上轴衬	1	ZCuAl10Fe3	
4	轴衬固定套	1	Q235A	
3	螺栓 M12×130	2		GB/T 8—1988
2	螺母 M12	4		GB/T 6170—2015
1	油杯 12	1		JB/T 7940.3—1995
序号	名　称	数量	材料	备　注
滑动轴承		比例	1:1	共4张	01
		重量		第1张	
制图					
审核					

图 8-2　滑动轴承装配图

第一节　装配图的表达方法

一、装配图的视图特点

装配体由多个零件组成，各零件间往往相互交叉、遮盖导致其投影重叠。为了表达某一层次或某一装配关系的情况，装配图一般都画成剖视图。

二、装配图画法的一般规定

1) 两零件的接触或配合（包括间隙配合）表面，规定只画一条线，如图8-2中的 $\phi 60H8/k6$。非接触和非配合表面，即使间隙再小，也应画两条线。

2) 相邻两零件的剖面线，倾斜的方向应相反或间隔不等或线条错开，如图8-2中的轴承盖和轴承座的剖面线方向相反。同一零件在各视图中剖面线的画法要一致。

3) 在装配图上作剖视时，当剖切平面通过标准件（螺母、螺钉、垫圈、销、键）和实心件（轴、杆、柄、球等）的基本轴线时，这些零件按不剖绘制，如图8-2主视图中的螺母、螺栓的画法。

三、装配图的特殊表达方法

1. 拆卸画法

为了表达装配体内部或后面的零件装配情况，在装配图中可假想将某些零件拆掉或沿某些零件的接合面剖切后绘制。对于拆去零件的视图，可在视图的上方标注"拆去件×、×……"，如图8-2中的俯视图和左视图所示。如拆去的零件明显时，也可省略标注。

2. 假想画法

对于与该部件相关联但不属于该部件的零（部）件，可用细双点画线画出轮廓；对于某些零件在装配体中的运动范围或极限位置，可用细双点画线画出其轮廓，如图8-3所示。

3. 简化画法

1) 对于同一规格、均匀分布的螺栓、螺母等紧固件或相同零件组，允许只画出一个或一组，其余用中心线或轴线表示其位置，如图8-4中的上、下两个螺栓连接只画出上面的一个，下面的省略了。

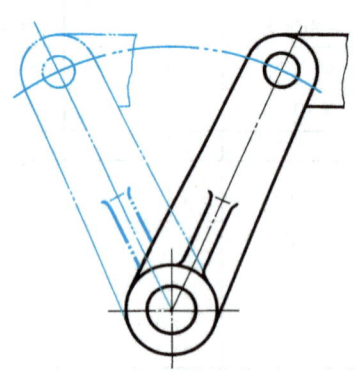

图8-3　运动零件的极限位置

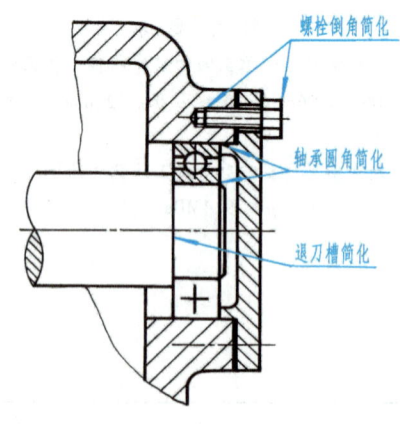

图8-4　简化画法

2) 滚动轴承、密封圈、油封等，可采用简化画法。如图 8-4 中的滚动轴承是采用规定画法绘制的。

3) 零件上的工艺结构，如圆角、倒角、退刀槽等允许不画，如图 8-4 中的螺栓头部采用了简化画法。

4. 夸大画法

对于薄、细、小间隙，以及斜度、锥度很小的零件，可以适当加厚、加粗、加大画出；对于厚度或直径小于 2mm 的薄、细零件的断面，可用涂黑代替剖面线，如图 8-4 中端盖与箱体凸台之间垫片的画法。

第二节　装配图的尺寸标注、技术要求及明细栏

一、尺寸标注

装配图应标注以下几类尺寸：

(1) 性能(规格)尺寸　这类尺寸表达装配体性能或规格尺寸。如图 8-2 中轴承孔的直径 ϕ50H8。

(2) 装配关系尺寸　这类尺寸表达装配体上相关零件之间的装配关系。这类尺寸如下：①配合尺寸，如图 8-2 中的 90H9/f9、ϕ60H8/k6；②主要轴线的定位尺寸，如图 8-2 中孔的中心高 70；③各装配干线轴线间的距离等。

(3) 安装尺寸　表达该部件安装时所需要的尺寸。如图 8-2 中的 ϕ17、180 尺寸。

(4) 总体尺寸　表达装配体的总长、总高、总宽的尺寸。如图 8-2 中的 240、160、80。

(5) 其他主要尺寸　用于表达设计时经过计算而确定的尺寸，如图 8-2 中安装板的宽度 55 和高度 35。

二、技术要求

装配图中的技术要求主要说明装配要求(如装配精度、装配间隙、润滑要求等)、检验要求(如对机器性能的检验、试运行及操作要求等)、使用要求(如维护、保养及使用时的注意事项和要求等)。装配图中的技术要求，通常用文字注写在明细栏上方或图纸下方的空白处。

三、零件编号和明细栏

为了便于看图和生产管理，对组成装配体的所有零件(组件)，应在装配图上编写序号，并在明细栏中填写零件的序号、名称、材料、数量等。

1. 序号编排方法

将组成装配体的所有零件(包括标准件)进行统一编号。相同的零(部)件编一个序号，序号应按顺时针(或逆时针)方向整齐地顺次排列在视图外明显的位置处。序号的注写形式如图 8-5 所示。

2. 明细栏

明细栏一般绘制在标题栏上方。明细栏应按编号顺序自下而上填写。位置不够时，可在与标题栏毗邻的左侧续编。

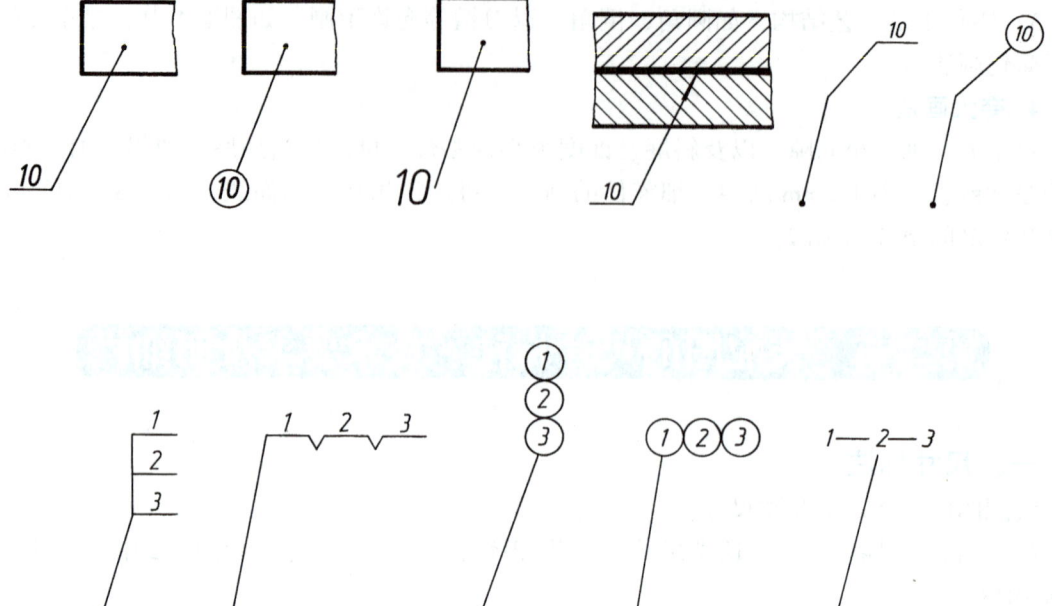

图 8-5 序号的注写形式

第三节 看装配图

在生产工作中,经常要看装配图。例如在设计过程中,要按照装配图来设计零件;在装配机器时,要按照装配图来安装零件或部件;在技术交流时,则需要参阅装配图来了解具体结构等。

看装配图的目的是搞清该机器(或部件)的性能、工作原理、装配关系、各零件的主要结构及装拆顺序。下面通过实例介绍看装配图的方法和步骤。

例 8-1 识读拆卸器装配图(图 8-6)。

1. 概括了解

由标题栏了解部件的名称、用途及绘图比例;由明细栏了解零件数量,估计部件的复杂程度。

由标题栏可知该装配体是拆卸器,是用来拆卸紧固在轴上的零件的。从绘图比例和图中的尺寸看,这是一个小型的拆卸工具。它共有 8 种零件,是个很简单的装配体。

2. 分析视图

了解各视图、剖视、断面的相互关系及表达意图,为下一步深入看图做准备。

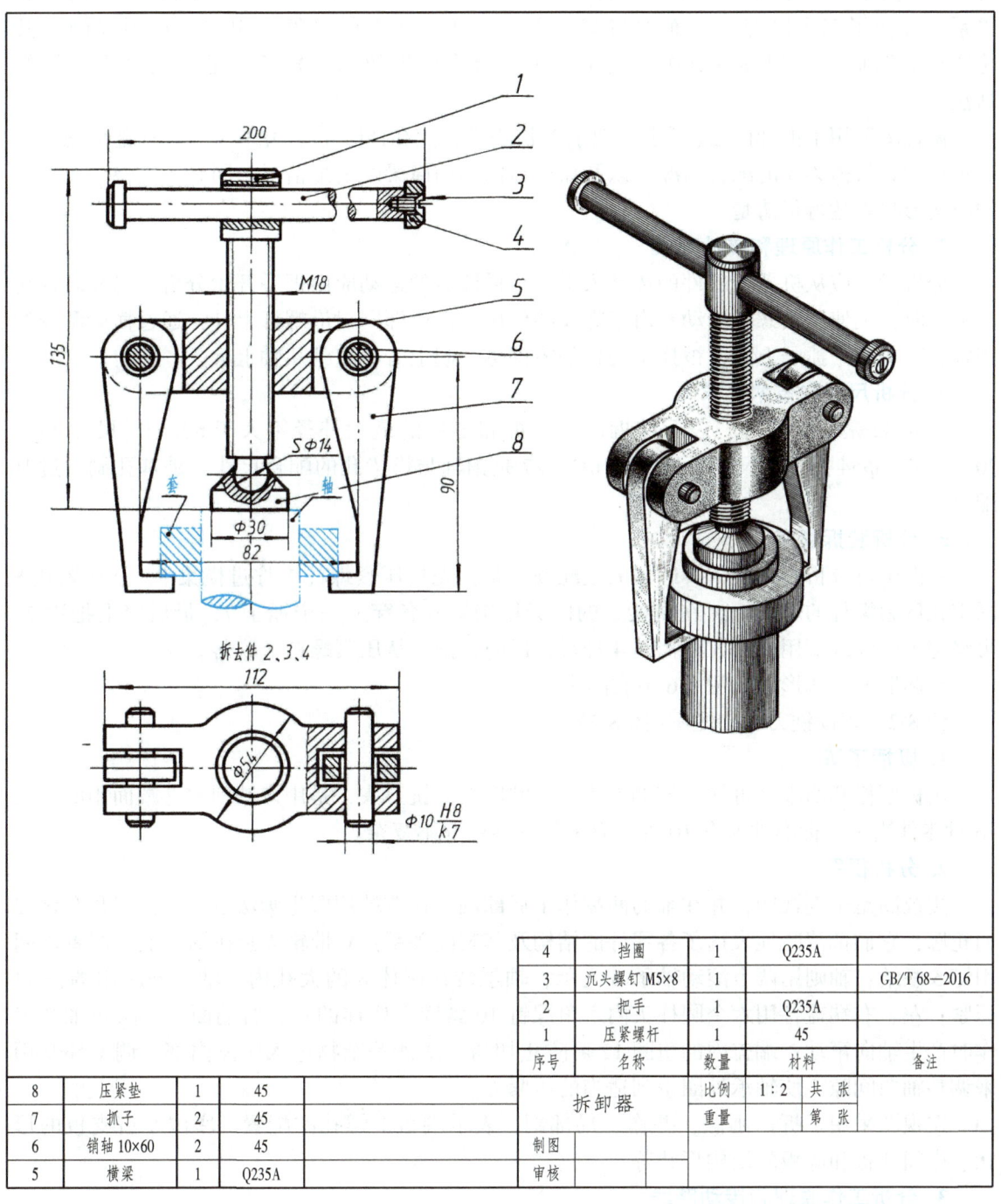

图 8-6 拆卸器装配图

主视图主要表达了整个拆卸器的结构外形，并在上面作了全剖视，但压紧螺杆1、把手2、抓子7等紧固件或实心零件按规定均未剖，为了表达它们与其相邻零件的装配关系，又作了三个局部剖。而轴与套本不是该装配体上的零件，用细双点画线画出其轮廓（假想画法），以体现其拆卸功能。为了节省图纸幅面，较长的把手则采用了折断画法。

俯视图采用了拆卸画法（拆去了把手2、沉头螺钉3和挡圈4），并取了一个局部剖视，以表示销轴6与横梁5的配合情况，以及抓子与销轴和横梁的装配情况。同时，也将主要零件的结构形状表达得很清楚。

3. 分析工作原理和传动路线

分析时，应从机器或部件的传动入手。该拆卸器的运动应由把手开始分析，当顺时针转动把手时，则使压紧螺杆转动。由于螺纹的作用，横梁即同时沿螺杆上升，通过横梁两端的销轴，带着两个抓子上升，被抓子勾住的零件也一起上升，直到从轴上拆下。

4. 分析尺寸和技术要求

尺寸82是规格尺寸，表示此拆卸器能拆卸零件的最大外径不大于82mm。尺寸112、200、135、φ54是外形尺寸。尺寸φ10H8/k7是销轴与横梁孔的配合尺寸，是基孔制、过渡配合。

5. 分析装拆顺序

由图中可分析出，整个拆卸器的装配顺序是：先把压紧螺杆1拧过横梁5，把压紧垫8固定在压紧螺杆的球头上，在横梁5的两旁用销轴6各穿上一个抓子7，最后穿上把手2，再将把手的穿入端用螺钉3将挡圈4拧紧，以防止把手从压紧螺杆上脱落。

拆卸器的立体形状如图8-6中右图所示。

例8-2 识读铣刀头装配图（图8-7）。

1. 概括了解

由标题栏和明细栏可知，该部件为专用铣床上的铣刀头，是用来铣削零件端面用的。在16种零件当中，标准件就有10种。看来，其结构并不复杂。

2. 分析视图

主视图是全剖视图，并在轴的两端作了局部剖，在右端用假想画法示出了铣刀盘和铣刀的轮廓，它们都清楚地表达了各零件的结构及其装配关系：V带轮4套在轴7上，两者之间用键5联结；轴则用两个滚动轴承6支承，轴承装在座体8的大孔内；轴承外圈用端盖11压紧；左、右端盖各用六个圆柱头内六角螺钉10紧固在座体的左、右端面上，防止轴7工作时产生轴向窜动；端盖内的毡圈12可防止切屑、灰沙等杂物进入座体内部；调整环9用来调整轴向间隙，使轴承外圈得到适当的压紧力。

左视图采用了拆卸画法，并作了局部剖，表示端盖上螺孔的配置、座体左右支板的形状、中间肋板和底板的结构形状等。

3. 分析工作原理和传动路线

了解了零件的作用和相互关系，铣刀头的工作原理和传动路线就清楚了。电动机通过它本身的V带轮（图上未画），把动力传给V带轮4，又把动力传给平键5以带动轴7旋转，最后通过双键13带动刀盘旋转进行铣削加工。

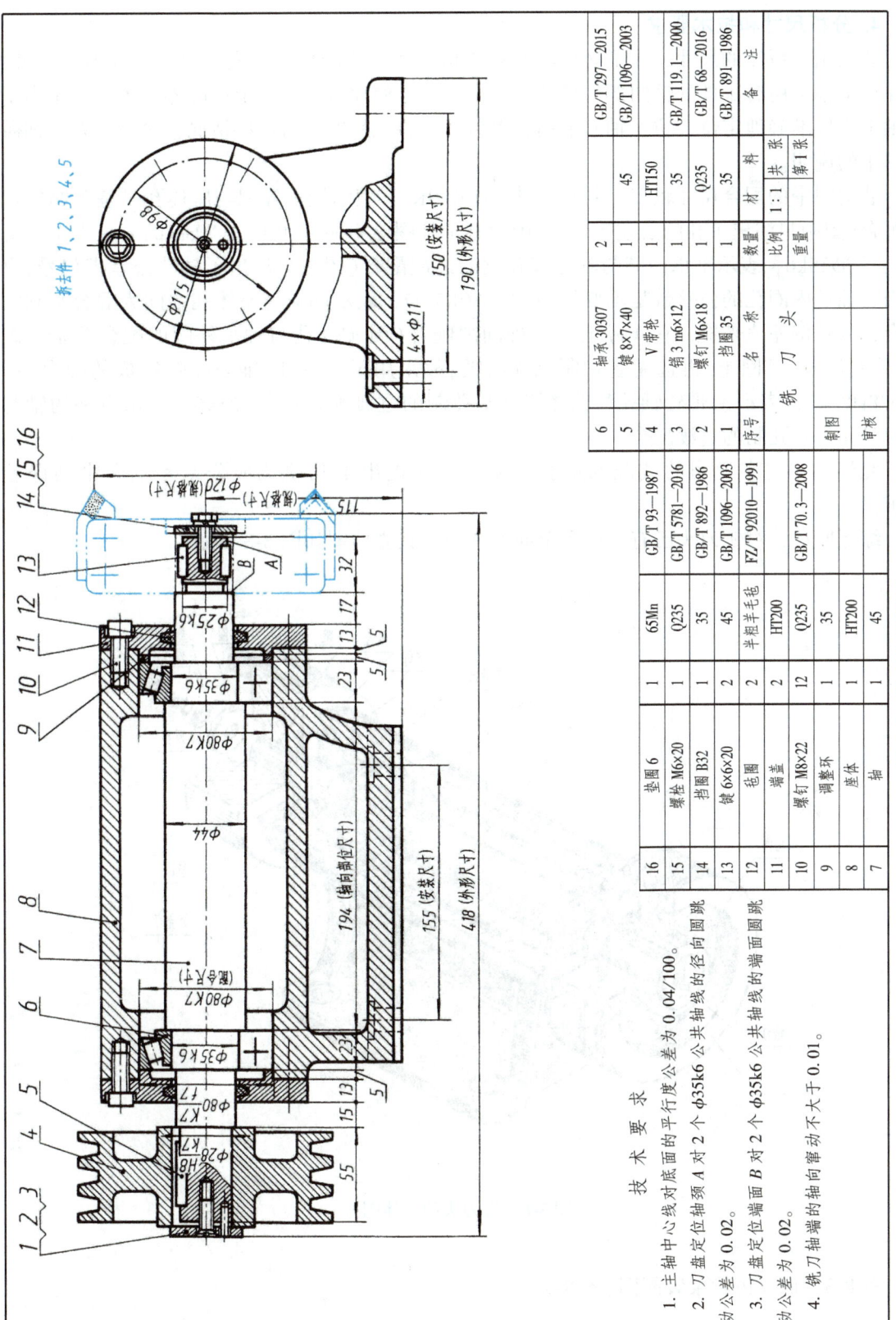

图 8-7 铣刀头装配图

4. 分析尺寸和技术要求

装配图中所注的尺寸，除了必须注明的规格尺寸、装配尺寸、安装尺寸、外形尺寸外，又注出了轴上所有零件的轴向部位尺寸，一是为了方便地从装配图上拆画零件图，二是为了给轴上零件准确地定位，防止轴向窜动，以保证其装配精度。对这些情况，希望读者仔细研读图中的说明。

装配图中的配合尺寸较多，共有五种：①ϕ80K7，表示轴承外圈与座体孔是基轴制的过渡配合（图中只注出了孔的公差带代号，因为轴承外圈已不能再加工，其"轴"的公差带是不变的）；②ϕ35k6，表示轴承内圈与轴是基孔制的过渡配合（图中只注出了轴的公差带代号，也是因为轴承内圈孔的公差带是不变的）；③ϕ80K7/f7，表示端盖与座体孔之间为混合基制的配合，从其偏差值来看，它实际上是一种间隙配合（因 ϕ80 孔与轴承外圈的配合关系已确定，公差带 K7 已固定，再选用基轴制已无必要，故采用了任一孔、轴公差带组成的配合）；④ϕ28H8/k7，表示 V 带轮轴孔与轴之间是基孔制的过渡配合；⑤ϕ25k6，表示右端的轴与铣刀盘孔为基孔制的过渡配合。

此外，在文字说明的装配和检验要求中，又提出了几项几何公差和轴向窜动误差要求。

综上所述，对铣刀头已有了一个全面的认识，其立体图如图 8-8 所示。

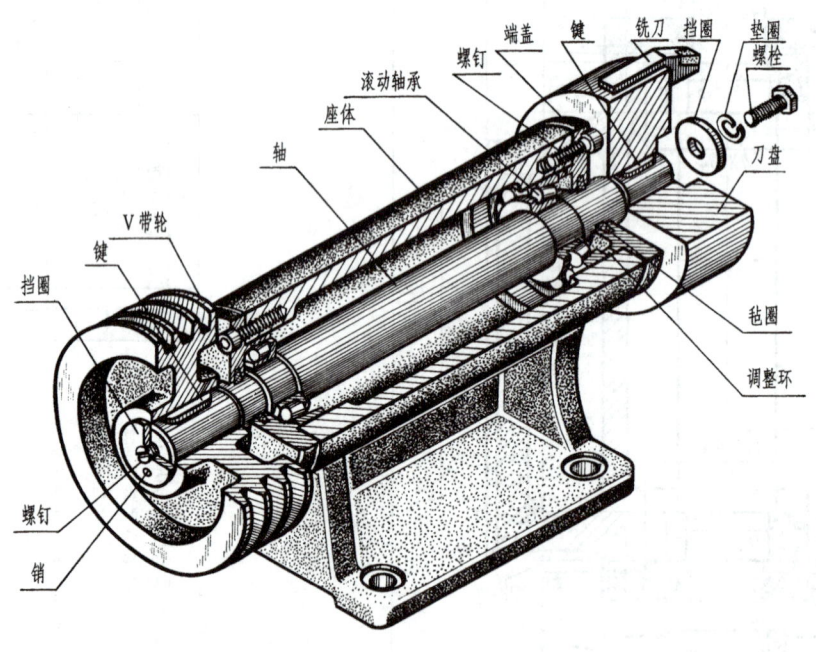

图 8-8　铣刀头的立体图

例 8-3　识读齿轮泵装配图（图 8-9）。

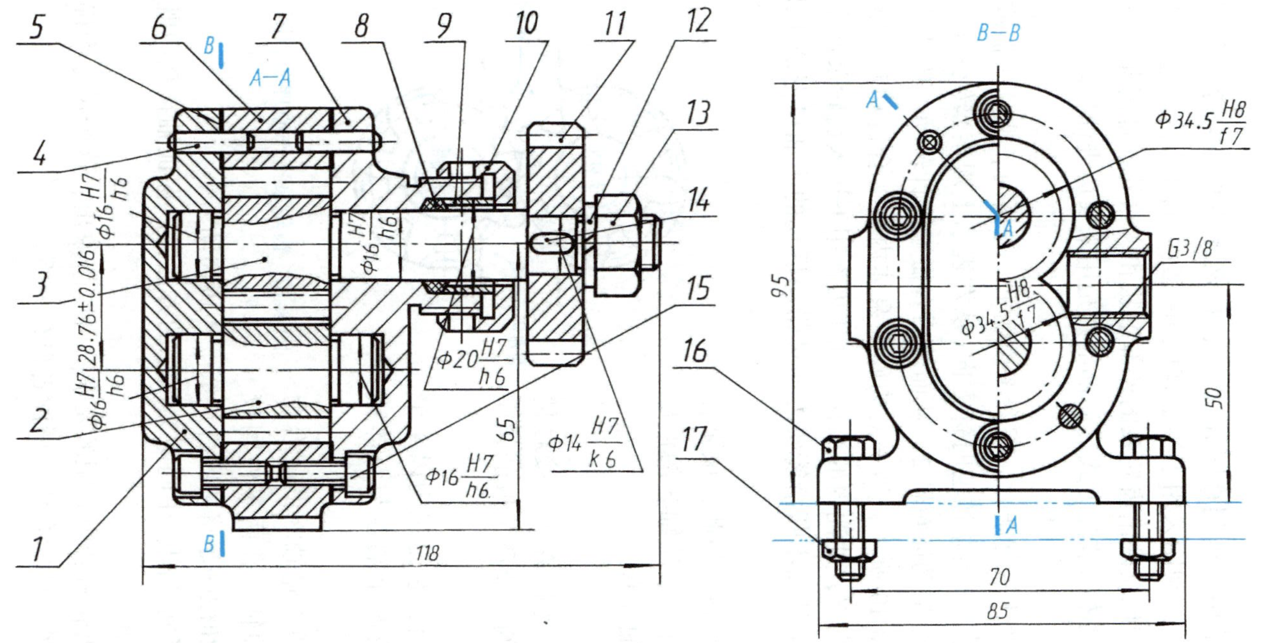

第八章 装配图

技 术 要 求

1. 齿轮安装后，用手转动传动齿轮时，应能灵活旋转。
2. 两齿轮齿的啮合面占齿长的3/4以上。

17	螺母 M6	2	Q235	GB/T 6170—2015			6	泵体	1	HT200		$t=1$
16	螺栓 M6×30	2	Q235	GB/T 5782—2016			5	垫片	2	纸		
15	螺钉 M6×16	12	35	GB/T 70.1—2008			4	销 5m6×18	4	45		GB/T 119.1—2000
14	键 5×5×10	1	45	GB/T 1096—2003			3	传动齿轮轴	1	45		$m=3, z=9$
13	螺母 M12×1.5	1	35	GB/T 6171—2016			2	齿轮轴	1	45		$m=3, z=9$
12	垫圈 12	1	65Mn	GB/T 859—1987			1	左端盖	1	HT200		
11	压紧螺母	1	45				序号	名 称	数量	材 料	比例 1:2	备 注
10	填套	1	35								重量	
9	油套	1	ZCuSn5Pb5Zn5					齿轮泵			共1张	
8	密封圈	1	橡胶				制图				第1张	
7	右端盖	1	HT200	$m=2.5, z=20$			设计					03
							审核					

图 8-9 齿轮泵装配图

163

1. 概括了解

由标题栏和明细栏可知，齿轮泵是机器润滑、供油系统中的一个部件，体积较小，由 17 种零件组成，其中有标准件 7 种。从其作用上看，齿轮泵要求传动平稳，保证供油，不能有渗漏。

2. 分析视图

共选用了两个基本视图。主视图采用了全剖视图 $A—A$，它将该部件的结构特点和零件间的装配、连接关系大部分表达出来。左视图采用了半剖视图 $B—B$（拆卸画法），它是沿左端盖 1 和泵体 6 的结合面剖切的，清楚地反映出齿轮泵的外部形状和齿轮的啮合情况，以及泵体与左、右端盖的连接和齿轮泵与机体的装配方式。局部剖则是用来表达进油口。

3. 分析传动路线和工作原理

一般可从图样上直接分析，当部件比较复杂时，需参考说明书。分析时，应从机器或部件的传动入手：动力从传动齿轮 11 输入，当它按逆时针方向（从左视图上观察）转动时，通过键 14 带动齿轮轴 3，再经过齿轮啮合带动齿轮轴 2，从而使后者做顺时针转动。传动关系清楚了，就可分析出工作原理，如图 8-10 所示：当一对齿轮在泵体内做啮合传动时，啮合区内前边空间的压力降低而产生局部真空，油池内的油在大气压力作用下进入齿轮泵低压区内的进油口，随着齿轮的转动，齿槽中的油不断沿箭头方向被带至后边的出油口把油压出，送至机器中需要润滑的部位。

凡属泵、阀类部件都要考虑防漏问题。为此，该泵在泵体与端盖的接合处加入了垫片 5，并在齿轮轴 3 的伸出端用密封圈 8、轴套 9、压紧螺母 10 加以密封。

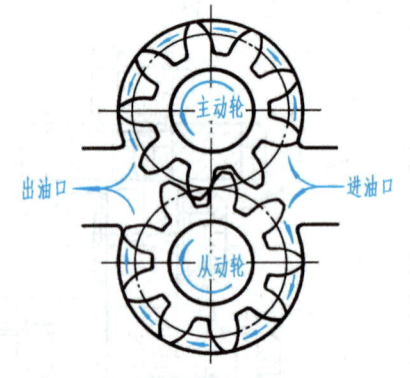

图 8-10 齿轮泵工作原理示意图

4. 分析装配关系

分析清楚零件之间的配合关系、连接方式和接触情况，能够进一步了解为保证实现部件的功能所采取的相应措施，以更加深入地了解部件。

如连接方式，从图 8-9 中可以看出，它是采用以 4 个圆柱销定位、12 个螺钉紧固的方法将两个端盖与泵体牢靠地连接在一起。

如配合关系，传动齿轮 11 和传动齿轮轴 3 的配合为 $\phi 14 H7/k6$，属基孔制过渡配合。这种轴、孔两零件间较紧密的配合，既便于装配，又有利于和键一起将两零件连成一体传递动力。

$\phi 16 H7/h6$ 为间隙配合，它采用了间隙配合中间隙为最小的方法，以保证轴在孔中既能转动，又可减小或避免轴的径向圆跳动。

尺寸 28.76 ± 0.016，则反映出对齿轮啮合中心距的要求。可以想象出，这个尺寸准确与否将会直接影响齿轮的传动情况。另外一些配合代号请读者自行分析。

5. 分析零件主要结构形状和用途

前面的分析是综合性的，为深入了解部件，还应进一步分析零件的主要结构形状和用途。

分析时，应先看简单件，后看复杂件。即将标准件、常用件及一看即明的简单零件看懂后，再将其从图中"剥离"出去，然后集中精力分析剩下的为数不多的复杂零件。

分析时，应依据剖面线划定各零件的投影范围。根据同一零件的剖面线在各个视图上方向相同、间隔相等的规定，首先将复杂零件在各个视图上的投影范围及其轮廓搞清楚，进而运用形体分析法并辅以线面分析法进行仔细推敲，还可借助丁字尺、三角板、分规等帮助找投影关系等。此外，分析零件主要结构形状时，还应考虑零件为什么要采用这种结构形状，以进一步分析该零件的作用。

当某些零件的结构形状在装配图上表达不够完整时，可先分析相邻零件的结构形状，根据它和周围零件的关系及其作用，再来确定该零件的结构形状就比较容易了。但有时还需参考零件图来加以分析，以弄清零件的细小结构及其作用。

6. 总结归纳

在以上分析的基础上，还要对全部尺寸和技术要求进行分析，并把部件的性能、结构、装配、操作、维修等几方面联系起来研究，进行总结归纳，这样对部件才能有一个全面的了解。

上述看图方法和步骤是为初学者看图时理出一个思路，彼此不能截然分开，看图时还应根据装配图的具体情况加以选用。

图 8-11 所示为齿轮泵的立体图，供看图时参考。

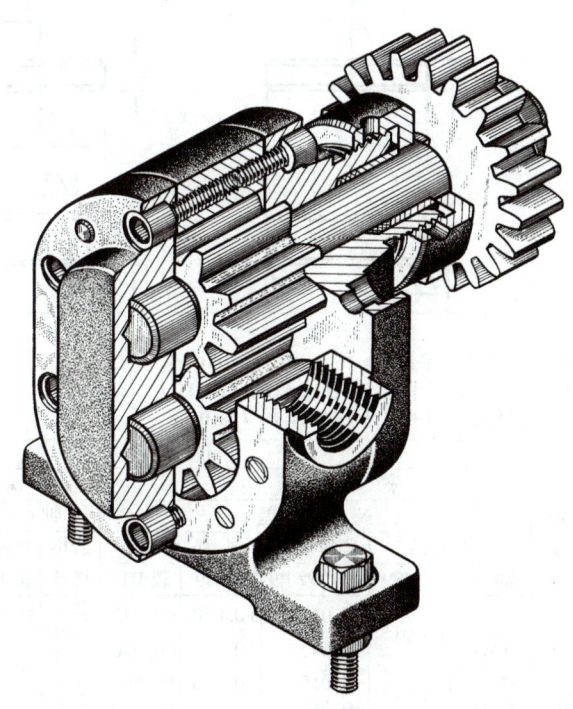

图 8-11　齿轮泵的立体图

附　录

附表1　普通型平键及键槽各部尺寸(摘自 GB/T 1096—2003、GB/T 1095—2003)　（单位：mm）

普通平键键槽的尺寸与公差（GB/T 1095—2003）

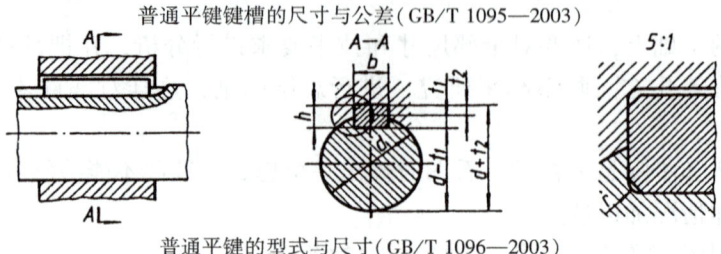

普通平键的型式与尺寸（GB/T 1096—2003）

A型　　　　　B型　　　　　C型

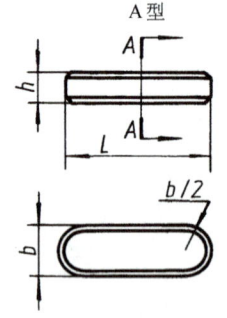
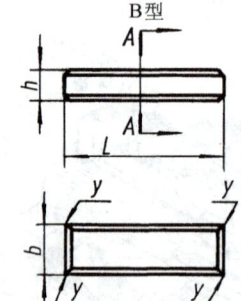
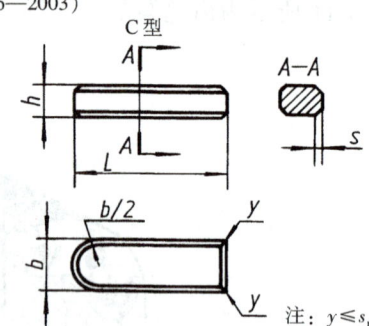

注：$y \leqslant s_{max}$。

标记示例：
GB/T 1096　键 16×10×100　（普通 A 型平键，$b=16$、$h=10$、$L=100$）
GB/T 1096　键 B16×10×100　（普通 B 型平键，$b=16$、$h=10$、$L=100$）
GB/T 1096　键 C16×10×100　（普通 C 型平键，$b=16$、$h=10$、$L=100$）

轴	键		键槽									
公称直径 d	键尺寸 $b \times h$	倒角或倒圆 s	宽度 b					深度				半径 r	
			公称尺寸 b	极限偏差				轴 t_1		毂 t_2			
				正常联结		紧密联结	松联结		公称尺寸	极限偏差	公称尺寸	极限偏差	min	max
				轴 N9	毂 JS9	轴和毂 P9	轴 H9	毂 D10						
>10~12	4×4	0.25~0.40	4	0 −0.030	±0.015	−0.012 −0.042	+0.030 0	+0.078 +0.030	2.5	+0.1 0	1.8	+0.1 0	0.08	0.16
>12~17	5×5		5						3.0		2.3			
>17~22	6×6		6						3.5		2.8		0.16	0.25
>22~30	8×7		8	0 −0.036	±0.018	−0.015 −0.051	+0.036 0	+0.098 +0.040	4.0		3.3			
>30~38	10×8		10						5.0		3.3			
>38~44	12×8	0.40~0.60	12	0 −0.043	±0.0215	−0.018 −0.061	+0.043 0	+0.120 +0.050	5.0	+0.2 0	3.3	+0.2 0	0.25	0.40
>44~50	14×9		14						5.5		3.8			
>50~58	16×10		16						6.0		4.3			
>58~65	18×11		18						7.0		4.4			
>65~75	20×12	0.60~0.80	20	0 −0.052	±0.026	−0.022 −0.074	+0.052 0	+0.149 +0.065	7.5		4.9		0.40	0.60
>75~85	22×14		22						9.0		5.4			
>85~95	25×14		25						9.0		5.4			
>95~110	28×16		28						10		6.4			

注：1. L 系列为 6~22（2 进位）、25、28、32、36、40、45、50、56、63、70、80、90、100、110、125、140、160、180、200、220、250、280、320、360、400、450、500。
2. GB/T 1095—2003、GB/T 1096—2003 中无轴的公称直径一列，现列出仅供参考。

附表 2　圆柱销（不淬硬钢和奥氏体不锈钢）（摘自 GB/T 119.1—2000）（单位:mm）

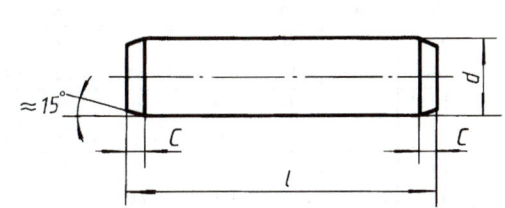 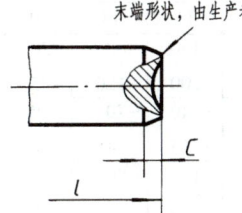

标记示例：

销　GB/T 119.1　6 m6×30

（公称直径 d=6mm、公差为 m6、公称长度 l=30mm、材料为钢、不经表面处理的圆柱销）

销　GB/T 119.1　10 m6×30—A1

（公称直径 d=10mm、公差为 m6、公称长度 l=30mm、材料为 A1 组奥氏体不锈钢、表面简单处理的圆柱销）

d（公称）m6/h8	2	3	4	5	6	8	10	12	16	20	25
c≈	0.35	0.5	0.63	0.8	1.2	1.6	2	2.5	3	3.5	4
l 范围	6~20	8~30	8~40	10~50	12~60	14~80	18~95	22~140	26~180	35~200	50~200
l 系列（公称）	2、3、4、5、6~32(2 进位)、35~100(5 进位)、120~≥200(按 20 递增)										

附表 3　标准公差数值（摘自 GB/T 1800.2—2009）

公称尺寸/mm		标准公差等级																
大于	至	IT1	IT2	IT3	IT4	IT5	IT6	IT7	IT8	IT9	IT10	IT11	IT12	IT13	IT14	IT15	IT16	IT17	IT18
		μm											mm						
—	3	0.8	1.2	2	3	4	6	10	14	25	40	60	0.1	0.14	0.25	0.4	0.6	1	1.4
3	6	1	1.5	2.5	4	5	8	12	18	30	48	75	0.12	0.18	0.3	0.45	0.75	1.2	1.8
6	10	1	1.5	2.5	4	6	9	15	22	36	58	90	0.15	0.22	0.36	0.58	0.9	1.5	2.2
10	18	1.2	2	3	5	8	11	18	27	43	70	110	0.18	0.27	0.43	0.7	1.1	1.8	2.7
18	30	1.5	2.5	4	6	9	13	21	33	52	84	130	0.21	0.33	0.52	0.84	1.3	2.1	3.3
30	50	1.5	2.5	4	7	11	16	25	39	62	100	160	0.25	0.39	0.62	1	1.6	2.5	3.9
50	80	2	3	5	8	13	19	30	46	74	120	190	0.3	0.46	0.74	1.2	1.9	3	4.6
80	120	2.5	4	6	10	15	22	35	54	87	140	220	0.35	0.54	0.87	1.4	2.2	3.5	5.4
120	180	3.5	5	8	12	18	25	40	63	100	160	250	0.4	0.63	1	1.6	2.5	4	6.3
180	250	4.5	7	10	14	20	29	46	72	115	185	290	0.46	0.72	1.15	1.85	2.6	4.6	7.2
250	315	6	8	12	16	23	32	52	81	130	210	320	0.52	0.81	1.3	2.1	3.2	5.2	8.1
315	400	7	9	13	18	25	36	57	89	140	230	360	0.57	0.89	1.4	2.3	3.6	5.7	8.9
400	500	8	10	15	20	27	40	63	97	155	250	400	0.63	0.97	1.55	2.5	4	6.3	9.7

注：公称尺寸小于 1mm 时，无 IT14~IT18。

附表 4　常用配合轴的

代　号		a	b	c	d	e	f	g	h					
公称尺寸/mm									公　差					
大于	至	11	11	11	9	8	7	6	5	6	7	8	9	10
—	3	−270 −330	−140 −200	−60 −120	−20 −45	−14 −28	−6 −16	−2 −8	0 −4	0 −6	0 −10	0 −14	0 −25	0 −40
3	6	−270 −345	−140 −215	−70 −145	−30 −60	−20 −38	−10 −22	−4 −12	0 −5	0 −8	0 −12	0 −18	0 −30	0 −48
6	10	−280 −338	−150 −240	−80 −170	−40 −76	−25 −47	−13 −28	−5 −14	0 −6	0 −9	0 −15	0 −22	0 −36	0 −58
10	18	−290 −400	−150 −260	−95 −205	−50 −93	−32 −59	−16 −34	−6 −17	0 −8	0 −11	0 −18	0 −27	0 −43	0 −70
18	30	−300 −430	−160 −290	−110 −240	−65 −117	−40 −73	−20 −41	−7 −20	0 −9	0 −13	0 −21	0 −33	0 −52	0 −84
30	40	−310 −470	−170 −330	−120 −280	−80 −142	−50 −89	−25 −50	−9 −25	0 −11	0 −16	0 −25	0 −39	0 −62	0 −100
40	50	−320 −480	−180 −340	−130 −290										
50	65	−340 −530	−190 −380	−140 −330	−100 −174	−60 −106	−30 −60	−10 −29	0 −13	0 −19	0 −30	0 −46	0 −74	0 −120
65	80	−360 −550	−200 −390	−150 −340										
80	100	−380 −600	−220 −440	−170 −390	−120 −207	−72 −126	−36 −71	−12 −34	0 −15	0 −22	0 −35	0 −54	0 −87	0 −140
100	120	−410 −630	−240 −460	−180 −400										
120	140	−460 −710	−260 −510	−200 −450	−145 −245	−85 −148	−43 −83	−14 −39	0 −18	0 −25	0 −40	0 −63	0 −100	0 −160
140	160	−520 −770	−280 −530	−210 −460										
160	180	−580 −830	−310 −560	−230 −480										
180	200	−660 −950	−340 −630	−240 −530	−170 −285	−100 −172	−50 −96	−15 −44	0 −20	0 −29	0 −46	0 −72	0 −115	0 −185
200	225	−740 −1030	−380 −670	−260 −550										
225	250	−820 −1110	−420 −710	−280 −570										
250	280	−920 −1240	−480 −800	−300 −620	−190 −320	−110 −191	−56 −108	−17 −49	0 −23	0 −32	0 −52	0 −81	0 −130	0 −210
280	315	−1050 −1370	−540 −860	−330 −650										
315	355	−1200 −1560	−600 −960	−360 −720	−210 −350	−125 −214	−62 −119	−18 −54	0 −25	0 −36	0 −57	0 −89	0 −140	0 −230
355	400	−1350 −1710	−680 −1040	−400 −760										
400	450	−1500 −1900	−760 −1160	−440 −840	−230 −385	−135 −232	−68 −131	−20 −60	0 −27	0 −40	0 −63	0 −97	0 −155	0 −250
450	500	−1650 −2050	−840 −1240	−480 −880										

极限偏差表(摘自 GB/T 1800.2—2009)　　　　　　　　　　　(单位:μm)

等级		js	k	m	n	p	r	s	t	u	v	x	y	z
11	12	6	6	6	6	6	6	6	6	6	6	6	6	6
0 −60	0 −100	±3	+6 0	+8 +2	+10 +4	+12 +6	+16 +10	+20 +14	—	+24 +18	—	+26 +20	—	+32 +26
0 −75	0 −120	±4	+9 +1	+12 +4	+16 +8	+20 +12	+23 +15	+27 +19	—	+31 +23	—	+36 +28	—	+43 +35
0 −90	0 −150	±4.5	+10 +1	+15 +6	+19 +10	+24 +15	+28 +19	+32 +23	—	+37 +28	—	+43 +34	—	+51 +42
0 −110	0 −180	±5.5	+12 +1	+18 +7	+23 +12	+29 +18	+34 +23	+39 +28	— —	+44 +33	+51 +40 +50 +39	+56 +45	—	+61 +50 +71 +60
0 −130	0 −210	±6.5	+15 +2	+21 +8	+28 +15	+35 +22	+41 +28	+48 +35	— +54 +41	+60 +41 +61 +48	+67 +47 +68 +55	+67 +54 +77 +64	+76 +63 +88 +75	+86 +73 +101 +88
0 −160	0 −250	±8	+18 +2	+25 +9	+33 +17	+42 +26	+50 +34	+59 +43	+64 +48 +70 +54	+76 +60 +86 +70	+84 +68 +97 +81	+96 +80 +113 +97	+110 +94 +130 +114	+128 +112 +152 +136
0 −190	0 −300	±9.5	+21 +2	+30 +11	+39 +20	+51 +32	+60 +41 +62 +43	+72 +53 +78 +59	+85 +66 +94 +75	+106 +87 +121 +102	+121 +102 +139 +120	+141 +122 +165 +146	+163 +144 +193 +174	+191 +172 +229 +210
0 −220	0 −350	±11	+25 +3	+35 +13	+45 +23	+59 +37	+73 +51 +76 +54	+93 +71 +101 +79	+113 +91 +126 +104	+146 +124 +166 +144	+168 +146 +194 +172	+200 +178 +232 +210	+236 +214 +276 +254	+280 +258 +332 +310
0 −250	0 −400	±12.5	+28 +3	+40 +15	+52 +27	+68 +43	+88 +63 +90 +65	+117 +92 +125 +100	+147 +122 +159 +134	+195 +170 +215 +190	+227 +202 +253 +228	+273 +248 +305 +280	+325 +300 +365 +340	+390 +365 +440 +415
0 −290	0 −460	±14.5	+33 +4	+46 +17	+60 +31	+79 +50	+93 +68 +106 +77 +109 +80	+133 +108 +151 +122 +159 +130	+171 +146 +195 +166 +209 +180	+235 +210 +265 +236 +287 +258	+277 +252 +313 +284 +339 +310	+335 +310 +379 +350 +414 +385	+405 +380 +454 +425 +499 +470	+490 +465 +549 +520 +604 +575
0 −320	0 −520	±16	+36 +4	+52 +20	+66 +34	+88 +56	+113 +84 +126 +94 +130 +98	+169 +140 +190 +158 +202 +170	+225 +196 +250 +218 +272 +240	+313 +284 +347 +315 +382 +350	+369 +340 +417 +385 +457 +425	+454 +425 +507 +475 +557 +525	+549 +520 +612 +580 +682 +650	+669 +640 +742 +710 +822 +790
0 −360	0 −570	±18	+40 +4	+57 +21	+73 +37	+98 +62	+144 +108 +150 +114	+226 +190 +244 +208	+304 +268 +330 +294	+426 +390 +471 +435	+511 +475 +566 +530	+626 +590 +696 +660	+766 +730 +856 +820	+936 +900 +1036 +1000
0 −400	0 −630	±20	+45 +5	+63 +23	+80 +40	+108 +68	+166 +126 +172 +132	+272 +232 +292 +252	+370 +330 +400 +360	+530 +490 +580 +540	+635 +595 +700 +660	+780 +740 +860 +820	+960 +920 +1040 +1000	+1140 +1100 +1290 +1250

附表 5　常用配合孔的极限

代号 公称尺寸/mm		A	B	C	D	E	F	G	H					
大于	至	11	11	11	9	8	8	7	6	7	8	9	10	11
—	3	+330 +270	+200 +140	+120 +60	+45 +20	+28 +14	+20 +6	+12 +2	+6 0	+10 0	+14 0	+25 0	+40 0	+60 0
3	6	+345 +270	+215 +140	+145 +70	+60 +30	+38 +20	+28 +10	+16 +4	+8 0	+12 0	+18 0	+30 0	+48 0	+75 0
6	10	+370 +280	+240 +150	+170 +80	+76 +40	+47 +25	+35 +13	+20 +5	+9 0	+15 0	+22 0	+36 0	+58 0	+90 0
10	14	+400 +290	+260 +150	+205 +95	+93 +50	+59 +32	+43 +16	+24 +6	+11 0	+18 0	+27 0	+43 0	+70 0	+110 0
14	18													
18	24	+430 +300	+290 +160	+240 +110	+117 +65	+73 +40	+53 +20	+28 +7	+13 0	+21 0	+33 0	+52 0	+84 0	+130 0
24	30													
30	40	+470 +310	+330 +170	+280 +120	+142 +80	+89 +50	+64 +25	+34 +9	+16 0	+25 0	+39 0	+62 0	+100 0	+160 0
40	50	+480 +320	+340 +180	+290 +130										
50	65	+530 +340	+380 +190	+330 +140	+174 +100	+106 +60	+76 +30	+40 +10	+19 0	+30 0	+46 0	+74 0	+120 0	+190 0
65	80	+550 +360	+390 +200	+340 +150										
80	100	+600 +380	+440 +220	+390 +170	+207 +120	+126 +72	+90 +36	+47 +12	+22 0	+35 0	+54 0	+87 0	+140 0	+220 0
100	120	+630 +410	+460 +240	+400 +180										
120	140	+710 +460	+510 +260	+450 +200	+245 +145	+148 +85	+106 +43	+54 +14	+25 0	+40 0	+63 0	+100 0	+160 0	+250 0
140	160	+770 +520	+530 +280	+460 +210										
160	180	+830 +580	+560 +310	+480 +230										
180	200	+950 +660	+630 +340	+530 +240	+285 +170	+172 +100	+122 +50	+61 +15	+29 0	+46 0	+72 0	+115 0	+185 0	+290 0
200	225	+1030 +740	+670 +380	+550 +260										
225	250	+1110 +820	+710 +420	+570 +280										
250	280	+1240 +920	+800 +480	+620 +300	+320 +190	+191 +110	+137 +56	+69 +17	+32 0	+52 0	+81 0	+130 0	+210 0	+320 0
280	315	+1370 +1050	+860 +540	+650 +330										
315	355	+1560 +1200	+960 +600	+720 +360	+350 +210	+214 +125	+151 +62	+75 +18	+36 0	+57 0	+89 0	+140 0	+230 0	+360 0
355	400	+1710 +1350	+1040 +680	+760 +400										
400	450	+1900 +1500	+1160 +760	+840 +440	+385 +230	+232 +135	+165 +68	+83 +20	+40 0	+63 0	+97 0	+155 0	+250 0	+400 0
450	500	+2050 +1650	+1240 +840	+880 +480										

偏差表（摘自 GB/T 1800.2—2009） (单位:μm)

等级	12	JS 6	JS 7	K 6	K 7	K 8	M 7	N 6	N 7	P 6	P 7	R 7	S 7	T 7	U 7
	+100 0	±3	±5	0 −6	0 −10	0 −14	−2 −12	−4 −10	−4 −14	−6 −12	−6 −16	−10 −20	−14 −24	—	−18 −28
	+120 0	±4	±6	+2 −6	+3 −9	+5 −13	0 −12	−5 −13	−4 −16	−9 −17	−8 −20	−11 −23	−15 −27	—	−19 −31
	+150 0	±4.5	±7	+2 −7	+5 −10	+6 −16	0 −15	−7 −16	−4 −19	−12 −21	−9 −24	−13 −28	−17 −32	—	−22 −37
	+180 0	±5.5	±9	+2 −9	+6 −12	+8 −19	0 −18	−9 −20	−5 −23	−15 −26	−11 −29	−16 −34	−21 −39	—	−26 −44
	+210 0	±6.5	±10	+2 −11	+6 −15	+10 −23	0 −21	−11 −24	−7 −28	−18 −31	−14 −35	−20 −41	−27 −48	— −33 −54	−33 −54 −40 −61
	+250 0	±8	±12	+3 −13	+7 −18	+12 −27	0 −25	−12 −28	−8 −33	−21 −37	−17 −42	−25 −50	−34 −59	−39 −64 −45 −70	−51 −76 −61 −86
	+300 0	±9.5	±15	+4 −15	+9 −21	+14 −32	0 −30	−14 −33	−9 −39	−26 −45	−21 −51	−30 −60 −32 −62	−42 −72 −48 −78	−55 −85 −64 −94	−76 −106 −91 −121
	+350 0	±11	±17	+4 −18	+10 −25	+16 −38	0 −35	−16 −38	−10 −45	−30 −52	−24 −59	−38 −73 −41 −76	−58 −93 −66 −101	−78 −113 −91 −126	−111 −146 −131 −166
	+400 0	±12.5	±20	+4 −21	+12 −28	+20 −43	0 −40	−20 −45	−12 −52	−36 −61	−28 −68	−48 −88 −50 −90 −53 −93	−77 −117 −85 −125 −93 −133	−107 −147 −119 −159 −131 −171	−155 −195 −175 −215 −195 −235
	+460 0	±14.5	±23	+5 −24	+13 −33	+22 −50	0 −46	−22 −51	−14 −60	−41 −70	−33 −79	−60 −106 −63 −109 −67 −113	−105 −151 −113 −159 −123 −169	−149 −195 −163 −209 −179 −225	−219 −265 −241 −287 −267 −313
	+520 0	±16	±26	+5 −27	+16 −36	+25 −56	0 −52	−25 −57	−14 −66	−47 −79	−36 −88	−74 −126 −78 −130	−138 −190 −150 −202	−198 −250 −220 −272	−295 −347 −330 −382
	+570 0	±18	±28	+7 −29	+17 −40	+28 −61	0 −57	−26 −62	−16 −73	−51 −87	−41 −98	−87 −144 −93 −150	−169 −226 −187 −244	−247 −304 −273 −330	−369 −426 −414 −471
	+630 0	±20	±31	+8 −32	+18 −45	+29 −68	0 −63	−27 −67	−17 −80	−55 −95	−45 −108	−103 −166 −109 −172	−209 −272 −229 −292	−307 −370 −337 −400	−467 −530 −517 −580